RECHERCHES SCIENTIFIQUES

EN ORIENT

ENTREPRISES

PAR LES ORDRES DU GOUVERNEMENT,

PENDANT LES ANNÉES 1853-1854,

ET PUBLIÉES

SOUS LES AUSPICES DU MINISTÈRE DE L'AGRICULTURE,

DE COMMERCE ET DES TRAVAUX PUBLICS,

PAR

ALBERT GAUDRY,

PARTIE AGRICOLE.

PARIS.

IMPRIMERIE IMPÉRIALE.

M DCCC LV.

RECHERCHES SCIENTIFIQUES

EN ORIENT.

RECHERCHES SCIENTIFIQUES

EN ORIENT

ENTREPRISES

PAR LES ORDRES DU GOUVERNEMENT,

PENDANT LES ANNÉES 1853-1854,

ET PUBLIÉES

SOUS LES AUSPICES DU MINISTÈRE DE L'AGRICULTURE,

DU COMMERCE ET DES TRAVAUX PUBLICS,

PAR

ALBERT GAUDRY.

PARTIE AGRICOLE.

PARIS.

IMPRIMERIE IMPÉRIALE.

M DCCC LV.

A SON EXCELLENCE

LE MINISTRE DE L'AGRICULTURE, DU COMMERCE

ET DES TRAVAUX PUBLICS.

Monsieur le Ministre,

Le 23 février 1853, Son Excellence le Ministre de l'intérieur, de l'agriculture et du commerce, a bien voulu me confier une mission, ayant pour objet des recherches sur l'état de l'agriculture dans les pays de l'Orient.

Accompagné de M. Amédée Damour, dont la coopération m'a été d'un grand secours pendant toute la durée de mon voyage, j'ai quitté Paris le 27 mars 1853, me dirigeant sur Constantinople. De Constantinople je me suis rendu en Syrie en passant par Smyrne, Rhodes, Mersina, Alexandrette. Après avoir visité la Syrie et l'île de Chypre, j'ai exploré une partie de l'Égypte. Enfin j'ai parcouru les îles Ioniennes et j'ai séjourné dans le royaume de Grèce: je suis rentré en France à la fin de janvier 1854.

Votre Excellence a daigné m'accorder l'autorisation de publier sous ses auspices les observations que j'ai pu rassembler dans mes voyages. Je la prie d'agréer l'expression de ma profonde reconnaissance pour cette marque de sa haute bienveillance.

L'ouvrage que j'ai l'honneur de lui présenter se divise en quatre parties distinctes :

1. Je comparerai l'état des arts agricoles en Syrie, en Égypte, en Grèce et dans la république des îles Ioniennes. Je chercherai particulièrement quelle était, d'une part, l'action des circonstances naturelles, c'est-à-dire des circonstances géologiques et météorologiques sur les produits du sol, et, d'autre part, quelle influence exerçaient les nations européennes sur l'exploitation de ces produits.

L'étude de l'agriculture en Orient offre un puissant intérêt à plus d'un titre.

1° Elle fournit d'utiles enseignements pour notre colonie d'Afrique, située dans un climat semblable;

2° Un grand nombre des produits du Levant méritent par eux-mêmes de fixer l'attention des agronomes : je citerai les cotons herbacés destinés sans doute à remplacer les cotons d'Amérique, bientôt insuffisants pour l'approvisionnement de nos filatures: les oliviers, dont la valeur serait immense si leur huile était mieux préparée ; les garances ; les mûriers et les vignes ; la cochenille dont on fait des essais près de Beyrouth ; le café d'Arabie, le blé d'Égypte, le sésame de Tarsus, les pistaches d'Alep, les abricots caïchas de Damas, les grenades et les oranges de Jaffa, les dattes et les bananes du Caire, les figues de Smyrne et de Calamata, le mastic de Chio, la vallonée de l'Hellade ;

3° Berceau du genre humain, l'Orient a vu naître les arts agricoles. On montre, près d'Éleusis, le champ où Cérès sema, dit-on, le premier blé de l'Europe. Cécrops planta en Grèce les premiers oliviers. Les œufs de vers à soie venus de Chine sont éclos auprès de Constantinople, et l'innovation des cultures de mûriers blancs eut lieu dans le Péloponèse, qui, plus tard, à cause de la multitude de ses mûriers (Morus), prit le nom de Morée. Le pistachier fut importé de la Syrie en Europe par Vitellius. Originaire de la Perse, le citronnier traversa la Syrie pour passer en Europe, et l'oranger, natif des Indes, fut planté en Égypte avant de pénétrer en Italie et en Espagne.

Il est curieux pour l'histoire de vérifier quel est l'état actuel de ces diverses cultures dans les lieux où elles se sont primitivement développées.

II. La seconde partie de cet ouvrage sera consacrée à l'étude spéciale de l'agriculture en Chypre. Comme île, cette contrée présente des limites précises qui permettent d'en embrasser facilement l'ensemble. Riche du limon le plus fertile, placée au centre des pays du Levant, elle renferme presque toutes leurs cultures : je la choisis comme type d'étude de géographie agricole en Orient.

J'ai cru trouver dans l'île de Chypre un accord presque constant entre la constitution géologique du pays et la délimitation des zones agricoles. Deux cartes de l'île, dressées à la même échelle, feront connaître, l'une la constitution de son sol, l'autre la nature de ses produits.

III. Dans la troisième partie de cet ouvrage, je traiterai de la sériciculture. Cette industrie renaît dans les pays du Levant. Depuis quelques années, Smyrne, Brousse et le Liban ont rassemblé d'habiles filateurs européens.

C'est un devoir que de porter nos regards vers ces hommes laborieux qui vont étendre dans des contrées lointaines la plus belle industrie de la France. Par suite de leurs efforts, la sériciculture des pays du Levant, trop inconnue aux économistes de l'Occident, se développe chaque jour sur une échelle immense, prête à apporter de graves modifications dans le commerce des soies européennes.

IV. Enfin je parlerai spécialement de la viticulture.

La passoline et la sultanine sont devenues indispensables à l'Europe; les vins de Chypre, de Chio, de Samos et de plusieurs parties de la Grèce, n'ont point

démérité de leur renommée antique : dans ces contrées,
la nature seule n'a pas dégénéré.

J'aurai principalement à traiter de la maladie des
vignes, fléau que pendant la durée de notre voyage
(1853), l'Europe a transmis à l'Asie. M. Damour et moi
avons eu les premiers l'occasion de l'y constater : l'invasion s'étant faite sous nos yeux, nous nous sommes
trouvés dans des circonstance favorables pour juger des
influences qui réagissaient sur son intensité. Des dessins
nombreux faciliteront l'intelligence de notre texte.

Que Votre Excellence me permette d'adresser ici mes
remerciments à toutes les personnes qui, pendant mon
voyage, m'ont prêté l'appui de leur autorité ou le concours de leurs lumières. Je ne saurais assez louer la
bonne hospitalité qu'un Français, voyageant en Orient,
rencontre chez ses nationaux et en particulier chez les
consuls.

Je dois en partie attribuer à la coopération de plusieurs habitants distingués de Chypre ce que mon travail
sur l'île pourra renfermer d'instructif. Je citerai particulièrement le consul de France, M. Doazan; M. Tardieu,
un des premiers négociants de l'île; M. Georges Bernard;
le docteur Foblant, directeur du lazaret de la Scala;
M. Farkoa, M. Pietro Cadichich, M. Truqui, vice-consul de Sardaigne, et M. Lafon, vice-consul de France à
Nicosie.

Je demanderai la permission de nommer comme
m'ayant témoigné le plus de bienveillance : en Égypte,

M. le consul général de France, M. Sabatier; en Asie Mineure, M. Pichon, consul général de France à Smyrne, et M. Mathon, filateur dans cette ville; en Syrie, M. le consul de France à Jérusalem, M. Botta; M. Gaillardot, chirurgien de l'armée à Seïda; M. Blanche, vice-consul de France dans la même ville; M. de Lesparda, consul général de France à Beyrouth; M. Perthier, son chancelier, et M. de Perthuis; MM. Mourgue, Fargialla, Cauva, Ferrier, filateurs dans le Liban.

Dans les îles Ioniennes, parmi les personnes qui ont le plus facilité mes recherches, je dois citer M. Limperani, consul de France à Corfou, M. le baron de Chambaud, vice-consul de France à Zante, M. Draconli d'Ithaque, M. Turlinoz de Corfou, M. Melissino de Zante.

En Grèce, Son Excellence le ministre plénipotentiaire de France, le baron Forth Rouen, m'a reçu avec la plus grande bonté et m'a donné l'appui non-seulement de sa puissante influence, mais encore de ses conseils. Il a bien voulu me mettre en rapport avec les membres du gouvernement grec qui étaient à même de me renseigner. M. Païcos, de la maison du roi et des relations extérieures; M. Vlacos, ministre de l'instruction publique, et son secrétaire général, M. Scouphos; M. Spiliotaki, ministre de l'intérieur, m'ont donné toutes les facilités désirables. M. Daveluy, directeur de l'école française d'Athènes, M. le docteur Charétés, directeur de la pépinière royale, M. le docteur Rœser, premier médecin de Sa Majesté le roi de Grèce, M. Orfanidès, professeur de botanique à l'Université, m'ont procuré des notes précieuses.

Enfin, c'est un devoir pour moi d'exprimer toute ma reconnaissance à M. de Monny de Mornay, chef de la division de l'agriculture, qui a bien voulu me guider dans mes travaux et m'a souvent permis de recourir à sa profonde expérience.

Puissé-je, grâce au bienveillant appui de tant d'hommes distingués, avoir fait un travail qui jette quelques lumières sur la science et qui justifie la confiance dont Votre Excellence a daigné m'honorer.

Je suis avec un profond respect,

Monsieur le Ministre,

De Votre Excellence,

Le très-humble et très-obéissant serviteur,

Albert GAUDRY.

PREMIÈRE PARTIE.

RECHERCHES SCIENTIFIQUES

EN ORIENT.

PREMIÈRE PARTIE.

COMPARAISON

DE L'ÉTAT DE L'AGRICULTURE EN SYRIE, EN ÉGYPTE, EN GRÈCE
ET DANS LES ÎLES IONIENNES.

Chez les peuples modernes de l'Orient, les arts industriels sont tombés; des causes multiples ont amené ce dépérissement :

1° Dans les pays où la douceur du climat facilite la vie de l'homme et où les trésors de la nature lui sont prodigués presque sans effort, les populations puisent dans l'agriculture leurs moyens d'existence : rarement elles ont recours à l'industrie.

On sait que la température du corps humain est de 38° environ; il en résulte que l'état calorique de la zone tempérée chaude est voisin de celui de notre constitution. Aussi dans cette zone, les moindres moyens suffisent pour rapprocher la température ambiante de la température de notre corps; l'homme des pays chauds se contente des habits les plus simples : un vêtement de cotonnade bleue, un voile de pareille étoffe, tel est tout le costume des femmes fellahs et des Bédouines. L'habitant de l'Égypte et de la Syrie s'abrite rarement dans sa maison; elle est pour lui un garde-meuble où se serrent les ustensiles du ménage, bien plus qu'elle n'est un asile destiné à le protéger contre le froid. Il passe les nuits sous les portiques et plus souvent sur les terrasses où il respire un air moins brûlant, et peut librement contempler un ciel toujours pur. Pour se nourrir, il n'a pas de plus grands soucis que pour se loger et se vêtir : du pain mal pétri, du café, des olives, du lait de brebis, des œufs, du riz et de l'eau fraîche suffisent généralement à son alimentation. Les nécessités de la vie étant ainsi réduites chez les peuples du Levant, l'industrie doit être simplifiée en proportion;

2° La religion mahométane, en admettant le dogme de la Providence si consolant pour l'humanité, l'a exagéré de telle sorte que l'homme compte trop sur Dieu, et ne cherche pas assez en lui-même les moyens de pourvoir à sa subsistance;

3° Mahomet, d'après plusieurs versions, ne savait pas lire; ses sectateurs suivant son exemple sont restés dans une ignorance profonde. Les théories de la science qui ont jeté de si vives lumières sur l'industrie, les perfectionnements de nos arts mécaniques, ont trouvé les peuples de l'Orient indifférents;

4° Enfin, la chaleur du climat a pu contribuer pour une faible part à énerver les populations; sous le soleil de la Syrie, le musulman vit heureux, faisant le quief[1], le chi-

[1] Quief, état de repos.

bouk dans une main, dans l'autre sa fine-jeanne de café. Il se berce de la pensée que Dieu conduit les événements de la terre, et lui musulman, il se croit né pour les contempler;

5° Je pourrais ajouter aux causes du dépérissement de l'industrie les raisons qui tiennent à la constitution même de l'empire ottoman; la dépopulation de cet empire, les différences de religion et de mœurs parmi les sujets, les anciennes exactions des pachas, le poids exagéré des impôts, la mauvaise administration : ces considérations m'entraîneraient hors de mon cadre.

D'après les lignes précédentes, on comprendra que l'agriculture dans les pays du Levant doive être plus développée que l'industrie[1]. En effet, les produits de l'agriculture sont indispensables pour la conservation de la vie; ils ne réclament pas impérieusement l'étude préliminaire des sciences, ni d'incessantes recherches; enfin, dans un climat si prospère, sur un sol si fécond, ils exigent peu de labeurs.

De la grande supériorité des arts agricoles sur les arts industriels, il résulte nécessairement que le commerce des articles spéciaux à l'Orient roule presque complétement sur les produits de l'agriculture, et rarement sur les produits de l'industrie. Les extraits suivants de notes fournies par les consulats le démontreront.

ÉCHELLE DE SMYRNE.

Sur les vingt-trois articles principaux du commerce d'exportation, dix-neuf sont des produits agricoles; ce sont :

---

[1] Les observations qui précèdent s'appliquent uniquement à l'état actuel du Levant; étendues jusqu'aux temps antiques, elles perdraient leur justesse ; l'Orient moderne et l'Orient ancien ne sont pas comparables.

1° Les alizaris[1]; 2° les céréales (blé, maïs, orge); 3° la cire; 4° le coton; 5° les drogues (mastic, réglisse, scammonée, storax, etc.); 6° les fruits secs; 7° les gommes, 8° les noix de galle et diverses graines; 9° l'huile d'olive; 10° la laine; 11° l'opium; 12° les peaux de lièvre; 13° les peaux de bœufs et d'agneaux; 14° la soie et les cocons; 15° la vallonée; 16° les graines oléagineuses; 17° les sangsues; 18° le bois de buis; 19° le tabac.

ÉCHELLE DE BEYROUTH.

Sur les quatorze articles principaux qu'exporte cette échelle, dix sont des produits agricoles, savoir :

1° Alizaris; 2° céréales (blé, maïs, orge); 3° cire, gomme, scammonée et galles; 4° coton et laine; 5° fruits secs; 6° huile, sésame et savon; 7° poils de chameau; 8° sangsues; 9° soie et coton; 10° tabac et toumbeki.

ÉCHELLE D'ALEXANDRIE.

Sur les vingt principaux articles qu'exporte Alexandrie, seize sont des produits agricoles, savoir :

1° blé; 2° café; 3° dattes; 4° coton; 5° encens; 6° fèves; 7° gomme; 8° lin; 9° légumes secs; 10° peaux; 11° plumes d'autruche; 12° riz; 13° semences de coton; 14° de lin; 15° de sésame; 16° séné et drogues diverses.

ÉCHELLE DU PIRÉE.

Les onze principaux articles qu'exporte cette échelle sont tous des produits agricoles, savoir :

[1] Alizari : c'est le nom donné à la racine de garance et par extension à la plante tout entière.

Céréales, soies, peaux, fromages, tabac, miel, vins et
spiritueux, garance, vallonée, sangsues, fruits secs.

ILES IONIENNES.

Sur les dix-huit principaux articles qu'exportent ces îles,
seize sont naturels, savoir :

1° blé; 2° maïs; 3° orge et avoine; 4° menu bétail;
5° chevaux et mulets; 6° fromage; 7° beurre; 8° laine;
9° lin et chanvre; 10° soie écrue; 11° coton brut; 12° bois
de chauffage; 13° huile d'olive; 14° raisin de Corinthe;
15° tabac; 16° vin.

Cette énumération prouve d'une manière évidente combien les arts agricoles l'emportent dans les pays du Levant
sur les arts industriels.

Tous les produits de l'agriculture sont loin d'être réunis
dans le même lieu, mais les populations de l'Orient se sou-
viennent que leurs pères furent nomades; elles ont conservé le goût des voyages et leurs caravanes de chameaux
apportent à Smyrne les articles des localités les plus éloignées.

Les produits agricoles de ces contrées suffisent presque
entièrement à la consommation; aussi l'Europe n'en importe qu'un petit nombre : du sucre, du café des Antilles
(moins bon, mais moins coûteux que celui de Moka), des
vins, des indigos, des cochenilles; tandis que les arts industriels étant presque nuls, elle envoie des objets travaillés
de toute nature.

Bien que l'agriculture dans les pays du Levant soit

plus développée que l'industrie, elle est loin cependant d'être prospère : les pages qui suivent le démontreront.

C'est aux états méridionaux de l'Europe, tels que la France et l'Italie, de donner l'impulsion à des contrées qui, par leur proximité et la nature spéciale de leurs produits, peuvent rendre de si grands services au commerce et à l'industrie européenne.

Changer les mœurs, la religion, l'administration politique des peuples mahométans, ce serait les détruire; entre eux et les Européens la séparation est trop absolue pour qu'ils se fondent jamais ensemble. Mais il n'en est pas de même au point de vue de l'agriculture. Les musulmans, sans rien perdre de leur nationalité, peuvent donner à leurs campagnes une culture plus raisonnée et plus en rapport avec les progrès de l'Europe moderne.

Dans l'Orient, les entreprises industrielles sérieuses, les améliorations agricoles ont été presque uniquement l'œuvre des chrétiens, et en ce point, les Français sont les premiers dignes de la reconnaissance de cette contrée.

Nos sériciculteurs ont modifié la face des parties du mont Liban où ils se sont établis; sur les points où les Occidentaux n'ont point pénétré, la Syrie est restée dans l'inertie la plus absolue.

L'Égypte était dans un état pire que n'est aujourd'hui la Syrie; du jour, où elle a reçu les Européens, et en particulier les Français, elle a changé d'aspect.

La Grèce languissait sous une domination étrangère : l'Europe a rendu la liberté à la Grèce et l'Athènes d'aujourd'hui, favorisée dans son développement par les nations occidentales, est en état de marcher à grands pas dans la science agricole. Enfin les îles Ioniennes, depuis longtemps façonnées suivant les mœurs européennes, présentent un état prospère.

J'essayerai de faire apprécier les progrès agricoles que l'Occident a déterminés dans l'Orient, en jetant un coup d'œil sur l'état des campagnes :

1° En Syrie;
2° En Égypte;
3° En Grèce;
4° Dans les îles Ioniennes.

SYRIE.

DE LA CONFIGURATION ET DE LA NATURE DU SOL.

La Syrie reçoit son principal relief des monts Libans et Anti-Libans qui forment des chaînes parallèles dirigées du S. S. O. au N. N. E. Ces chaînes présentent quelques pics élevés : le Djébèl ech-Cheikh, le Djébèl Sannin, le Djébèl Lébnen, etc. Elles se prolongent au nord jusqu'au Taurus et au sud elles vont se perdre dans les déserts d'Égypte. Le littoral méditerranéen, la longue vallée de Balbek, le cours du Jourdain et le lac de Tibériade doivent leur direction du S. S. O. vers le N. N. E. à la disposition des chaînes qui constituent le système libanique. L'enfoncement de la mer Rouge nommé golfe d'Akaba, l'ancien lit du Jourdain, qui, selon la tradition du pays, se jetait dans ce golfe, avant la dépression qui a formé la mer Morte, sont encore probablement redevables de leur forme à la direction du système libanique : ils sont dirigés également du S. S. O. au N. N. E. Ainsi les plaines et les montagnes sont exactement parallèles, et en voyageant de l'O. à l'E., c'est-à-dire en se dirigeant de la côte méditerranéenne dans l'intérieur des terres, on trouve alternativement une plaine, une chaîne de montagnes, une autre plaine et une autre chaîne de montagnes.

Du côté de l'Asie Mineure, comme le démontrent les

travaux d'un savant géologue russe, M. de Tchiatcheff[1], on trouve les terrains paléozoïques.

Dans la haute Égypte, se présentent des massifs cristallins (les syénites).

Entre ces deux contrées, qui montrent des roches de formation très-ancienne, le littoral de la Syrie renferme des strates dont la plus grande partie doit être rapportée à la période secondaire.

La couche la plus inférieure dans les régions que j'ai parcourues est formée d'un calcaire compacte, jaune ou bleuâtre. Dans le voisinage de ce calcaire, j'ai rencontré des roches dont la contexture oolithique est très-développée.

Au-dessus des calcaires bleus, on voit à Aïn-Hamadé des assises de calcaires gris clair renfermant des fossiles et des nodules siliceux.

Une puissante formation de sables recouvre ces assises. Ces sables sont quelquefois endurcis de manière à former des grès: ce sont eux qui par leur pureté donnèrent aux Tyriens la première idée de l'invention du verre; cependant ils sont généralement ferrugineux, très-foncés en couleur, jaunes, rougeâtres, noirâtres.

Parfois des couches de lignite leur sont superposées. Dans un pays où la houille est très-rare, le lignite a une grande valeur. Ibrahim-Pacha en avait entrepris l'exploitation dans le Liban : cette exploitation est aujourd'hui complétement abandonnée.

Au-dessus des sables non agrégés ou endurcis, s'élèvent d'immenses assises de calcaire gris, constituant le sommet

[1] Voir *Bulletin de la Société géologique de France*, séance du 17 avril 1854.

du mont Liban et renfermant des silex ainsi que des fossiles crétacés. Ces calcaires sont fréquemment recouverts par des pins et forment le sol sur lequel les cèdres se sont implantés.

Ils sont surmontés par d'autres calcaires vulgairement appelés marnes blanches, qui sont tabulaires, crayeux, tendres et doivent constituer un sol arable un peu différent. Je ferai remarquer ici que les roches crayeuses, en Syrie comme en France, sont souvent couronnées par des terres rougeâtres et ferrugineuses.

Les calcaires blancs crayeux forment en général des collines dépourvues de végétation; ils s'échauffent moins que les roches noires, mais ils renvoient les rayons du soleil avec tant de force qu'ils dessèchent les plantes. On éprouve une extrême fatigue à traverser les collines de calcaire exposées au soleil: les rayons réfléchis par les surfaces blanches brûlent le visage et éblouissent les yeux. Çà et là sur ces roches croissent des genévriers, des lentisques, etc. On y rencontre quelques bois de chênes verts et d'oliviers.

Au-dessus des marnes blanches, les calcaires grossiers, connus sous le nom de poros, forment, comme en Égypte et en Chypre, le cordon littoral de la Méditerranée. Ces calcaires sont coquilliers, les débris dont ils sont formés sont très-ténus; leur couleur est jaune ou rougeâtre.

Je dois encore mentionner des couches de sel et de calcaire bitumineux qui se montrent aux environs de la mer Morte.

Les roches d'épanchement et d'éruption apparaissent dans plusieurs localités, particulièrement dans le Liban et sur les bords du lac de Tibériade. Ces diverses roches sont peu développées comparativement aux calcaires blancs crayeux et aux calcaires compactes gris dont j'ai parlé.

Les vallées de la Syrie renferment un humus qui a quelque rapport avec le limon du Nil ou plutôt avec le limon de Chypre dont j'aurai plus tard à traiter. Souvent il paraît n'être qu'une terre stérile, les pieds des mules et des chameaux enfoncent dans la poussière dont il est formé; mais, qu'un peu de pluie humecte cette poussière, qu'un ruisseau la parcoure, alors surgira la plus riche végétation. Je citerai comme exemples, les environs de Beyrouth et surtout ceux de Jaffa où l'on voit s'élever au milieu d'un sable pulvérulent les grenadiers, les limoniers, les orangers, les bananiers, chargés de fruits délicieux.

L'humus des vallées de la Syrie et surtout de la Palestine se remarque par sa légèreté et la finesse de ses parties. Il semble résulter du lavage lent, opéré pendant des siècles nombreux sur les collines et les montagnes; en effet, au point de vue agronomique, le sol de ces pays doit se diviser en deux régions bien distinctes : les collines dénudées sur la pente desquelles descendent les particules désagrégées qu'entraînent les pluies d'hiver; les vallées où ces particules sont rassemblées, vallées merveilleusement fertiles, isolées au milieu de vastes espaces incultes.

Sur les collines de Syrie et de Chypre, peu de végétaux résistent à la sécheresse prolongée de l'été. Ceux qui persistent ne sont point assez nombreux pour arrêter la chute journalière des terres entraînées vers les parties basses; en outre, le sol endurci par les chaleurs de l'été boit difficilement l'eau des pluies d'hiver, de sorte que cette eau coule en grande partie à sa surface et, étant plus abondante, a plus de force pour emporter les particules placées sur son passage : voilà ce qui explique l'abondance du limon.

Quant à sa fertilité, elle provient de la multiplicité extrême des petites plantes qui poussent chaque année en décembre, janvier et février, puis sont brûlées par le soleil d'été et sont, pendant l'hiver suivant, emportées par les eaux avec les granules des roches désagrégées.

Aujourd'hui des plaines et des vallées d'une grande fécondité sont à peine cultivées; je citerai entre autres la campagne de Jéricho, campagne presque déserte, malgré la richesse incomparable de son sol et malgré les eaux dont elle est arrosée.

DU CLIMAT ET DES IRRIGATIONS.

La Syrie est comprise entre le 31e et le 37e degré de latitude. La ligne isotherme de 20 degrés forme sa limite septentrionale.

Cette contrée appartient à la zone juxta-tropicale, c'est-à-dire à celle qui, liant la zone tempérée chaude à la zone tropicale, renferme le mélange des productions de l'une et de l'autre. Elle se trouve ainsi, sous le rapport du climat, une des plus richement dotées du monde.

La température du nord de la Syrie, du côté du Taurus, présente des différences très-marquées avec celle du Sud, du côté de Gaza. Dans la première région, les dattes ne mûrissent point; elles mûrissent, au contraire, dans la seconde. Dans la première région, les blés et les orges sont moissonnés en juin et juillet; dans la seconde, ils sont coupés dès les mois de mai et d'avril.

Il existe une différence encore plus grande de température entre les côtes et l'intérieur des terres, sous la même latitude. Le littoral a parfois quelque fraîcheur; la brise y modère les ardeurs du milieu du jour. Au contraire, la vallée de la mer Morte est brûlante ainsi que le pays situé entre Palmyre et Bagdad.

Il ne neige jamais en Syrie, si ce n'est sur les montagnes élevées, telles que le Sannîn, le sommet du Liban, le mont Hermon, etc. J'ai vu ces montagnes couvertes de neige en avril; on dit que la neige persiste toute l'année dans quelques régions abritées. Pendant l'été, la plus grande partie du printemps et de l'automne, aucune pluie ne rafraîchit la terre; le ciel est d'un bleu toujours pur. Parfois, pendant la matinée quelques vapeurs montent dans l'atmosphère, mais en s'élevant le soleil les fait évanouir. Les pluies commencent vers la fin d'octobre. Après la chute des premières pluies, on fait les semailles d'hiver qui ont pour objet principal les céréales (blé, orge, etc.). Après les pluies du printemps, c'est-à-dire dans les mois de mars et d'avril, ont lieu les semailles d'été qui ont pour objets principaux, le coton, le sésame, le tabac, les fèves, les pastèques. Les vers à soie éclosent en avril. Les vendanges se font au mois de septembre.

En règle générale, on peut dire que l'atmosphère de la Syrie est tellement privée de vapeur d'eau, pendant la plus grande partie de l'année, que la végétation se développe seulement dans les lieux arrosés par un ruisseau ou par un courant artificiel.

Dans le temps où la Palestine eut sa grande puissance, c'est-à-dire sous les premiers rois hébreux et sous les Romains, d'immenses travaux d'art furent entrepris pour arroser le sol ; comme exemples de ces travaux des anciens, j'indiquerai les étangs de Salomon au sud de Bethléem, les puits de Salomon, non loin de Tyr, véritables puits artésiens[1], dont les eaux encore aujourd'hui pourraient non-seulement alimenter une grande ville, mais arroser les campagnes environnantes; je citerai les réservoirs d'eau de Jérusalem, les immenses citernes de Ramla, la citerne de Séraphan dont la construction a été attribuée à sainte Hélène.

Exceptionnellement on rencontre encore dans quelques campagnes des systèmes d'arrosages très-ingénieux, dans lesquels l'eau se répand de carrés en carrés par le moyen de rigoles et de canaux garnis de petites écluses[2].

ÉTAT ACTUEL DE L'AGRICULTURE ET PRODUITS AGRICOLES.

L'agriculture, en Syrie, languit presque universellement : les collines ont été déboisées, la plupart des plaines ne sont plus arrosées, les bras manquent pour les mettre en culture.

Dans un des derniers numéros des Annales du commerce extérieur que publie le ministère de l'intérieur, on pourra lire les lignes suivantes : « L'agriculture n'est guère plus perfectionnée à Jaffa qu'au temps des patriarches; mais la fertilité des terres y est extraordinaire; il suffit de gratter

[1] J'ai vu ces puits. Ils sont jaillissants; mais comme ils sont entourés de vastes bâtisses, on ne peut apercevoir le jet des eaux. Ils attestent d'immenses travaux d'art. On dit que Salomon les fit construire afin d'arroser les campagnes de son allié, Hiram, roi de Tyr, en reconnaissance des bois de cèdre qui lui avaient été donnés pour la construction du temple de Jérusalem.

[2] On trouvera sur les systèmes actuels des irrigations en Orient des détails intéressants dans Castellan, *Lettres sur la Morée*, t. III, ch. XLVI, 1820.

le sol avec une charrue informe et de semer pour se procurer une moisson abondante. Il faut toutefois constater un
progrès sensible : on commence à se servir d'engrais, c'est
un pas fait vers la science agricole. —

Nul pays avec tant de richesse naturelle que la Syrie
n'offre une image de si grande barbarie. Le premier soin
de tout peuple, qui voudrait rendre à cette contrée son
ancienne prospérité, serait de boiser les collines et de rétablir les aqueducs.

Il faudrait que l'agriculteur ne craignît plus les attaques
des Bédouins ou des tribus voisines : peut-il avoir du courage à exploiter un champ dont les moissons seront peut-
être la proie d'un étranger? Un petit nombre de troupes
organisées suffirait pour maintenir les Bédouins au delà du
Jourdain.

En Syrie, les communications sont presque nulles, il n'y
a pas de chariots et il ne peut y en avoir, car les chemins
sont à peine frayés. On sait en particulier combien les Maronites et les Druzes du Liban croient leur indépendance
attachée à l'escarpement et à l'exiguité des sentiers qui
mènent à leurs villages. Les chameaux sont presque exclusivement destinés à porter les produits de l'agriculture et
du commerce. Quelquefois dans les caravanes ils sont plus
de cent à la file; leur marche est d'une grande régularité,
mais d'une lenteur extrême. On conçoit combien de tels
moyens de transport sont défavorables au développement
de l'agriculture sur une vaste échelle.

Si ces conditions désavantageuses cessaient, si les anciens
travaux d'eau étaient réparés, si des hommes intelligents,
libres, laborieux, trouvant des moyens de transport et des

débouchés faciles pour les produits, pouvaient en sécurité cultiver les vallées de la Syrie, nul doute que ces vallées, riches du plus bel humus, ne devinssent, comme autrefois, d'une fertilité incomparable.

La nature des productions a peu changé depuis les temps les plus reculés et l'on pourrait, avec l'auteur sacré du Pentateuque, définir encore la terre de la Palestine :

« Terram frumenti, hordei ac vinearum, in qua ficus et malogranata et oliveta nascuntur; terram olei ac mellis[1]. »

— Quelques plaines de la Syrie fournissent de très-belles récoltes de blé. Dans les lieux où les invasions de sauterelles sont le plus à craindre, l'orge est semée de préférence parce qu'elle mûrit en général avant l'arrivée de ces insectes.

Le blé de Syrie nommé blé dur est préféré à celui de l'Égypte; il s'exporte principalement en Angleterre et en France.

— L'orge avait autrefois un débouché important en Algérie. Depuis la prohibition de l'introduction des céréales étrangères dans notre colonie, on l'exporte principalement dans le Maroc, l'Asie Mineure et les îles de la Grèce.

La campagne de Balbek entre le Liban et l'Anti-Liban, la plaine qui s'étend entre les basses chaînes du Liban et le rivage de la Méditerranée dans le pays de Sour, ancienne Tyr, et de Seida, ancienne Sidon, les champs de Saron entre Jaffa et Ramla, la plaine d'Esdrelon à la base du

[1] Deutéronome, caput VIII. Terre fertile en froment, en orge et en vignobles, où naissent les figues, les grenades et les olives, qui possède de l'huile et du miel.

mont Thabor donnent presque sans culture les plus riches moissons.

— Les environs de Balbek renferment de beaux champs de maïs.

— Nous avons vu du côté de Beyrouth, mais principalement dans la campagne de Seïda, de nombreuses plantations de cannes à sucre. Ces cannes sont un peu moins sucrées qu'en Égypte.

— Les douras prospèrent dans plusieurs localités.

— Les oliviers semblent se bien trouver des sols calcaires de la Syrie. Ils y sont, je crois, à la limite méridionale de leur zone; en Égypte, ils deviennent beaucoup plus rares.

Les oliviers sont avec les nopals les seuls arbres de plusieurs parties de la Syrie. À Ramla et à Antioche, on en voit d'une taille gigantesque. Ceux du jardin de Gethsémani, près de Jérusalem, sont remarquables par leur vieillesse; d'après la tradition du pays, ils remonteraient au temps du Christ. De très-savants auteurs ont regardé cette tradition comme authentique. On sait que l'olivier repousse facilement de souche; ainsi on doit tenir peu de compte de l'objection faite par les auteurs qui racontent que Titus, à la prise de Jérusalem, fit tailler rez terre tous les arbres des alentours. Les sept oliviers de Gethsémani furent coupés, mais ils purent repousser de souche.

Les olives forment une partie essentielle de la nourriture des gens du peuple. L'huile qu'on en tire est inférieure à celle de l'Attique; elle est en général mal préparée. La Palestine et principalement les environs de Naplouse et de

Jérusalem en produisent de grandes quantités; la récolte annuelle en monte à près de 250,000 ocques.

— Le cotonnier prospère en Syrie. La seule espèce qui y soit cultivée est le cotonnier herbacé (*Gossypium herbaceum*, L.). On sait que le Gossypium est un genre de la famille des malvacées hibiscées. Le nom de cotonnier herbacé est loin d'être juste, car la tige est souvent ligneuse; mais il a été donné par opposition au nom de *cotonnier arborescent*. Le cotonnier atteint 8 décimètres et plus; ses feuilles sont tendres, d'un vert clair; ses fleurs jaunâtres, rosées ou violacées sont marquées d'une tache pourpre au bas de chaque pétale. Il doit être planté dans des terres meubles et assez divisées pour permettre aux racines de s'étendre; ces terres ont besoin d'engrais et d'humidité.

On voit de très-beaux champs de cotonniers sur le littoral des environs de Saint-Jean-d'Acre et de Sidon, autour de Naplouse et de Damas. Le coton de la Syrie est d'une grande blancheur, mais son fil est plus court que celui du coton de Chypre, et à plus forte raison que celui du coton d'Amérique; il est donc moins estimé.

— Originaire de l'Inde[1], le sésame prospère en Syrie. Cette plante (*Sesamum orientale*, L., *Sesamum oleiferum*, M.) appartient aux bignoniacées, division des sésamées que M. de Candolle a élevée au rang de famille. Elle est d'une haute importance pour ses produits oléagineux. Elle n'a pas réussi en Europe, mais elle est répandue dans presque tous les pays du Levant, et elle pourra prendre un grand développement dans notre colonie d'Afrique. Son huile est employée

---

[1] Sesama ab Indis venit : ex ea et oleum faciunt : color ejus candidus. (Pline, *Hist. mundi*, lib. XVIII).

non-seulement comme aliment pour remplacer l'huile d'o-
live, mais encore elle sert d'onguent aux femmes des harems qui l'emploient pour s'adoucir la peau. Le marc,
provenant des graines dont on a retiré l'huile, est la base
d'une espèce de gâteau, recherché des Arabes.

L'huile de sésame est essentiellement propre à la sapo-
nification. M. Decaisne, dans un savant article du Dictionnaire universel d'histoire naturelle[1], nous apprend que la
quantité d'huile de sésame consommée annuellement dans les
savonneries de Marseille avait atteint dans ces dernières
années le chiffre de 10 ou 12 millions de kilogrammes;
l'augmentation des droits dont cette denrée a été atteinte
a fait diminuer sensiblement son importation.

La belle plaine située entre la base des dernières chaînes
du Liban et le rivage de Saint-Jean-d'Acre et de Kaïfa
renferme de grands champs de sésame. Cette plante est
fréquemment cultivée dans les mêmes lieux que le cotonnier.

— Malte-Brun fait observer que les collines de la Judée,
présentant un système géologique semblable à celui des
montagnes de l'Yémen (Arabie), et situées dans un climat
très-analogue, pourraient sans doute produire le café[2].

— On dit que l'indigo croît naturellement sur les rives
du Jourdain. Dans la partie où j'ai vu ce fleuve, il était
encaissé par une belle végétation arborescente qui sans
doute étoufferait cette plante.

[1] Article Sésame, *Dictionnaire universel des sciences naturelles*, de M. Charles
d'Orbigny.
[2] Malte-Brun, *Géographie mathématique physique et politique de toutes les parties du monde* (an XII (1803). X° vol. pag. 346.)

— On cultive le tabac sur presque tous les points habités de la Syrie : dans les pays où les moyens de transport sont difficiles, les habitants des campagnes cherchent à réunir autour d'eux les produits indispensables à leur entretien journalier, et le tabac est en première ligne parmi ces produits.

Djebel, petite ville au nord de Beyrouth, en bas du versant occidental du mont Liban, fournit beaucoup de tabac et en exporte en Grèce et en Turquie. On en consomme aussi à Beyrouth et dans les pays voisins. L'Égypte en reçoit de petites quantités. On a fait venir des graines de Djebel dans la Tchamouria (Épire). Le tabac qu'elles ont produit est préférable à celui de la Thessalie; il a conservé le nom de Djebel.

Le tabac le plus répandu dans le Levant est celui de Lataquié; il constitue la principale richesse de cette ville. On l'emploie presque uniquement pour le chibouk; dans le Levant, le chibouk et le narghuilé sont les instruments exclusivement employés pour fumer, et le chibouk[1] est d'un usage encore plus général que le narghuilé.

Le tabac de Lataquié, connu en Europe sous le nom de Lataki, s'exporte à Constantinople et principalement en Égypte; il en arrive jusqu'en France. Il ne vaut pas le tabac coupé en filaments menus, connu dans le commerce sous le nom de tabac de Constantinople; il est beaucoup moins fin et moins recherché pour la confection des cigarettes. Les Orientaux ne fument pas de cigares; ils les trouvent âcres au goût. D'ailleurs le prix des bons ci-

[1] Le narghuilé exige un tabac particulier, nommé *toumbak* ou *toumbeki*, provenant principalement d'Arabie et de Perse.

gares est trop élevé dans un pays où l'argent est rare; on en consomme seulement un petit nombre de Djebel, d'Espagne et de Malte. Les Grecs et les Européens fument plus habituellement des cigarettes.

Un rapport de M. Villaret de Joyeuse, publié en 1854, renferme la description suivante de la préparation des tabacs à Lataquié [1] : « On réunit les feuilles en paquets d'un ou deux kilogrammes, que l'on suspend au plafond d'une chambre bien fermée, dans laquelle on fait brûler une espèce particulière de bois blanc très-humide, dont la fumée âcre pénètre dans le tabac et lui donne l'odeur particulière qui le fait reconnaître. On laisse ce tabac ainsi suspendu à la fumée pendant huit jours au moins; après quoi, on le livre à la circulation; plus on le laisse s'imprégner de la fumée de bois et plus on le rend fort. »

Le tabac de Lataquié est naturellement doux, comme la plupart de ceux de la Turquie. Il est rare de trouver dans le Levant des tabacs âcres et piquants. Cependant, près de Nazareth en Palestine, nous en avons essayé dont quelques bouffées suffisent pour exciter la toux et porter à la tête.

— On cultive en Syrie quelques champs de riz.

— Les cistes (*Cistus creticus*) des collines donnent le ladanum; la coloquinte (*Citrullus colocynthis*) croît naturellement dans quelques plaines. Des plantes odoriférantes, particulièrement des labiées, fournissent aux abeilles un miel parfumé.

Je ne parlerai point ici de la viticulture ni de la sériciculture; plus tard je traiterai longuement de ces deux sujets.

[1] *Annales du commerce extérieur de la France*, année 1854.

— Outre les raisins, la Syrie produit comme autrefois des fruits délicieux. Les jardins du mont Carmel étaient célèbres par leurs arbres fruitiers; ceux de Damas ont encore aujourd'hui une juste réputation; on cite surtout les caïchas ou michmichs, abricots d'un goût très-fin, plus parfumés que nos meilleurs abricots d'Occident. On en fait sécher de grandes quantités; ainsi séchés, ils deviennent une provision précieuse dans les voyages.

— Les pistaches d'Alep sont l'objet d'un commerce considérable. On sait que le pistachier (*Pistacia vera*, Lin.) est originaire de la Syrie, d'où il fut importé en Italie par Vitellius.

« Syria peculiares habet arbores. In nucum genere pistacia nota.[1] »

— Les grenades de Beyrouth et surtout celles de Jaffa sont universellement renommées; leur beauté égale l'excellence de leur saveur; parmi les variétés, les unes sont douces, d'autres sont fortement acides.

— Les figues sont succulentes.

— On mange en Orient deux sortes de fruits très-différents de nos figues et appelés, l'un *figue de Pharaon*, l'autre *figue de Barbarie*. Le figuier de Pharaon ou sycomore est un des plus beaux arbres de la Syrie. Le figuier de Barbarie est un cactus; on lui donne habituellement le nom de *nopal*. Je n'ai pas vu en Europe de nopals comparables à ceux de la Syrie. Ces arbres s'élèvent à de grandes hauteurs; ce sont eux qui forment les ombrages de la

[1] Pline, *Hist. mundi*, lib. XIII : «La Syrie renferme des arbres qui lui sont spéciaux; on y connaît dans la classe des arbres portant des fruits à noyau le pistachier.»

belle colline située au sud de Beyrouth. Leurs larges raquettes chargées de fruits supportent le manque d'eau mieux que le feuillage de tous les autres arbres, et comme le Rhododendrum est le dernier représentant de la végétation dans les régions neigeuses des Alpes, le nopal est le dernier débris du monde végétal à l'entrée des déserts brûlants.

— Les palmiers sont nombreux, mais en général çà et là disséminés; ils ne forment pas, comme dans d'autres pays, des massifs assez serrés pour porter le nom de bois. On sait combien ces arbres contribuent au pittoresque des panoramas de l'Orient, élevant capricieusement leur tête au milieu des campagnes dénudées. Ils habitent plus spécialement les plaines. Presque tous les palmiers sont des dattiers; leurs dattes, si on en excepte celles de Gaza, sont d'une qualité très-inférieure à celles de l'Égypte.

— Les bananes sont délicieuses; les arbres qui portent ces fruits sont moins répandus que les palmiers dans les campagnes; ils habitent presque uniquement les jardins.

— Le texte de Moïse, que j'ai cité au sujet des anciennes productions de la Palestine, ne renferme pas l'indication des citronniers et des orangers. L'introduction de ces arbres est postérieure au temps où fut écrit le Pentateuque.

Indigène en Médie, le citronnier a passé de la Perse dans les jardins de Babylone, et de là, dans ceux de la Palestine[1]. Théophraste l'a appelé pommier de Médie, et Pline fut le premier à lui appliquer le nom de *Citrus*.

Originaires des pays situés au delà du Gange, le limo-

---

[1] Voir *Histoire naturelle des orangers*, par Risso. 1818.

mier et l'oranger ont été importés par les Arabes en Égypte, puis en Syrie[1]. Les oranges, les limons, les citrons de cette dernière contrée, ceux de Jaffa surtout, ont une juste renommée. En compensation, plusieurs de nos arbres fruitiers sont de médiocre qualité en Syrie : tels sont les pommiers, les poiriers, les pruniers, les pêchers et les cerisiers. Les fraises sont très-rares. Les pastèques, les melons atteignent de grandes dimensions; ils sont préférés à ceux d'Égypte. Les concombres sont de bonne qualité.

— Selon Pline, les légumes de Syrie furent célèbres dans l'antiquité :

« Syria in hortis operosissima est : indèque proverbium Græcis : Multa Syrorum olera[2]. »

Aujourd'hui les légumes sont peu variés et très-inférieurs en qualité à ceux des pays occidentaux.

— Les arbres d'agrément sont presque inconnus; à peine aperçoit-on quelques platanes, des érables, des cyprès, etc.

— Les bois sont très-rares; il faut principalement en attribuer la cause à la barbare coutume qu'ont les Orientaux d'incendier les arbres verts.

Les pins et les chênes se montrent çà et là dispersés dans les montagnes : le Liban, du côté de Tripoli, en renferme un grand nombre.

Ces arbres étaient autrefois l'objet d'une exploitation importante. Mohammed-Ali a voulu renouveler ces exploitations. On lit dans les Annales du commerce extérieur, publiées en 1854, que le vice-roi en avait tiré 200.000 pièces de

---

[1] Voir *Traité du Citrus*, par Georges Gallesio, 1811.

[2] Pline, *Hist. mundi*; liber XX : « La Syrie est très-avancée dans la culture des jardins; de là ce proverbe des Grecs : les Syriens ont beaucoup de légumes. »

bois de construction. On les faisait descendre de la montagne pendant l'hiver, au moyen des torrents qui deviennent navigables après les grandes pluies.

Les forêts habitées par les Ansariés pourraient être d'un revenu considérable; leur exploitation est abandonnée.

On trouve encore un grand nombre de chênes verts et de pins dans les collines des environs de Saint-Jean-d'Acre. La difficulté des transports en rend, dit-on, l'exploitation fort dispendieuse; elle avait été commencée par Mohammed-Ali; elle a été abandonnée après lui.

— Une des espèces de chêne les plus abondantes est le *Quercus ægilops*, nommé vulgairement chêne velani ou vallonée. La vallonée porte un gland, entouré d'une grosse cupule qui le cache en partie et se montre armée d'écailles allongées et courbes. Elle fournit de grandes quantités de tannin; elle est exploitée sur plusieurs points de la Grèce et de la Turquie; en Syrie, son produit est minime.

— Les cèdres du Liban ont été trop dépréciés par Volney[1]; ils ne sont pas au nombre de quatre ou cinq seulement, mais on en compte plusieurs centaines. Évidemment Volney a vu les cèdres dans le lointain. Lorsque nous les aperçûmes pour la première fois, nous étions au sommet du mont Liban; ces arbres, isolés dans les immenses étendues de la montagne, ne nous semblèrent qu'une touffe d'herbe;

[1] Volney, *Voyage en Égypte et en Syrie pendant les années 1783, 1784 et 1785*, vol. 3, *État politique de la Syrie*, 2ᵉ édit. p. 67 : «De Becharrai l'on se rend aux cèdres qui en sont à sept heures de marche, quoiqu'il n'y ait que trois lieues de distance. Ces cèdres si réputés ressemblent à bien d'autres merveilles; ils soutiennent mal de près leur réputation. Quatre ou cinq gros arbres, les seuls qui restent et qui n'ont rien de particulier, ne valent pas la peine que l'on prend à franchir les précipices qui y mènent.»

mais, en approchant, nous vîmes cette touffe d'herbe se
changer en bois; et le bois, lorsque nous fûmes parvenus
jusqu'à ses arbres, nous sembla une réunion de géants du
monde végétal.

— Des arbousiers (*Arbutus andrachne*), des lentisques
(*Pistacia lentiscus*, Lin.) en général rabougris, des géné-
vriers (*Juniperus phœnicea*) qui ont été réputés comme produisant l'encens, sont disséminés çà et là sur les collines
calcaires. Des ronces (*Rubus sanctus*), des capriers (*Capparis spinosa*) et des églantiers entourent les villages. Les
églantiers du versant E. du Liban, à la limite de la plaine
de Balbek, composent au printemps d'admirables bordures
et remplissent l'atmosphère de leur parfum.

Le cours des ruisseaux est en général marqué par d'élé-
gants massifs de laurier rose (*Nerium oleander*) et de *Vitex
agnus castus*.

— Parmi les arbrisseaux de la Syrie, je dois citer le
henné. Le henné (*Lawsonia inermis*) a été classé par Linnée
dans l'octandrie monogynie. Les Hébreux l'appelaient *kopher*;
les Turcs le nomment *kanna*, les Arabes *henné* ou *henna*, les
Grecs *kupros*. La douce odeur de ses fleurs, leur légèreté et
la beauté de leur teinte les font rechercher des Orientaux.
Desséchées et pilées, les feuilles forment une poudre,
objet d'une grande consommation; les femmes la mouillent et s'en teignent les ongles, la paume des mains et
la plante des pieds. Cette teinture est d'un jaune orangé
vif; on dit qu'elle est astringente et peut diminuer la sueur
des pieds et des mains. La meilleure raison de son emploi
est sans doute la perversion du goût des Orientales, qui
pensent s'embellir en modifiant la nature; il en est de la

teinture avec le henné comme des tatouages bleus dont
les Bédouines se couvrent la figure, le sein, les mains, les
bras et les jambes.

DES ANIMAUX.

Les collines et les montagnes sont rarement animées par
quelques troupeaux de chèvres.

Dans les plaines, les Arabes, comme au temps des patriarches, promènent leurs nombreux troupeaux de bœufs et de
moutons. La chair de mouton est la viande habituelle, les
autres sont rares. Le lait dont on fait la plus grande consommation est le lait de brebis; on prépare peu de fromages.

Les Bédouins sont riches en chameaux et en chevaux :
ces animaux partagent la vie aventureuse de leurs maîtres.
Quand les Bédouins sont en guerre, s'ils ont fait quelque
prise, leurs montures vivent bien; mais cette bonne fortune
est rare et plus souvent leurs chevaux sont réduits à une
ration modique de paille hachée menu. Aussi leur maigreur
est proverbiale en Syrie; mais leur courage est extrême;
on les voit ardents comme nos plus fiers chevaux d'Europe,
soumis à leur maître à l'égal du chien le plus fidèle, presque aussi sobres que le dromadaire.

Les Bédouins, inférieurs à nous sur tant de points, pourraient nous donner des leçons de douceur envers les animaux; l'attachement du cheval arabe, son obéissance si
prompte ne dépendent-ils pas de la bonté, je dirai sans
exagération, de l'amitié que son maître lui témoigne?

Les chameaux sont spécialement destinés à porter les
marchandises; les dromadaires servent de monture dans les
déserts. Ils sont rapides à la course et d'une allure douce.

Rien de si pittoresque que les troupes de Bédouins montés sur leurs dromadaires, armés de leurs lances démesurément longues.

On emploie beaucoup moins de mules que de chameaux.

Les ânes de Syrie sont très-inférieurs à ceux de l'Égypte.

La volaille est abondante : le voyageur trouve facilement, dans la plupart des villages, des poules et des œufs.

Plusieurs pays renferment des gazelles, des lièvres, des perdrix rouges, des francolins, des tourterelles, etc.; mais le gibier ne peut être considéré comme un important article de commerce. Je ne crois pas que les lapins soient connus en Syrie.

Les animaux carnassiers sont rares, à l'exception des chacals dont les hurlements retentissent presque toutes les nuits dans une grande partie des montagnes. On dit que les panthères habitent sur plusieurs points.

Je ne comprends pas comment Brocard a pu écrire que les ruines du mont Thabor servent de repaire aux lions et à d'autres bêtes fauves, ni surtout comment Mariti[1] a répondu à Brocard : « J'ai aperçu, en effet, dans les alentours une quantité considérable de tigres et de sangliers. » Nous sommes montés à l'extrême sommet du Thabor, sans voir aucune trace de tigres ou même de sangliers. Il est probable que Mariti aura entendu par tigres ces animaux du nombreux genre *Felis*, connus sous le nom d'onces. Cuvier[2] indique les onces comme se trouvant en Perse. D'après divers rapports, je crois que ces carnassiers existent en Syrie.

Les animaux venimeux ne sont guère plus à craindre que

[1] Mariti, *Voyage en Syrie*, t. II, chap. IX.
[2] Cuvier, *Règne animal, Mammifères*.

les bêtes fauves. Les aspics, si redoutés en Chypre, et les scorpions, fréquents en Égypte, sont rares en Syrie. Le seul ennemi réellement redoutable pour l'agriculteur est la sauterelle; cet insecte amène d'immenses désastres.

Les sauterelles arrivent du désert d'Arabie, après les hivers doux; tout est ravagé sur leur passage : céréales, cotons, tabacs; elles attaquent même les feuilles des arbres. Lors de leur approche, on creuse des fossés où un grand nombre tombent et sont détruites; mais c'est là un moyen insuffisant pour s'en débarrasser. Lorsque les vents d'E. et de S. E. viennent à souffler, ils les poussent vers la Méditerranée où il en périt un si grand nombre que l'air en est au loin infecté.

RÉSUMÉ ET STATISTIQUE AGRICOLE.

Dans l'esquisse que je viens de présenter des productions de la Syrie, j'ai cité des palmiers, des bananiers, des grenadiers, des orangers, des citronniers. En lisant ces noms, on tend à se représenter un des plus riches pays de la terre. C'est là une erreur dont on doit se défier. Il ne faut pas oublier que les belles productions de la Syrie sont cantonnées dans des lieux isolés. Les arbres fruitiers croissent seulement dans les jardins[1] dont sont entourées les villes; ces jardins ne sont que des oasis dans le désert. Je l'ai dit, la plus grande partie de la contrée est composée de montagnes ou de collines arides dont le calcaire blanc n'est

---

[1] Les jardins de la Syrie ne sont pas des coins de terre dessinés pour la jouissance des yeux comme dans le centre de l'Europe. Ce sont de vastes enclos d'exploitations, en général fermés par des rangées de nopals. Les environs d'Hyères et de Nice possèdent des jardins semblables.

presque jamais dissimulé par un taillis ou même par une touffe d'herbe. De loin en loin, quelques plaines se couvrent de céréales, de cotons, de sésames; mais, ces plaines mêmes, n'étant pas boisées et se trouvant enceintes par des collines dénudées, ne présentent qu'un aspect lugubre. Rarement y voit-on des cultivateurs; quelques troupeaux errent çà et là autour des tentes de Bédouins : on peut dire que l'aspect général est un aspect de désolation.

Pour rendre un compte plus exact des productions, j'intercale ici un tableau extrait des notes de M. de Lesparda, consul général de Beyrouth à l'époque où je passai dans cette ville.

PRODUITS AGRICOLES EXPORTÉS DE BEYROUTH ET DE SES ÉCHELLES (1851).

ARTICLES	VALEURS EN FRANCS.	QUANTITÉS.
Alizaris (et éponges)	297,000[f]	
Blés, maïs, orges	2,211,700	
Cire, graisse, scammonée, noix de galles	186,450	
Coton et laine	679,700	1,800 balles.
Fruits secs	235,700	
Huile, sésame (et savon)	3,905,850	1,090,000 ocques[2]
Poil de chameau	2,250	
Sangsues	83,750	
Soie et cocons	2,557,750	70,000 ocques.
Tabac et toumbeki	561,950	115,300 ocques.

[2] L'ocque vaut 1 kilogramme 250 grammes.

On voit par ce tableau que les trois principaux produits agricoles constituant l'exportation, sont : 1° les huiles d'olive et de sésame; 2° les soies et les cotons; 3° les céréales (blés, maïs et orges).

Pour connaître les produits agricoles que la France tire

de la Syrie, on pourra consulter la liste suivante, extraite des notes de M. le consul général de France (année 1851).

PRODUITS AGRICOLES DE BEYROUTH ET DE SES ÉCHELLES EXPORTÉS EN FRANCE.	
NATURE.	VALEURS EN FRANCS.
Alizaris (et éponges).	148,500f
Blés, maïs et orges.	575,000
Cire, gomme, scammonée, noix de galles.	12,600
Coton et laine.	372,900
Fruits secs.	7,400
Huile, sésame (et savon).	3,720,000
Sangsues.	83,750
Soies et cocons.	1,125,000

On voit par ce tableau que la plus grande partie des huiles de Beyrouth et de ses échelles est importée en France. Une quantité notable des soies et des cocons passe à Marseille.

Comme tous les produits exportés d'un pays ne lui appartiennent pas en propre, mais que plusieurs lui ont été primitivement fournis par l'étranger, je donnerai la liste des importations, afin que l'on connaisse la quantité approximative des produits spéciaux au pays. Cette liste fera voir combien la Syrie reçoit peu de produits naturels; presque tous ceux qui sont importés sont manufacturés.

PRODUITS AGRICOLES IMPORTÉS A BEYROUTH ET DANS SES ÉCHELLES.		
ARTICLES.	VALEURS EN FRANCS.	QUANTITÉS.
Farines et graines de céréales.	2,170,480f	
Cafés.	368,600	8,000 sacs.
Sucre (et sucreries).	421,875	4,900 caisses.
Vins et liqueurs.	32,969	2,150 barils.

ÉGYPTE.

J'arrive dans un pays où la civilisation de l'Occident fut
appelée à perfectionner la civilisation musulmane.

RÉNOVATION DE L'AGRICULTURE.

Vers l'an 1800, l'Égypte était dans un état pire que ne
l'est aujourd'hui la Syrie.

Au milieu des luttes des Mameluks, les communications
étaient interrompues par les brigandages des tribus, les
populations tombaient dans l'indigence, l'agriculture voyait
chaque jour resserrer ses limites.

Qu'étaient devenues ces belles campagnes, ces canaux
du temps de Moeris, ces cultures des rives du Nil, greniers
du peuple romain?

Un homme de génie parut. Mohammed-Ali entreprit de
rendre à l'Égypte son ancienne prospérité. Il appela les
Européens; avec eux, pénétrèrent les progrès de l'agriculture et de l'industrie. Or, l'industrie, naissant en Égypte,
trouvait pour rivale l'industrie déjà très-perfectionnée des
nations européennes. L'agriculture demande moins de ressources; avec de courageux travailleurs et un sol fécond,
elle donne à un pays des trésors faciles. La pensée de son
développement frappa d'abord Mohammed-Ali.

A peine l'Égypte eut réclamé l'aide des Européens et surtout des Français, que le Caire et Alexandrie, isolés dans

des campagnes brûlantes, s'entourèrent de palmiers, de
bananiers, d'acacias, de sycomores.

Les champs de canne à sucre se multiplièrent; le cotonnier, auparavant presque inconnu, donna les plus riches
produits; les alizaris prospérèrent, la culture de l'indigo
s'étendit dans le Delta.

Ces perfectionnements agricoles donnèrent naissance à
l'industrie, car il fallut utiliser les produits du sol devenus
si abondants en un court espace de temps : on vit s'élever
de nombreuses fabriques d'indigo, de cotonnade, de toile,
de draps et autres étoffes de laine, etc.

Il est à regretter que Mohammed-Ali, pour réaliser son
plan de civilisation, ait été obligé de surcharger le peuple
d'impôts. Les Fellahs sont plongés dans la plus profonde
misère; pour s'en convaincre, il suffit de parcourir la partie
d'Alexandrie habitée par eux : leur ville n'est qu'un amas
de pauvres cabanes. La souffrance a rendu le Fellah craintif
et pusillanime, principalement vis-à-vis des Européens qui
ont souvent abusé de leur puissance en Égypte. Mais le
Fellah a plus de vivacité et plus de persévérance que le
Turc. On le voit suivre pendant des journées entières les
montures dont il est le guide; malgré la sueur qui ruissèle
de tout son corps, il ne s'arrête pas : il sait résister aux
plus grandes chaleurs. Un grand nombre de cultivateurs
conservent en plein midi la tête complétement nue; j'ai
même rencontré dans la campagne une mère portant un
enfant âgé de quelques semaines seulement, dont la tête,
dépourvue encore de cheveux, était exposée nue au soleil de
midi.

NATURE DU SOL.

Au point de vue géologique, la partie basse de l'Égypte est très-différente de la partie haute. La première est en partie établie sur des calcaires nummulitiques et des calcaires blancs crayeux, formant la continuation des terrains qui constituent la Palestine. Les grandes pyramides sont construites avec du calcaire à nummulites. Sur le rivage de la Méditerranée (à Alexandrie) on voit reparaître le cordon de calcaire grossier qui se montre en Syrie, en Chypre, etc. Le désert situé à l'Est de la ville du Caire renferme des sables, des grès, des couches salées semblables à celles des environs de la mer Morte, etc. Dans la haute Égypte, on rencontre une composition géologique très-différente ; des granites, des syénites et d'autres roches du même groupe.

Il est à noter qu'au point de vue agronomique, la géologie locale a moins d'importance en Égypte que dans aucune autre contrée. Car, dans un pays de plaine très-uni, les roches affleurent rarement à la surface du sol, et ainsi les plantes ne sont pas en contact immédiat avec elles.

De plus, la campagne du Nil est couverte au loin par des limons. Or, dans la plupart de nos contrées, la terre végétale est amenée d'une assez faible distance ; elle varie selon les natures minéralogiques du sous-sol, au point de faire souvent reconnaître le lieu où commence telle série de roches, où finit telle autre. On peut faire cette observation dans un grand nombre de pays : je citerai comme exemple, en France, le département de la Meurthe, où, par la seule coloration des terres végétales, on acquiert la certitude que le sous-sol est constitué par les marnes irisées de l'étage saliférien. La terre végétale de la vallée du Nil ne se trouve pas de même superposée aux roches qui lui ont fourni ses éléments. On sait, en effet, qu'elle se forme journellement sur les rives du fleuve par les apports de ses eaux. Or, le Nil provient des monts de la Lune; ainsi les molécules qu'il tient en suspens ont été pour la plupart empruntées dans des régions situées à une immense distance du point où elles se déposent. C'est dans ces régions surtout qu'il faudrait aller étudier l'origine du sol superficiel de l'Égypte.

Le limon du Nil possède à un haut degré les qualités essentielles que les agronomes assignent aux bonnes terres végétales; il les doit en partie à la longueur du parcours du fleuve qui l'a déposé. En effet, une des premières qualités d'une bonne terre est le mélange des principes constitutifs des roches : or, le Nil traverse des contrées, les unes renfermant des roches ignées, les autres établies sur des terrains sédimentaires; il se charge ainsi de molécules siliceuses, alumineuses, calcaires, magnésiennes, etc. Une seconde qualité essentielle est la divisibilité qui permet aux molécules de nature différente d'être en contact les unes avec les autres, de telle sorte qu'une motte ne soit pas uniquement calcaire et une autre motte exclusivement alumineuse. Or, le Nil dans son long parcours divise et mélange intimement toutes les molécules qu'il charrie. Son limon dans le Delta est très-meuble parce que, en deçà des cataractes, la rapidité de son écoulement diminue suffisamment pour que tous les galets un peu lourds se précipitent, et que les granules très-tenus puissent seuls

rester en suspens. Plus loin la vitesse du courant s'affai-
blissant de plus en plus, les molécules les plus tenues
peuvent se déposer. Une troisième qualité nécessaire à tout
sol arable est celle de renfermer des éléments organiques.
Le Nil débordant à la fin de l'été sur des campagnes qui
pendant l'hiver et le printemps se sont couvertes de végétation, doit apporter dans le Delta un limon très-chargé de
détritus végétaux.

DU CLIMAT ET DES ARROSEMENTS.

L'Égypte est un des pays dont l'atmosphère est la plus
exempte de vapeur d'eau. On en peut indiquer plusieurs
causes.

La première est la latitude : au nord, l'Égypte est limitée
par le 31e degré de latitude ; au sud par le tropique du
Cancer. Ainsi cette contrée est comprise, comme la Syrie,
dans la zone juxta-tropicale, mais avec cette différence
qu'elle en forme la région méridionale, tandis que la Syrie
en constitue la région septentrionale ; et en effet la végétation de l'Égypte se rapproche de celle de la zone tropicale, la végétation de la Syrie est plus voisine de celle de
la zone tempérée.

En second lieu, les parties cultivées sont à une faible
élévation au-dessus du niveau de la mer, car elles s'étendent
à peu de distance des bords du Nil ; ainsi la hauteur ne
peut diminuer la chaleur résultant de la latitude.

En troisième lieu, l'Égypte est enclavée dans d'immenses
déserts que l'évaporation d'un étang ou d'un ruisseau ne
rafraîchit jamais, et où les rayons solaires, n'étant arrêtés
par aucune forêt, frappent le sol, se réfléchissent en tous

sens et forment une atmosphère brûlante. A l'orient, s'étendent les déserts de l'Arabie Pétrée, et, quoique le Caire soit à un kilomètre du Nil, ses dernières maisons à l'est sont déjà dans le désert. A l'occident, l'Égypte se lie au désert de Lybie, qui, lui-même, communique avec le Sahara, et bien que les pyramides de Chéops et de Chéphrem touchent presque le Nil lors de ses débordements annuels, elles marquent l'entrée du désert.

De la sécheresse de l'Égypte, il résulte que la végétation peut seulement se développer dans les lieux traversés par le Nil ou par des canaux d'irrigations artificielles.

Ces irrigations ont été entreprises sur une vaste échelle dès les temps les plus anciens. Les rois de la Vieille-Égypte ont creusé de magnifiques canaux. Longtemps ces canaux sont restés en ruine; ils ont été réparés en partie sous les derniers gouvernements.

Aujourd'hui, le Mahmoudiéh lie Alexandrie au Nil; sur la rive droite du fleuve, on voit les canaux de Belbeis et d'Ibrahim; un large ruisseau arrose la province de Garbich, etc. De nombreuses coupures ont été faites pour le passage des eaux; des digues, des écluses, des ponts ont été construits. Sur les points où les eaux du Nil ne pouvaient être amenées par des canaux, on a creusé des puits. Ces puits sont semblables aux alakatis des divers pays de l'Orient; l'eau est montée par un bœuf faisant le manége. Elle se répand dans la campagne environnante et va féconder le riz, le sésame, le coton. Depuis quelques années, on a remplacé plusieurs manéges par des machines à vapeur qui donnent de plus grandes quantités d'eau et la procurent plus régulièrement. Il est à regretter que l'Égypte

soit très-pauvre en combustibles. On emploie pour chauffer
les machines de la paille de doura et des graines de coton ; on pourra trouver des lignites pour alimenter une
partie des machines ; mais ce produit sera sans doute d'une
qualité inférieure à celle de la houille, et, dans tous les
cas, il sera insuffisant. Actuellement, presque tout le combustible se tire de l'Angleterre. Nos voisins d'outre-mer
n'ont pas seulement le profit de la vente des houilles, mais
encore ils obtiennent le placement de leurs machines à
vapeur. On ne peut nier que la substitution de la vapeur
aux bestiaux qui faisaient le manége des alakatis ne soit
profitable à l'agriculture de l'Égypte. Mais ce n'est là qu'un
moyen d'irrigation entrepris sur une échelle restreinte ;
l'eau d'un puits arrose seulement d'étroits espaces.

Le Nil, ce fleuve que l'antiquité avait honoré du nom
de Dieu bienfaisant, est le grand jardinier de l'Égypte. Il
lui dispense ses engrais et lui donne, après un été brûlant,
l'humidité qui prépare la récolte du printemps.

Par une admirable harmonie de la nature, les causes
par suite desquelles l'Égypte ne reçoit du ciel presqu'aucune pluie déterminent les inondations du Nil. En effet,
le Nil prend sa source dans les montagnes de la Lune ; sur
ces hautes montagnes, les nuages se condensent ; ces con-
densations déterminent des vides et par là même des courants d'air ; ces courants suivent la ligne du Nil, remontent
depuis la Méditerranée jusqu'aux sources du fleuve, c'est-
à-dire du N. au S. Or, l'atmosphère qui domine la Méditerranée est chargée de grandes quantités de vapeur d'eau,
formée par suite de la haute température ambiante. Tant
que cette vapeur est suspendue dans une atmosphère

chaude, elle est très-dilatée et ne peut se condenser; mais lorsque, entraînée par les courants d'air, elle arrive dans le voisinage de hautes montagnes où la température est plus basse, alors elle se résout en pluie. Plus la chaleur est grande, plus il se forme de vapeur d'eau; plus il se condense de vapeur d'eau sur le versant septentrional des monts de la Lune, plus l'inondation du Nil est considérable, et plus riche sera la végétation qui bientôt couvrira l'Égypte.

Si le fleuve déborde à trop peu de distance, l'année sera mauvaise pour les cultivateurs; elle sera mauvaise encore s'il couvre trop longtemps les campagnes. Il commence à monter vers la fin de juin; sa plus grande crue est en septembre, il baisse en octobre.

On sait que le Nil, avec ses rives, est comme un ruban paré des plus belles couleurs jeté sur une vaste nappe blanche. Dans le voisinage de son immense parcours, il répand la fertilité; mais, là où s'arrête la ligne de ses inondations, la culture cesse, le désert commence.

Si le fleuve, par le moyen de chaussées, peut se répandre latéralement à de très-grandes distances, il changera en champs productifs les terres stériles qui longent ses bords.

Il devait appartenir au génie de Bonaparte de concevoir l'idée de faire refluer le Nil dans les campagnes. Les savants de l'expédition d'Égypte avaient pensé à construire aux embouchures du fleuve des digues qui arrêtassent les eaux. Le plan fut modifié, on lui substitua celui du barrage en amont du Delta.

Mohammed-Ali et Ibrahim-Pacha n'ont pas reculé devant

cet immense travail. Abbas-Pacha l'a continué. Un ingénieur français d'un haut mérite, M. Linant-Bey, est chargé de sa direction.

Lors de mon voyage en Égypte, j'entendais dire que des difficultés pourraient entraver la continuation du barrage. Néanmoins, j'ai vu les constructions marcher avec une grande activité. Un pont d'une très-élégante construction coupe le Nil; il est composé de petites arcades reliées par des piles au-dessus desquelles s'élèvent des tourelles. Il se continue sur la rive droite et sur la rive gauche jusqu'à une distance considérable.

Il est à espérer pour l'avenir de l'Égypte que les intérêts commerciaux des Européens ne la détourneront pas d'employer toute son activité au barrage du Nil. L'Occident vendra moins de houille et de machines à vapeur aux Égyptiens, lorsque les agriculteurs, profitant des nouveaux champs conquis par les débordements plus grands du Nil, n'auront plus autant à recourir à l'emploi des alakatis; et l'Égypte aura ajouté à son territoire des terres d'une grande valeur.

DES PRODUITS AGRICOLES.

On peut établir en Égypte cette règle presque générale :

Les plantes qui ne craignent pas une inondation prolongée ou qui se récoltent dans l'intervalle des débordements annuels réussissent bien. Les cannes à sucre et les céréales en sont des exemples.

Les plantes persistantes, qu'une longue inondation fait souffrir, ne pourront jamais devenir l'objet principal des cultures du pays (mûriers, vignes, oliviers).

— Les blés ont des épis fournis; le chaume est peu élevé, mais très-fort[1]. Les blés du Delta sont renommés; on leur reproche cependant de ne pas se conserver.

— L'orge et le sorgho forment d'importantes cultures. Cette dernière graminée est employée à faire des gâteaux, mais elle sert principalement à nourrir les volailles. Je rappellerai ici cette observation curieuse, citée par de savants naturalistes[2], savoir que des grains de blé, de seigle et d'orge, trouvés dans les catacombes de Thèbes et examinés au microscope, se sont montrés dans un état exactement semblable à celui des grains actuels de ces céréales.

— Le riz prospère en Égypte. Les rizières sont arrosées tous les trois jours; avant de semer, on inonde le sol et on le laboure trois fois. Les semailles se font en avril, les récoltes en novembre. Le riz d'Égypte est savoureux, mais les habitants du pays ignorent l'art de le nettoyer, de sorte qu'il présente une mauvaise apparence. Rosette renferme d'immenses magasins de cette graminée.

— Le maïs est semé vers la fin de juillet à l'époque où commence la crue du Nil. Il exige des arrosages abondants. On le récolte vers la mi-octobre. On fait une consommation considérable de pains en farine de maïs et de grains que l'on mange grillés.

— Les cannes à sucre ont été plantées en un grand nombre de lieux par Mohammed-Ali; elles sont un des principaux produits de l'Égypte, particulièrement de la

[1] On trouvera quelques détails à ce sujet dans les *Lettres sur l'Orient* du baron Renouard de Bussière, t. II (1829).

[2] *Géologie appliquée aux arts et à l'agriculture*, par Charles d'Orbigny et Gente (1851), p. 109.

partie haute. Le sol où on les établit est soigneusement labouré ; on les plante dans les mois de mars et d'avril ; les cannes destinées à être consommées en vert sont coupées en octobre, celles qui doivent donner du sucre sont seulement récoltées en janvier.

— Les alizaris (racines de garance) sont une innovation en Égypte ; on les tirait autrefois de Chypre. Ils devaient réussir, et ils réussirent en effet dans les parties où les eaux du Nil parviennent facilement ; car la condition la plus essentielle pour leur développement est d'avoir une terre légère, dans laquelle s'infiltrent des eaux douces à un demi-mètre environ de profondeur. Avant de planter par boutures ou de semer les alizaris, on creuse le sol jusqu'à un demi-mètre au-dessous de sa surface : ces plantes exigent que l'on enlève soigneusement les mauvaises herbes à l'entour de leurs pieds ; bien que ces opérations rendent leur culture coûteuse, les agriculteurs en retirent de très-grands bénéfices.

— Au premier aspect, l'Égypte est loin de présenter pour la culture des mûriers des conditions aussi favorables que la Syrie ; la richesse de son sol est localisée dans les parties basses qu'arrose le Nil, et, dans ces parties, on préfère la culture du blé, de l'orge, du riz, des cannes à sucre, etc. On compte un petit nombre de ces collines calcaires si fréquentes dans toute la Syrie, à Chypre, en Grèce, dans le midi de la France, sur lesquelles le mûrier et la vigne prospèrent, tandis que les autres plantations réussissent difficilement. Cependant, une forte impulsion a été donnée à la sériciculture : on évalue à plus de 3 millions le nombre des mûriers : je présente ce chiffre avec toute réserve.

— L'extension si grande de la culture du coton en Égypte a été l'œuvre de Mohammed-Ali. Le coton est un produit précieux pour ce pays; il doit prospérer sur les bords du Nil, où l'on peut établir facilement des irrigations; car l'humidité et la chaleur sont les conditions essentielles de sa réussite. La seule espèce de coton cultivé est le coton herbacé (*Gossypium herbaceum*, L.); elle comprend deux variétés principales : un coton à longue soie, d'un jaune terne, fin et nerveux, connu dans le commerce, sous le nom de *coton Jumel* ou de *coton d'Égypte longue soie*; un coton à soie courte, dure, très-blanche, que les négociants désignent sous le nom de *coton courte soie d'Alexandrie*. Le coton Jumel porte aussi le nom de coton Maho. Ces noms lui viennent de ce que M. Jumel en trouva des plants dans un jardin du Caire, appartenant à un Grec nommé Maho; il fut le premier à le signaler et à s'occuper de l'extension de sa culture.

— L'indigo est une des plantes spéciales de l'Égypte. Il exige de continuels arrosements. Il est semé en mars, après que la terre a été soigneusement labourée.

— Je pourrais citer encore, parmi les produits de l'Égypte, l'olivier, le tabac, le henné, cette plante si chantée par les poëtes de l'Orient, dont le parfum est délicieux, et dont les feuilles servent à composer la pâte avec laquelle les femmes de l'Égypte, comme celles de la Syrie, se teignent les ongles et la paume des mains; l'opium, autrefois célèbre dans la Thébaïde, le lin, le colza, le carthame, l'eau de rose, les fèves, aliment très-habituel des gens du peuple, etc.

— Les vignes ne réussissent pas en Égypte; Ibrahim-

Pacha a fait de grands sacrifices pour en établir : le sol est trop desséché. Dans les jardins cependant, on obtient de magnifiques raisins : on voit aussi des grenadiers, des limoniers, des citronniers, des orangers, des bananiers dont les produits sont parfaits : leurs fruits ont rendu fameux les vergers de Rosette.

— Les arbres qui m'ont semblé les plus fréquents sont les acacias, les sycomores et surtout les palmiers. Les dattes sont exquises, mangées fraîches : les unes sont jaune d'or, les autres sont rouges. En général, on les sèche moins bien qu'à Tunis et en Algérie.

— Les melons, les pastèques, les concombres sont abondants :

« Cucumeres placent copiosissimi Africæ[1]. »

— Les légumes sont meilleurs qu'en Syrie ; les ognons sont charnus et n'ont pas le piquant de nos ognons d'Europe.

Les lentilles connues en Égypte depuis si longtemps d'après les traditions bibliques, y sont estimées. Du temps de Pline, on en cultivait deux espèces : « Duo genera ejus in Ægypto : alterum rotundius nigriusque, alterum sua figura[2]. »

Les pois chiches et les lupins sont de bonne qualité. Pourtant les légumes en Europe sont généralement plus fins et plus variés. Les bazars du Caire les mieux assortis sont très-loin d'égaler les marchés de nos grandes villes.

[1] Pline, *Hist. mundi*, lib. XIX.
[2] *Idem*, lib. XVIII.

DES ANIMAUX.

L'Égypte renferme beaucoup de bestiaux.

On élève des bœufs, des chèvres et des moutons.

Les buffles rendent de précieux services à l'agriculture ; ils sont beaucoup plus forts que les bœufs. Leur chair n'est pas recherchée ; le lait des femelles est peu estimé. Nous étions en Égypte pendant la grande inondation du Nil ; nous voyions sans cesse les buffles se baigner : ces animaux nous semblaient presque amphibies. On les attèle communément avec une vache ou avec un âne.

Les chevaux sont considérés comme un objet de luxe, ils sont rarement employés. Les ânes servent de montures habituelles. Les rues d'Alexandrie et du Caire en sont remplies : on prend un âne pour faire une course en ville, de même que l'on prend à Paris une voiture de place. Les rues du Caire sont extrêmement étroites, et, comme une nombreuse population les encombre, les chevaux détermineraient des accidents nombreux que des ânes ne peuvent causer. Je ne sais si la race des ânes d'Égypte réussirait en France ; mais leur acclimatation serait une conquête d'une immense utilité.

On ne peut assez vanter les qualités de ces animaux : leur courage, la légèreté de leur allure ; on les voit galoper pendant des heures entières. Ce sont, en général, des enfants qui les conduisent ; ils leur font prendre l'habitude de tenir la tête droite, en attachant les brides au pommeau de leurs selles ; il en résulte que plusieurs ont une attitude fière : on dirait de petits chevaux. Les selles sont très-épaisses, particulièrement à l'avant, afin de corriger le défaut que présente l'échine de ces animaux.

Pour la traversée des déserts (l'Égypte est de toute part entourée de déserts), les dromadaires servent de montures. Ils ont une allure moins fatigante que les chameaux et sont plus rapides à la course.

Les chameaux sont spécialement destinés à porter les marchandises; leur marche est d'une lenteur extrême; leur prix est peu élevé. Ils constituent les immenses caravanes de marchandises qui font le commerce de l'intérieur de l'Afrique, de Suez et de la Syrie.

L'Égypte abonde en volailles; les pigeons sont très-nombreux et les colombiers s'élèvent de toutes parts au milieu des villages. Les fours à éclosion artificielle de Djeesa, près du Caire, augmentent dans une proportion considérable la quantité des œufs et des poulets; mais les uns et les autres sont de petite taille. On voit éclore au moins la moitié des œufs chauffés dans les fours de Djeesa.

STATISTIQUE AGRICOLE.

Pour faire connaître avec quelque précision les quantités et les valeurs des produits de l'Égypte, je place ici un extrait de notes envoyées du consulat général d'Alexandrie au ministère des affaires étrangères (année 1852).

Il est essentiel de noter que les articles indiqués dans le tableau qui suit sont exportés du seul port d'Alexandrie.

Par Damiette, on expédie un assez grand nombre de produits, parmi lesquels les céréales figurent dans une proportion importante. Plusieurs sortent encore par Suez et par la frontière de la haute Égypte.

PRODUITS AGRICOLES EXPORTÉS DU PORT D'ALEXANDRIE

ARTICLES	VALEURS en piastres turques.	QUANTITÉS.
Blé	57,381,265	865,591 ardebs [1].
Cotons	130,905,980	718,655 quintaux [2].
Cire	1,507,000	78,200 ocques [3].
Café	4,328,300	18,035 quintaux.
Cornes de buffle	15,266,500	30,533 milliers.
Dents d'éléphant	3,859,200	2,412 quintaux.
Dattes	2,376,000	47,520 quintaux.
Drogues diverses	1,686,775	12,675 quintaux.
Encens	894,000	3,960 quintaux.
Écailles de tortues	350,600	2,190 rotolos [4].
Fèves	15,116,668	257,115 ardebs.
Gommes diverses	19,158,200	89,794 quintaux.
Galles du Levant	1,644,000	4,110 quintaux.
Henné	208,500	8,420 quintaux.
Lin	5,674,400	77,190 quintaux.
Laine	2,624,600	26,250 quintaux.
Lentilles	1,994,805	45,203 ardebs.
Lupins	156,860	3,921 ardebs.
Maïs	4,297,350	85,947 ardebs.
Musc et huile de rose	2,115,000	24,380 oires.
Orge	3,770,613	94,175 ardebs.
Opium	2,433,360	20,278 ocques.
Pois chiches	875,200	18,065 ardebs.
Poivre	66,800	440 quintaux.
Peaux salées	4,515,600	67,695 (nombre).
Petits pois	402,840	6,714 ardebs.
Plumes d'autruche	11,145,200	27,800 rotolos.
Riz	2,594,490	16,625 ardebs.
Séné	2,230,000	11,150 quintaux.
Sésame	7,365,090	58,545 ardebs.
Safranum	556,890	5,062 quintaux.
Sucre brut	5,162,488	35,927 quintaux.
Semences de lin	4,272,660	50,583 ardebs.
Semences de coton	372,505	32,955 ardebs.
Semailles diverses	251,400	2,514 ardebs.
Tamarin	715,039	59,686 quintaux.
Toumbac	597,590	119,538 ocques.
Soie brute	839,300	5,995 ocques.

[1] L'ardeb vaut 1 hectolitre 72.
[2] Le quintal vaut 45 kilogrammes.
[3] L'ocque vaut 1 kilogramme 250 grammes.
[4] Le rotolo vaut 459 grammes.

Il s'en faut de beaucoup que les objets exportés représentent uniquement la production du pays : une partie d'entre eux est importée avant d'être exportée; car c'est en Égypte que se font les échanges des pays européens avec le Darfour, l'Arabie et les Indes. Ainsi, par Damiette, l'Égypte reçoit beaucoup de soies grèges: par Suez, du café, des gommes, de l'encens, des clous de girofle, des bois de teinture, des peaux, des écailles de tortues; par le haut Nil, des gommes, des dents d'éléphants, des plumes d'autruche, du tamarin, etc. Par le port d'Alexandrie, elle reçoit les produits suivants, que je trouve inscrits dans le grand tableau des importations de cette ville, envoyé du consulat général de France au ministère des affaires étrangères (année 1852).

PRODUITS AGRICOLES IMPORTÉS A ALEXANDRIE.

ARTICLES	VALEURS.	QUANTITÉS.
Bois de construction	56,737,920f	5,673,752 pièces.
Bois à brûler	1,573,600	130,360 quintaux.
Café du Ponent	135,500	22,410 ocques.
Cochenille (et vermillon)	1,249,600	15,670 ocques.
Clous de girofle	1,544,000	1,505 ocques.
Drogues assorties	1,276,800	1,597 colis.
Térébenthine	260,000	28,580 ocques.
Farine	396,600	1,985 colis.
Fruits secs	2,417,200	1,936 colis.
Goudron et poix	538,035	10,826 tonneaux.
Huile d'olive	1,633,280	204,160 ocques.
Indigo	4,585,436	110,620 ocques.
Mastic	700,000	100 colis
Poivre	336,300	1,685 quintaux.
Pommes de terre	138,760	6,938 quintaux.
Salsepareille	180,300	167 quintaux.
Sucre	522,600	3,623 quintaux
Soie brute	5,500,600	32,790 ocques.
Légumes (et salaisons)	290,390	9,328 colis.
Tabac (et cigares)	8,437,600	26,861 colis.
Vins et liqueurs	5,867,040	15,608 colis.

GRÈCE.

Je sors des pays musulmans et j'aborde sur une terre
européenne.

CONFIGURATION DU SOL.

Nul pays de l'Orient ne peut offrir des cultures aussi
variées que la Grèce; la cause principale en est dans la
configuration orographique du pays. Le sol offre de telles
inégalités d'élévation que, sur un espace limité, on voit
les climats les plus différents; pour en citer un exemple,
je dirai que les environs du Parnasse sont déjà soumis à
des froids rigoureux, lorsque les côtes et les îles jouissent
encore de la douce température de nos étés.

Les golfes de Corinthe, d'Égine, de Nauplie, de Mara-
thonisi, de Coron, les pointes de l'Attique, de l'Argolide,
le cap Malia, le cap Matapan, et les îles si nombreuses de
l'Archipel nous révèlent que la Grèce a subi de grandes
dislocations avant de prendre son relief actuel.

D'après les beaux travaux de l'expédition scientifique de
Morée[1], et ceux de M. Sauvage[2], un grand nombre de soulèvements différents ont contribué à modifier le sol.

[1] *Expédition scientifique de Morée (Géologie et minéralogie)*, par Puillon de
Boblaye et Virlet, 1833.

[2] Sauvage, *Observations sur la géologie d'une partie de la Grèce continentale
et de l'île d'Eubée.* (*Ann. des Mines*, 4ᵉ série, t. X, 1846.)

MM. de Boblaye et Virlet ont reconnu dans la Grèce les systèmes suivants de montagnes :

1° Système Olympique. Dirigé au N. 42 ou 45 degrés O. ; c'est presque le système du Morvan, de M. Élie de Beaumont ;

2° Système Pindique. Dirigé au N. 24 à 25 degrés O. ; il se rapproche du système du Mont-Viso ;

3° Système Achaïque. Dirigé au N. 59 ou 60 degrés à l'O. ; il se rapproche du système Pyrénéen de M. de Beaumont ;

4° Système de l'Érymanthe. Dirigé au N. 68 à 70 degrés E. ;

5° Système Argolique. Dirigé de l'E. à l'O. ; voisin du soulèvement des Alpes ;

6° Système du Ténare. Dirigé au N. 4 degrés O. ; voisin du système de la Corse ;

7° Système Dardanique. Dirigé au N. 40 degrés E. ;

8° Système de soulèvement horizontal ;

9° Système de soulèvements circulaires.

On voit qu'en dehors des deux derniers systèmes, sept soulèvements ont fait surgir le sol selon des directions différentes. Or chaque chaîne de montagnes présente deux versants ou deux inclinaisons perpendiculaires à sa direction ; ainsi les versants de la Grèce présentent quatorze plongements, regardant des points différents de la boussole, ou en d'autres termes présentent quatorze expositions distinctes.

On comprend, par là, que les données géologiques suffiraient presque seules pour expliquer la variété des cultures de cette contrée.

Très-différentes de l'Égypte, pays des immenses plaines, la Morée, l'Hellade et les îles de l'Archipel sont, en général, composées d'une succession de collines et de petites vallées.

Au point de vue pétrographique, la Grèce est formée de talcites, de calcaires cristallins et saccharoïdes superposés aux talcites, de roches ferrugineuses, de serpentines, d'euphotides et d'ophites (verts antiques).

Les calcaires compactes présentent un immense développement; il est très-difficile encore de pouvoir déterminer leur âge précis; une partie d'entre eux appartient aux terrains crétacés (Livadie), comme le prouvent les hippurites (*Hippurites cornu vaccinum*) qu'ils renferment.

La vigne et le mûrier se plaisent sur les collines calcaires; et c'est sans doute à la multiplicité de ces collines que la Grèce doit la richesse de ses mûriers et de ses vignes, les deux produits caractéristiques de son sol.

Les marnes blanches si développées dans tout le Levant apparaissent sur plusieurs points (île d'Eubée, etc.). De même les calcaires grossiers abondants sur toutes les côtes du Levant se retrouvent sur le littoral de la Grèce.

Je signalerai encore parmi les roches des gompholites, des grès, des psammites, des conglomérats, des poudingues et des lignites.

Les terrains volcaniques ont une grande extension. Il semble que la vigne s'y plaise particulièrement : Santorin, île essentiellement volcanique, est si favorable à son développement que toutes les variétés y prospèrent presque sans culture.

L'aperçu précédent peut montrer comment le climat et

la constitution orographique se sont réunis pour enfanter les produits les plus variés.

Cette diversité de la nature de la Grèce, un ciel oriental et des nuages résultant du voisinage de l'Occident, des montagnes arides et entre elles les plus fertiles vallées, des alternances de golfes et de promontoires, ou en d'autres termes, d'eau et de terre, des champs pareils à ceux de nos climats succédant à des jardins semblables à ceux de la Syrie : tous ces contrastes n'ont-ils point dû contribuer à former le génie grec, génie si fécond, si varié ?

CLIMAT.

La Grèce est située entre le 39ᵉ et le 36ᵉ degré de latitude, formant la partie la plus méridionale de l'Europe, et marquant le passage de la zone juxta-tropicale à la zone tempérée chaude dans laquelle elle est comprise.

Les pluies deviennent rares depuis mai jusqu'en octobre. Les mois les plus chauds sont ceux de juillet, d'août et de septembre (durant la première quinzaine). Les grandes chaleurs d'été sont un peu tempérées par les vents étésiens.

Pendant l'hiver il tombe beaucoup de pluie, et l'air chaud du midi, arrivant dans les régions froides du nord, détermine de grands vents. Pendant les mois de décembre et de janvier, je n'ai pas vu le thermomètre descendre (dans la plaine) plus bas que 10 degrés centigrades au-dessus de 0. Le mois de février est celui dont la température est la plus basse.

Les habitations étant mal fermées et rarement pourvues de cheminées, on souffre des froids de l'hiver et on serait disposé à croire la température plus basse qu'elle ne l'est réellement. Cependant le thermomètre est quelquefois descendu au-dessous de zéro; il y a peu d'années, tous les orangers d'Athènes ont été gelés.

A la suite des pluies d'hiver, vers l'époque où le sol s'échauffe sous les premiers rayons du soleil, les campagnes se couvrent de mille fleurs : le mois de mars est le plus beau de l'année.

DU DÉPÉRISSEMENT ET DE LA RÉNOVATION DE L'AGRICULTURE.

Le sol de la Grèce a perdu de sa fécondité : il est arrivé dans ce pays ce qui s'est présenté en Égypte, ce qui se voit encore dans l'empire ottoman. Les tendances fatalistes de la loi de Mahomet enlevèrent aux hommes une grande partie de leur activité; les indigènes asservis à une domination opposée à leurs mœurs, soumis à des vexations sans nombre, négligèrent peu à peu la culture d'une terre, source pour eux de tant de souffrances.

Les collines ayant été déboisées, les nuages ne s'y arrêtèrent plus et ne vinrent plus de temps à autre rafraîchir l'atmosphère. La sécheresse de ces collines rendant leur culture pénible, et la population peu nombreuse préférant les vallons, naturellement plus fertiles, elles devinrent incultes; les eaux d'hiver entraînèrent toute la terre superficielle, trésor qui avait demandé tant de siècles pour se former. Cette terre dans l'Hellade, dans la Morée, a rencontré des vallées où elle s'est arrêtée, où elle s'est jointe à l'humus ancien, et de là ces fonds qui présentent une si grande richesse; mais, dans les pays dont l'étendue est bornée, les terres ont été emportées par les torrents au sein des mers : perte irréparable qui se constate sur tant de lieux dans ces îles de l'Archipel, bosquets jugés dignes autrefois d'être habités par les Dieux, aujourd'hui roches dénudées[1] !

> .... the isles of Greece!
> where.......
> ....
> all, except their sun.. is set.
>
> Lord Byron

Peu d'années se sont écoulées depuis le jour où l'Europe a proclamé l'indépendance de la Grèce (1830). A dater de cette époque, de grands changements se sont manifestés. Pour juger impartialement ce pays, il ne faut pas le comparer à nos contrées dont l'existence politique date d'un grand nombre de siècles. Lorsque, sous l'impression des admirables institutions de la civilisation européenne, un voyageur débarque au Pirée, il prend une opinion défavorable de la Grèce. Mais lorsqu'il y arrive après avoir parcouru l'empire ottoman, ou après avoir étudié dans les anciennes relations l'état de la Grèce sous le gouvernement turc, il ne peut se refuser à reconnaître les progrès de la moderne Athènes.

Je ne dois parler ici de la Grèce qu'au point de vue agricole.

Le roi et la reine sont personnellement très-disposés en faveur de l'agriculture.

Le jardin du roi planté par un habile jardinier français, M. Barreau, renferme les produits les plus variés, et, sous

[1] Les causes de la différence de fertilité entre les îles de l'Archipel et la Morée ont été étudiées par Castellan, *Lettres sur la Morée, l'Hellespont et Constantinople*, t. III (1800).

ce point de vue, présente un puissant intérêt. On y voit des
arbres de climats très-différents. Les pelouses sont l'objet
d'études spéciales et le gazon, que la grande chaleur rend
d'un entretien difficile, est en plusieurs lieux ingénieuse-
ment remplacé par d'autres plantes.

A peu de distance de la ville, on voit la ferme de la reine :
c'est une ferme modèle où l'élégant et l'utile marchent de
pair, et où les indigènes trouvent des exemples de bonne
culture.

Comme la sécheresse est le grand fléau de l'Attique, on
s'est occupé d'obtenir de l'eau par le moyen des puits artésiens. Des dépenses considérables ont été jusqu'ici faites en
pure perte. On a commencé un puits au Pirée, dans la
ferme de la reine on en a creusé deux ; l'un a 100 mètres
de profondeur : ils ont déjà coûté 10,000 francs ; on n'a
pas encore rencontré de nappe d'eau.

La réussite des forages de puits artésiens dans les environs d'Athènes m'a semblé, d'après la nature géologique du
sol, exposée à de grandes incertitudes.

Une partie de la campagne, la ville moderne d'Athènes et
les monuments antiques, tels que le Parthénon, le tombeau
de Philopappus, le temple de Thésée sont assis sur les calcaires bleus compactes, nommés marbres d'Éleusis ; les con-
tournements, les irrégularités de ces roches ne permettent
pas de calculer qu'en un point donné l'inclinaison des
couches formera une nappe d'eau. La sonde peut rencontrer une nappe, comme elle peut traverser inutilement de
grandes profondeurs, l'eau se perdant ou se réunissant dans
quelques-unes de ces cavités qui résultent fortuitement du
plissement des roches. Il serait plus prudent peut-être de

renoncer, pour le présent, au forage des puits et de chercher à utiliser les eaux du Pentélique[1]. Bien dirigées, ces eaux pourraient alimenter, non-seulement la ville d'Athènes, mais encore la campagne environnante. Il y aurait là un beau travail à entreprendre : son utilité serait immense.

Il en est de la Grèce comme de l'Égypte et de la Syrie ; du jour où l'Orient moderne, à l'exemple de l'ancien, aura utilisé les sources, les champs deviendront merveilleusement productifs : on sait que la différence essentielle entre l'Amérique couverte de la plus luxuriante végétation et l'Orient si dénudé provient de ce que l'une a des fleuves tels que le Mississipi, l'Orénoque, l'Amazone, tandis que l'Orient possède de très-rares cours d'eau.

Les forêts sont avec les puits artésiens le moyen le plus puissant de donner à un pays l'humidité qu'il ne peut recevoir des ruisseaux ; une contrée privée de pluies pendant une grande partie de l'année ne se déboise pas impunément. En Occident le défrichement des forêts est presque la mesure d'après laquelle on peut apprécier l'extension de l'agriculture ; en Orient, au contraire, plus un pays sera boisé, plus il deviendra productif ; alors les champs ombragés de distance en distance donneront les plus belles récoltes.

On a créé près d'Athènes un jardin botanique, et une pépinière royale. Le but de cette dernière institution est de déterminer le choix des arbres qui conviennent le mieux aux divers sols de la Grèce, afin de commencer le boisement lorsque les finances du pays le permettront. Actuellement, la reine a fait semer des pins sur le mont Lycabète :

[1] Voir, à ce sujet, une note que j'ai lue à l'Académie des sciences, en mars 1854, sur le mont Pentélique, près d'Athènes.

non-seulement ces arbres embelliront un des plus imposants panoramas du monde, mais leur plantation pourra servir de modèles pour des boisements sur une plus grande échelle, et, sous ce point de vue surtout, un agronome sérieux doit applaudir à cette innovation.

Malgré les améliorations apportées depuis plusieurs années, un tiers du royaume est encore inculte; près d'Athènes même on voit des champs abandonnés. M. Edmond About dans un ouvrage qu'il vient de publier très-récemment sur la Grèce[1], partage ce pays de la manière suivante au point de vue agricole : « L'étendue du royaume est de 7,618,469 hectares : les montagnes et les rochers couvrent 2,500,000 hectares, les forêts 1,120,000, les terres arables 3,000,000 dont 800,000 hectares appartenant à l'État. »

Peuple très-nouvellement formé, les Grecs ont eu besoin de s'organiser et les préoccupations de la politique ont dominé jusqu'alors celles de l'agriculture et de l'industrie.

Il est temps aujourd'hui qu'ils entreprennent sur une échelle plus large le développement des arts agricoles; sans les mûriers de Sparte, sans la passoline de Corinthe, sans les troupeaux d'Arcadie, comment pourront-ils se créer les ressources indispensables pour asseoir sur des bases solides un État européen?

Les progrès de l'agriculture devront précéder ceux de l'industrie, car le pays a été appauvri par un long despotisme, puis par la guerre d'indépendance. Or dans les temps modernes, la vapeur a amené une telle simplification et une telle rapidité dans les confections que les industries ma-

[1] Edmond About, *Grèce contemporaine*, 1854.

nuelles, les seules qui puissent être entreprises sans de
grands versements de fonds, ne sont plus en état de lutter.

L'agriculture et les arts agricoles qui s'y rattachent directement, exigent peu de numéraire. Que les Grecs emploient
à la culture de leurs champs l'esprit actif et industrieux
qu'ils ont reçu de leurs ancêtres. Sur un sol riche comme
le sol de leur pays, ils obtiendront rapidement des bénéfices
suffisants pour se mettre à même de fonder des établissements industriels : c'est ainsi qu'ils contribueront le plus
efficacement à la prospérité de leur royaume.

DES PRODUCTIONS AGRICOLES.

— Je ne parlerai pas de la sériciculture et de la viticulture, devant en traiter longuement dans un chapitre spécial.
On verra de quel développement sont susceptibles ces deux
arts agricoles.

— Les vallées produisent du blé; mais le royaume de
Grèce ne renferme pas de champs comparables à ceux de
la Thessalie et de la Macédoine; le blé a longtemps passé
pour léger et peu nourrissant.

Il en existe, dit-on, huit variétés.

Les deux principales sont le grigna et le ruscia; ce dernier, riche en gluten, est très-avantageux pour faire les pâtes.

Dans plusieurs îles de l'Archipel et dans quelques pays
de la Grèce le sol est trop sec pour les céréales; à Tinos on
mêle de la farine de pois à celle de froment.

— L'orge est de qualité très-inférieure[1].

[1] On trouvera des détails intéressants sur l'agriculture de la Grèce dans
l'ouvrage de Félix Beaujour, intitulé *Tableau du commerce de la Grèce*. Depuis
la publication de cet ouvrage, des changements notables ont eu lieu.

— Le climat de la Grèce est singulièrement favorable
à l'olivier; la Grèce et les îles Ioniennes semblent être la
zone propre de cet arbre. «Fabianus negat provenire in
frigidissimis oleam, neque in calidissimis[1].» Il se plaît dans
les vallons et à la base des collines, là où la terre est descendue et a formé des accumulations d'éléments fertiles.
En général, les plaines sont occupées par les céréales; les
mûriers, les vignes, les pins et les autres grands arbres
garnissent les collines. Comme je viens de le dire, l'olivier
reste intermédiaire entre eux. Cette observation s'accorderait avec cette remarque de Théophraste : «Les oliviers de
l'Attique ne réussissent pas à plus de 11 lieues du bord
de la mer[2].»

Pendant la guerre de l'indépendance une grande partie
des oliviers a été coupée. Ces arbres pourront devenir un
des principaux produits du royaume, mais leur culture et
la préparation de leur huile auront besoin d'être perfec-
tionnées.

— En Grèce comme dans tout le Levant, le seul coton
cultivé est le coton herbacé (*Gossypium herbaceum*) : ce
coton est remarquable par sa finesse et sa blancheur. Nulle
plante ne constitue des champs aussi productifs. Celui de
Napoli-di-Romani et celui de Katacolon sont particulièrement estimés.

— L'alizari (racine de garance) prospère en Grèce; le
meilleur provient des terrains humides qui entourent le
lac Copaïs en Béotie.

— Le tabac est cultivé avec succès, mais c'est en Macé-

[1] Pline, *Hist. mundi*, lib. XV.
[2] *Hist. plant.*, VI, chap. VII.

doine que sa récolte est la plus abondante. Dans l'E. de la Morée on en voit de grandes plantations. Sa manutention est considérable; cependant son produit est double de celui des céréales.

L'administration française des tabacs fait des acquisitions en Grèce. C'est à Nauplie que s'exécutent les chargements. En 1849, la Grèce nous a fourni 98,000 kilogrammes de tabac en feuilles; en 1850, 234,000; en 1851, 154,000.

— La vallonée (*Quercus ægilops*) croît spontanément sur les collines. Ce chêne, si précieux par son tanin, préfère les sols argileux un peu gras, mais il n'exige pas de très-bons terrains. Il est de moyenne taille; son bois est d'un faible produit. Il y a quelques années, sa culture a été essayée dans le midi de la France; elle a été abandonnée comme donnant trop peu de profit. On en compte deux sortes principales : l'une dont le gland est volumineux, l'autre dont le gland est plus petit. Cette dernière est la plus estimée; on retire beaucoup de tanin de ses cupules.

La cueille des glands se fait depuis le mois d'août jusqu'en octobre. On exporte les cupules en Turquie, à Trieste, en Sardaigne, en Angleterre, très-peu en France. D'après une statistique récente que le gouvernement grec a bien voulu me communiquer, l'exportation monte à 140,000 quintaux. Chaque quintal coûte 7 à 15 drachmes (le drachme vaut 95 centimes). On retire les cupules de la Phtiotide, de l'Étolie, de Patras, de la Laconie et de Zéa. La première qualité est celle de Zéa; la Laconie vient en second ordre.

— Le *Glycyrrhiza glabra*, de la racine duquel on tire le

suc connu sous le nom de suc de réglisse, réussit en Grèce. Deux fabriques de réglisse sont établies à Patras.

— Le pays produit encore du riz, du lin, de la gomme adragante, des noix de galle, du ladanum.

— Pouqueville dit que dans la Mégaride on récolte de la térébenthine[1].

— La Morée renferme quelques caroubiers (*Ceratonia siliqua*) dont le produit est peu considérable.

— Les collines du continent et des îles sont fréquemment couvertes de grenadiers, d'arbousiers, de lentisques. On retire des graines du lentisque une huile bonne à brûler et dont les pauvres gens se nourrissent quelquefois. Cette huile est claire et d'une belle couleur d'or; elle se fige au froid le plus léger comme la meilleure huile d'olive. Conservée pendant deux ou trois ans, elle devient un excellent topique contre les douleurs rhumatismales[2].

— La Grèce produit des fruits en abondance. La partie du bazar d'Athènes où ils se vendent offre un admirable coup-d'œil; on y voit des accumulations d'oranges, de citrons, de limons, de grenades, de raisins, de figues, de melons, de pastèques : ces fruits caractérisent la zone horticulturale de la Grèce.

Les figues de Calamata sont l'objet d'un grand commerce; elles se vendent enfilées de manière à représenter des dessins divers : elles sont loin d'avoir la saveur des figues de Smyrne; elles sont presque aussi grosses, mais beaucoup plus sèches. Les bananes sont rares.

[1] Pouqueville, *Voyage en Grèce* (1821), vol. IV, chap. cx.
[2] Voir quelques détails sur le lentisque dans l'ouvrage de Sonnini, intitulé *Voyage en Grèce et en Turquie* (1801).

Les palmiers atteignent difficilement les belles dimensions que nous leur avons vu prendre en Syrie et surtout en Égypte. Par la prospérité de ces arbres, on peut mesurer le degré de la température moyenne des étés dans les pays de l'Orient : la Grèce n'est pas assez chaude pour voir mûrir les dattes.

— Plusieurs légumes sont de bonne qualité ; je citerai particulièrement une espèce de petits haricots qui est tendre et d'une cuisson facile.

ANIMAUX.

Les collines et les vallons incultes produisent des plantes diverses, qui composent une excellente pâture pour les troupeaux. Les moutons de la Livadie et de l'Arcadie sont les plus beaux du royaume. Ils ont été croisés avec des races d'Afrique et rappellent les moutons barbaresques. Leur laine manque de blancheur, mais elle est soyeuse et longue.

Les chèvres forment de nombreux troupeaux.

On dit que les bœufs, les chevaux, les mulets et les ânes ont dégénéré.

La volaille et le gibier sont abondants ; le bazar d'Athènes présente une remarquable variété d'oiseaux sauvages. Les peaux de lièvre sont un important produit.

Les fleurs des collines fournissent aux abeilles un miel aromatique. Celui de l'Hymette est le plus renommé ; il n'est point blanc, il est jaunâtre ou roussâtre ; il n'est ni congelé, ni grainé, mais semi-liquide et si homogène dans ses parties qu'il coule avec facilité.

Plusieurs couvents s'adonnent sur le mont Hymette à l'élève des abeilles.

La cire de l'Attique est loin de valoir le miel; elle est mal épurée.

Les *Ilex coccigera* du Parnasse et de plusieurs montagnes de l'Hellade sont couverts de kermès. Ce petit insecte est une cochenille; il est exporté sous le nom de vermillon de Livadie.

STATISTIQUE AGRICOLE.

En résumé, le sol de la Grèce peut fournir les produits les plus variés, mais l'agriculture se développe lentement. Pour s'expliquer cette lenteur, on doit se souvenir que la Grèce a été rendue à la liberté depuis vingt-cinq années seulement et qu'une longue guerre avait pour ainsi dire changé le pays en une terre déserte.

Le peu d'extension de l'agriculture se traduit par la faiblesse des exportations.

En 1850, le port du Pirée a expédié pour la somme de 295,250 francs.

En 1851, il a exporté pour la somme de 428,827 francs. Cette augmentation a roulé sur les soies, la garance, les fruits secs, la vallonée, les sangsues et le miel.

En 1852, l'exportation est retombée à 228,000 francs environ, c'est-à-dire plus bas qu'en 1850.

Voici le tableau des produits agricoles expédiés[1] :

---

[1] Ce tableau est extrait des notes de la légation de France à Athènes.

EXPORTATION DES PRODUITS AGRICOLES DU PIRÉE, PORT D'ATHÈNES. (ANNÉE 1854.)	
NATURE DES PRODUITS.	VALEUR EN FRANCS.
Céréales	"
Soie écrue	82,822
Peaux et cuirs	12,109
Fromages	12,225
Tabacs	11,354
Miel	13,505
Vins et spiritueux	19,595
Garance	20,162
Vallonée	11,105
Sangsues	27,693
Fruits secs	10,181
Divers	12,843

Le tableau ci-après, renferme les importations de produits agricoles dans le port du Pirée : ce tableau aidera à connaître les produits qui manquent particulièrement dans le royaume.

IMPORTATION DES PRODUITS AGRICOLES DANS LE PORT DU PIRÉE.	
NATURE DES PRODUITS.	VALEUR EN FRANCS.
Céréales	937,890
Sucre et café	256,005
Coton filé	144,961
Bois de construction	207,557
Chanvre et cordages	81,652
Peaux et cuirs	90,613
Vins et spiritueux	177,255
Raisins et fruits secs	34,337
Droguerie	90,905
Tabac	79,783
Huile	89,465
Riz	97,316

Les exportations de Syra sont beaucoup plus importantes que celles du Pirée. Syra figure pour moitié dans la valeur des échanges entre la Grèce et les pays étrangers. On en expédie de la soie, de l'huile, du vin, particulièrement du vin de Santorin, du raisin sec, de la vallonée, des alizaris, du coton, des figues, etc. Je n'ai pas de détails sur les exportations de cette échelle; je sais seulement que les bâtiments portant pavillon français ont expédié en 1850 des produits pour une somme de 789,044 francs, et en 1851 pour une somme de 599,249 francs. Presque tous ces produits sont agricoles.

Patras a une grande importance comme centre principal des cultures de passoline. En 1851, la somme des exportations est montée à 4,743,896 francs. En 1852, elle n'a pas dépassé 1,923,471 francs. Cette grande diminution provient de ce que les vignobles de raisins de Corinthe sont complétement ravagés par la maladie.

ILES IONIENNES.

La Grèce est encore à ses débuts dans la science agricole : l'habitant de ses campagnes, non moins intelligent que ses pères, possède la même terre si féconde ; il dépendra de lui d'en tirer les mêmes richesses.

Je passe chez un peuple voisin, le peuple ionien, qui a déjà réalisé en partie les progrès que l'on est en droit d'attendre des contrées de l'ancienne Grèce. La République Septinsulaire forme le lien entre l'Orient et l'Occident. Les mœurs, le mode d'habitation, les costumes de l'Orient ont en grande partie fait place aux mœurs, au mode d'habitation et aux costumes de l'Occident. Aussi, les produits de l'industrie et de l'agriculture se rapprochent de ceux de nos pays.

FERTILITÉ DE PLUSIEURS DES ÎLES IONIENNES.

Sauf Cérigo, qui est placée entre le cap Matapan et le cap Malia, c'est-à-dire près de la partie la plus méridionale de la Grèce, les îles Ioniennes (Corfou, Sainte-Maure, Céphalonie, Ithaque, Paxos et Zante) sont situées entre le 37e et le 40e degré de latitude, c'est-à-dire dans la même zone que Smyrne, les îles Baléares et Valence (Espagne). Exposées à un ciel souvent brûlant, mais rafraîchies par les brises qu'envoie l'Adriatique, recouvertes par d'épaisses couches de terre végétale, elles sont de tous les pays de l'ancienne Grèce ceux que la nature a le mieux dotés. Aussi, dès l'antiquité, la richesse et la beauté de leurs campagnes furent célèbres.

Céphalonie, la plus grande de ces îles offre la végétation la plus variée; elle renferme une montagne que ses bois touffus avaient fait nommer la Montagne Noire.

Corfou (Corcyre) possède des oliviers tels que n'en produit aucun pays de l'Europe.

Zante est renommée par ses riches vignobles; elle est l'ancienne Zacynthe. «Zacynthe, qui n'est presque qu'une forêt[1].»

Cerigo, l'ancienne Cythère, est aujourd'hui inculte dans une grande partie de son étendue. Mais il est peu probable qu'elle eût été dédiée à Vénus, si elle n'eût eu, dans les temps antiques, les bois et les bosquets réputés si chers à cette divinité.

Theaqui (Ithaque), rocher sauvage, renferme une vallée d'une grande fécondité. L'île, aujourd'hui déboisée, était riche en arbres, si l'on en croit Homère. «Ithaque, célèbre par le mont Nérite tout couvert de bois[2].»

Ainsi, les îles Ioniennes dans l'antiquité furent renommées pour leur végétation, et plusieurs d'entre elles encore aujourd'hui présentent les plus belles campagnes, différant en ce point d'une grande partie de l'Orient où, comme je l'ai noté, le sol a dû perdre de sa valeur première. Trois causes ont pu contribuer à la conservation de la fertilité dans ces îles :

Premièrement, elles ont été moins déboisées que celles

[1] *Odyssée*, liv. IX.
[2] *Ibidem.*

de l'Archipel ; les racines des arbres arrêtent les eaux des grandes pluies d'hiver, les empêchent de se former en torrents et conservent l'humidité.

En second lieu, la constitution orographique a pu contribuer, au moins dans quelques-unes de ces îles, à retenir la terre végétale. En effet, les montagnes y sont en général peu élevées, de sorte que les eaux ont moins de force d'impulsion et causent moins de dégâts en descendant sur les pentes. De plus, dans une partie de ces îles les montagnes forment une vallée intérieure, vers laquelle convergent leurs pentes, de sorte que la terre végétale, au lieu d'être entraînée dans la mer, descend dans la vallée ; ainsi s'enrichit chaque jour cette belle campagne du centre de l'île de Zante, où prospèrent les vignes de Corinthe.

J'ai signalé un phénomène contraire dans quelques îles de l'Archipel, dont le sol est bombé vers le centre, de telle sorte que la terre végétale glisse sur les pentes et va se perdre dans le sein de la mer.

Enfin, j'ajouterai que les roches de plusieurs des îles Ioniennes sont moins exclusivement calcaires que celles du royaume de Grèce, mais sont plus mélangées de roches marneuses et argileuses : il en résulte un sol plus gras, plus humide ; or tout agriculteur sait qu'un sol humide sous un ciel brûlant engendre les fortes végétations.

PRODUITS AGRICOLES.

Les cultures de chacune des îles Ioniennes sont en général peu variées.

— Les champs de blé, d'orge et de maïs ont une faible étendue, mais sont très-productifs. Le froment de Corfou

et de Sainte-Maure est de première qualité. Il s'en faut
que les céréales suffisent à la consommation ; la plus
grande partie des grains se tire de la Roumélie et du Péloponèse.

— On rencontre peu de gros bestiaux, et la rareté du
fumier est la principale cause du peu d'extension des
champs de céréales. Céphalonie élève quelques bœufs.

Le menu bétail est abondant. Les femmes filent elles-
mêmes une partie de la laine provenant des toisons de leurs
brebis. Les poils de chèvres sont utilisés pour la confection
de sacs et de tapis assez estimés. On fait du beurre et des
fromages.

— Je parlerai plus tard de la sériciculture. On verra
que les mûriers sont très-rares ; ils réussissent parfaitement,
mais on leur préfère les oliviers et les vignes qui sont d'un
plus grand rapport.

— Les vignes sont une des premières richesses de la
République Septinsulaire. L'exportation des raisins secs est
très-considérable. Les vignobles de passoline sont localisés
dans quatre îles : Céphalonie, Zante, Cerigo, Sainte-Maure ;
on obtient un grand nombre de variétés de raisin et on fait
plusieurs sortes de vins. Je donnerai par la suite de nombreux détails sur la viticulture.

— Avec les vignes, les oliviers forment la principale
richesse des îles Ioniennes ; on peut dire que ces deux productions représentent presque toute l'agriculture de ces îles.

On voit des variétés d'oliviers qui portent des fruits fort
petits, mais très-riches en huile. D'autres variétés donnent
de grosses olives dont on n'extrait pas d'huile, mais que l'on
fait cuire, ou que l'on conserve en les salant. On cueille

celles-ci, soit avant la maturité, lorsqu'elles sont encore vertes et dures, soit à l'époque de la maturité, lorsqu'elles sont devenues molles et brun noirâtre. Les Grecs, pendant les jeûnes longs et austères que commande leur religion, en font une très-grande consommation [1].

Les oliviers réussissent dans les sept îles Ioniennes. Corfou est renommé comme en possédant les plus beaux et les plus nombreux. Leur produit est de beaucoup le plus important de l'île : lorsque la récolte est mauvaise, il en résulte une grande misère. Zante et Céphalonie renferment aussi un grand nombre de ces arbres. L'huile est meilleure qu'en Syrie et en Chypre, meilleure même, dit-on, que dans le royaume de Grèce. Cependant elle a une infériorité marquée sur notre huile d'Aix : on la prépare moins soigneusement ; elle est légèrement piquante. Bien épurée, elle égale, dit-on, les meilleures huiles de Provence.

— Les îles Ioniennes ont d'autres produits d'une importance beaucoup moindre ; quelques noix de galle, un peu de kermès, de vallonée, etc.

— On voit çà et là des champs de lin et de coton herbacé. Les femmes de la campagne filent et tissent elles-mêmes presque tout le coton qu'elles recueillent.

La grande quantité de coton filé importée par l'Angleterre a fait tomber en partie la culture de cette plante. Son produit pourrait être considérable.

— On a fait des essais fructueux de culture d'indigo et de cannes à sucre.

— La douceur du ciel des îles Ioniennes, les mouvements

[1] Bien que les îles Ioniennes soient sous le protectorat ou plutôt sous la domination de l'Angleterre, leurs habitants sont presque tous Grecs.

variés du sol, la richesse de la terre végétale, inspirent le goût des jardins. Les enclos nombreux de Corfou et surtout celui du Gouverneur présentent encore une beauté comparable à celle du jardin d'Alcinoüs, qu'Homère place dans l'île des Phéaciens (aujourd'hui Corfou)[1].

Les Zantiotes et les Corfiotes assurent qu'ils obtiennent des fruits comparables, peut-être même préférables aux nôtres.

Les plus abondants sont les oranges, les citrons, les limons, les grenades, les raisins de diverses sortes : on sait que la passoline est un des raisins de table les plus délicats.

Les palmiers sont rares et leurs dattes mûrissent très-imparfaitement; les bananiers sont également peu nombreux, mais ils produisent des fruits exquis; presque tous nos fruits de France réussissent bien. Les melons et les pastèques, ainsi que les légumes des îles Ioniennes, sont de très-bonne qualité et méritent leur réputation.

En hiver, les campagnes produisent les fleurs les plus variées, principalement des plantes à ognons ou à griffes, des cyclamen, des anémones, des safrans, etc.

En été, les collines sont couvertes de plantes odoriférantes, et particulièrement de labiées qui fournissent aux abeilles de la cire et de très-bon miel.

---

[1] *Odyssée*, liv. VII : « Dans ce jardin, il y a un verger planté d'arbres fruitiers en plein vent, toujours chargés de fruits; on y voit des poiriers, des grenadiers, des orangers, dont le fruit est le charme des yeux; des figuiers d'une rare espèce et des oliviers toujours verts; jamais ces arbres ne sont sans fruits ni l'hiver ni l'été. La poire prête à cueillir en fait voir une qui naît; la grenade et l'orange déjà mûres en montrent de nouvelles qui vont mûrir; l'olive est poussée par une autre olive, et la figue ridée fait place à une autre qui la suit. »

STATISTIQUE.

Le tableau suivant extrait des notes de M. le consul de France à Corfou fera connaître la quotité des productions des îles Ioniennes pendant une de ces dernières années.

PRODUITS AGRICOLES OBTENUS DANS LES ILES IONIENNES (1852)	
NATURE DES PRODUITS	QUANTITÉS.
Blé	30,000 hectolitres.
Maïs	120,000 hectolitres.
Orge et avoine	35,000 hectolitres.
Menu bétail	15,000 têtes.
Chevaux et mulets	100 têtes.
Fromage	450,000 kilogram.
Beurre	50,000 kilogram.
Laine	20,000 kilogram.
Lin et chanvre	30,000 kilogram.
Soie écrue	1,000 kilogram.
Coton brut	15,000 kilogram.
Bois de chauffage	20,000 stères.
Huile d'olive	50,000 hectolitres.
Raisin de Corinthe	6,500,000 kilogram.
Tabac	600,000 kilogram.
Vins	900,000 hectolitres.

Comme l'aperçu rapide que j'ai donné a pu le prouver, l'agriculture est infiniment plus prospère dans les îles Ioniennes que dans les pays musulmans et que dans la Grèce, pays sorti depuis si peu de temps encore de la domination turque. La république septinsulaire est, proportionnellement aux limites étroites de ses terres, beaucoup plus productive; il faut cependant convenir qu'elle pourrait l'être plus encore, eu égard à la fécondité d'une partie de son territoire. Mais les hommes des pays méridionaux comptent trop sur la nature, et développent dans la culture de la terre une moins grande activité que les hommes du Nord.

DEUXIÈME PARTIE.

DEUXIÈME PARTIE.

DE L'AGRICULTURE DANS L'ILE DE CHYPRE.

Jusqu'à présent, j'ai seulement ébauché quelques traits du tableau de l'agriculture dans les pays de l'Orient. Je vais aborder l'examen spécial d'une contrée qui pourra servir de type à ces pays : j'ai choisi l'île de Chypre et j'en donnerai plusieurs raisons :

1° J'ai entrepris de longues études sur la nature du sol de cette île; j'en ai dressé la carte géologique en même temps que la carte agricole, et, si imparfaits que soient ces deux essais, j'espère qu'ils seront de quelque intérêt, vu l'importance que les agronomes attachent depuis quelques années à la comparaison de la nature des sols et de leurs produits.

2° Chypre me semble le pays de l'Orient dont les cultures doivent être les plus variées. En effet, elle renferme des calcaires grossiers et compactes, des grès, des marnes, des talc-schistes, des euphotides, des serpentines et d'autres roches d'épanchement. Il en résulte pour l'agriculture des qualités de sol très-différentes.

Sous le point de vue orographique, la diversité n'est pas moins grande : au N. une longue chaîne isolée; au S. de

hautes montagnes; autour de ces montagnes des collines;
enfin, entre le S. et le N. c'est-à-dire dans le centre, un
vaste ensemble de plaines : ces accidents orographiques
permettent d'établir les cultures les plus variées.

J'ajouterai que Chypre, située au centre des pays du Levant, entre l'Asie-Mineure, la Syrie et l'Égypte, doit par-
ticiper à leurs diverses natures, et en effet, toute culture
importante du Levant, si ce n'est peut-être celle du riz et
du café, y réussit actuellement ou du moins y prospéra
dans les temps passés.

3° Non-seulement cette île, par suite de sa composition
minéralogique, de son orographie et de sa position géographique, renferme un sol très-varié, mais encore la terre y
est d'une extrême fécondité : on sait que souvent la variété
des cultures n'est pas en rapport avec la fertilité d'un pays.
La terre végétale de l'île atteint en plusieurs parties 7 mètres
d'épaisseur : chaque année, les torrents des montagnes descendent dans les plaines et y déposent comme le Nil un
limon fécondant.

4° Je ferai une dernière remarque au sujet de l'intérêt
des études agricoles dans l'île de Chypre. Une des plus
grandes préoccupations de la France est le développement
de sa colonie d'Algérie. Cette contrée (j'ose à peine répéter
un fait si généralement connu), appartenant à une autre
partie du monde que la France, peut être appelée à doubler
sa puissance agricole : nos campagnes nous donnent depuis
longtemps les produits de la zone tempérée froide, l'Algérie
nous fournira ceux de la zone tempérée chaude. Or, dans
quels pays peut-on apprécier les probabilités de la réussite
des cultures ou des éducations que l'on entreprend dans

notre colonie d'Afrique ? Dans ceux-là sans doute dont les milieux sont identiques : le 35ᵉ degré de latitude, qui traverse
Chypre, passe à une faible distance au-dessous de l'Algérie.

BIBLIOGRAPHIE.

Peu de documents ont encore été publiés sur l'agriculture
de l'île de Chypre.

Meursius a donné l'extrait de tous les faits saillants disséminés chez les auteurs anciens, en ce qui concerne cette île.
J'ai puisé dans son savant ouvrage [1] quelques notes sur l'état
agricole des premiers âges.

Le père Étienne de Lusignan, qui a décrit l'île [2] en
1580, a consacré plusieurs pages à l'étude de ses produits.

En 1791 [3], l'Italien Mariti donna de nombreux renseignements sur l'agriculture et principalement sur la viticulture
de cette île. J'ai constaté plusieurs changements importants
survenus dans les cultures depuis l'époque où il écrivit.

En 1801 [4], Sonnini a longuement traité de Chypre. Mais,
à en juger par le vague et souvent par les erreurs de ses
descriptions, j'ai peine à croire qu'il ait visité l'île : il me
semble avoir reproduit l'ouvrage de Mariti.

M. de Mas-Latrie, auquel on doit de si beaux travaux sur
l'histoire et sur la géographie de Chypre, a donné un aperçu

[1] *Joannis Meursii operum volumen tertium ex recensione Joannis Lami Flo-
rentini, CIↃIↃCC XLIII, Cyprus, sive de illius insulæ rebus et antiquitatibus.*

[2] Estienne de Lusignan, *Description de toute l'isle de Cypre*, 1580.

[3] Mariti, *Voyages dans l'île de Chypre, la Syrie et la Palestine*, t. I, 1791.

[4] Sonnini, *Voyage en Grèce et en Turquie, fait par ordre de Louis XVI*,
publié en 1801, t. Iᵉʳ.

de l'agriculture de l'île dans une *note sur la situation actuelle*, etc.[1].

J'ai recueilli des faits intéressants d'histoire agricole dans
ses autres publications sur l'île et spécialement dans son grand
ouvrage sur les règnes des princes de la maison de Lusignan[2].

Un rapport d'une exactitude remarquable a été envoyé,
il y a quelques années, au ministère des affaires étrangères,
par M. Fourcade, consul de France à Chypre. Ce travail[3] est
daté de 1844; il est à regretter qu'il n'ait pas été publié;
j'y ai puisé plusieurs renseignements précieux.

Les Annales du commerce extérieur dirigées par le ministère de l'agriculture, du commerce et des travaux publics,
contiennent des notes statistiques dans lesquelles j'ai pris
quelques chiffres.

Le petit nombre des travaux descriptifs faits sur les campagnes de Chypre provient de ce que peu de voyageurs ont
visité l'île en détail. Comme Larnaca est une des échelles
importantes du Levant, beaucoup de passagers y ont relâché
quelques heures; mais il est rare qu'ils aient pénétré dans
l'intérieur des terres.

HISTORIQUE DE L'AGRICULTURE.

Chypre, demeurée si longtemps un des pays les plus flo-
rissants, est aujourd'hui une des contrées les plus aban-

[1] *Notice sur la situation actuelle de l'île de Chypre et sur la construction d'une carte de l'île*, par M. de Mas-Latrie; dans les *Archives des Missions scienti-fiques*, mars 1850.

[2] De Mas-Latrie. *Histoire de l'île de Chypre sous les princes de la maison de Lusignan. Documents.* 1852-1854.

[3] Fourcade, *Rapport sur la situation de l'île de Chypre en 1844*; ouvrage inédit.

données. Le temps est bien loin où l'on pouvait dire avec
Ammien Marcellin[1] :

« Tanta autem tamque multiplici fertilitate abundat rerum
omnium ut nullius externi indigens adminiculi a funda-
mento ipso carinæ ad supremos usque carbasos ædificet
onerariam navem, omnibusque armamentis instructam
mari committat. . . . . »

Chypre n'était inférieure pour la fertilité à aucune île de
la Méditerranée :

Κατ' ἀρετὴν δ' οὐδεμιᾶς τῶν νήσων λείπεται· καὶ γὰρ
εὔοινός ἐστι καὶ εὐέλαιος, σίτῳ τε αὐτάρκει χρῆται[2].

Suivant Élien, sa fécondité était égale à celle de l'Égypte
elle-même :

Καὶ λέγουσί γε Κύπριοι εὔγεων οἰκεῖν χῶρον, καὶ ταῖς
Αἰγυπτίων ἀρούραις τολμῶσιν ἀντικρίνειν τὰς σφετέρας[3].

Voisine du berceau du genre humain, très-proche de
Sidon et de Tyr, cette île a dû être cultivée dès les premiers
âges et sa richesse la fit dédier à Astarté, puis plus tard
à Vénus, lorsque l'élément grec se substitua à l'élément phé-
nicien :

« Insulam (Cyprum) veteribus divitiis abundantem et ab
hoc Veneri sacram[4]. »

[1] Ammien Marcellin, livre XIV, règne de Constantin. « Elle a une abondance si extrême de toute chose, que, sans avoir besoin d'aucun secours étranger, elle peut construire un bâtiment de transport, fournir toutes ses pièces
depuis la base de sa carène jusqu'au sommet de ses voiles, et le lancer à la
mer muni de tout son équipement. »

[2] « Pour la bonté elle n'est inférieure à aucune des îles; et en effet elle est
fertile en vin, en huile, et elle fournit assez de blé pour sa consommation. »

[3] « Les Chypriotes disent qu'ils habitent une terre privilégiée, et ils pensent
que leurs champs ne sont en rien inférieurs à ceux des Égyptiens. »

[4] Florus, l. III, chap. IX.

Lorsqu'elle cessa d'être un pays grec et passa sous la domination étrangère, son agriculture commença à décliner; pendant la durée de la puissance romaine et pendant le moyen âge, elle ne put reprendre le prestige qu'elle avait conquis pendant les temps anciens.

Dans l'ouvrage de M. de Mas-Latrie sur le règne des princes de Lusignan en Chypre[1], on trouve deux documents extraits d'un mémoire intitulé : *Relatione del regno di Cipro*. Ces documents se rapportent à la fin du xve siècle. Je les citerai parce qu'ils donnent une description détaillée de l'état de l'agriculture à cette époque.

Le premier d'entre eux est relatif à la population, au nombre de villages, de bœufs, à la quantité de grains et de légumes récoltés dans les onze contrées de l'île.

J'extrais seulement les parties qui intéressent l'agriculture.

Total pour les 11 districts :

Formenti, moza	999,292
Orzi, moza	1,254,907
Legumi, moza	47,838
Boi, para n°	42,510

Ces chiffres se répartissent de la manière suivante :

	Formenti, moza	83,842
1. Contrada di Baffo, vi-\	Orzi, moza	36,205
dellet	Legumi, moza	697
	Boi, para n°	1,642

[1] Louis de Mas-Latrie, *Histoire de l'île de Chypre sous les princes de la maison de Lusignan; Documents*, 2e vol. p. 494 et suivantes.

2. Contrada di Avdimo, videlicet	Formenti, moza.	20,650
	Orzi, moza	7,700
	Legumi, moza.	11
	Boi, para n°.	569
3. Contrada di Limisso, videlicet	Formenti, moza.	51,219
	Orzi, moza	31,442
	Boi, para n°.	1,500
4. Contrada di Massoto, videlicet	Formenti, moza.	28,231
	Orzi, moza	41,322
	Legumi, moza.	275
	Boi, para n°.	917
5. Contrada di Saline, videlicet	Formenti, moza.	43,062
	Orzi, moza	89,067
	Legumi, moza.	119
	Boi, para n°.	106
6. Contrada del Viscontado, videlicet	Formenti, moza.	127,939
	Orzi, moza	313,966
	Legumi, moza.	1,715
	Boi, para n°.	299
7. Contrada della Messaria, videlicet	Formenti, moza.	299,342
	Orzi, moza	402,164
	Legumi, moza.	6,231
	Boi, para n°.	4,403
8. Contrada del Carpasso, videlicet	Formenti, moza.	121,652
	Orzi, moza	71,321
	Legumi, moza.	1,370
	Boi, para n°.	1,950
9. Contrada di Cerines, videlicet	Formenti, moza.	66,741
	Orzi, moza	55,813
	Legumi, moza.	2,419
	Boi, para n°.	1,300
10. Contrada di Pendigia, videlicet	Formenti, moza.	99,180
	Orzi, moza	189,470
	Legumi, moza.	2,932
	Boi, para n°.	2,200

<table>
<tr><td rowspan="4">11. Contrada di Cruso-
cho, videlicet.....</td><td>{</td><td>Formenti, moza.</td><td>59,432</td></tr>
<tr><td></td><td>Orzi, moza......</td><td>15.932</td></tr>
<tr><td></td><td>Legumi, moza..</td><td>80</td></tr>
<tr><td></td><td>Boi, para n°....</td><td>934</td></tr>
</table>

Le second document se rapporte à la fin du xv° siècle ;
il renferme une énumération de tous les produits de l'île.

Avena....................	moza	20 milla
Fave....................		30
Lente....................		15
Fasuoli....................		20
Cessare....................		5
Lini....................		15
Semenze de lin....................		25
Rovi....................		20
Sussimani....................		3
Canevo....................	cantara	200
Cordego....................		2
Oldano buono et tristo....................		100
Formaggi....................		3,500
Lana pegorina....................	velli	200
Oglio d'olive....................	cantara	350
Cottoni in boccolo....................		7,000
Zuccaro de prima cotta....................		2,000
Zuccaro detto zamburi....................		250
Melazzi....................		350
Miel d'ave....................		300
Cera buona....................		60
Caudale, cioè cera trista....................		20
Zambelotti de picchi 40 l'uno.......	pezze	600
Samiti di più sorte....................		800
Camuca di più sorte....................		200
Cadini d'ogni sorte....................		150
Filazzi, si trazze ogn'anno dall'isola da sachi 150, che sono....................	cantara	100

Sale, si traze per ducati mille, et va moltiplicando.

Vini, metri 400ᵐ, che sono somme 100 milla.

Grana, summaco, olive, storace,.... carobbe, coloquintida,....
     zaffarano.

Si prende uccelli di vigna, falconi, fasse, tortore, tordi et molte
     altre salvadicine.

En 1570, l'île tomba au pouvoir des Turcs; depuis ce temps, elle a déchu de jour en jour; ses habitants surchargés d'impôts, soumis à mille vexations, ont laissé dépérir l'agriculture.

Dès l'époque de la conquête de l'île, les sultans accordèrent aux grands-visirs une partie de ses revenus et leur donnèrent en même temps le droit de nommer les gouverneurs[1]. Les visirs sous-affermèrent l'île à des pachas; ceux-ci, pour tirer parti de leur fermage, accablèrent le peuple d'impôts.

Plus tard, les Chypriotes ayant vivement réclamé auprès du gouvernement de Constantinople, on substitua aux pachas des mutzelims, à qui l'île fut baillée à ferme pour 2,500,000 piastres (625,000 francs). Moins puissants que les pachas, les mutzelims ne purent commettre les mêmes exactions. Le clergé grec s'empara peu à peu de l'influence; il la garda jusqu'au moment où les Turcs, jaloux de reprendre leur autorité, firent l'odieux massacre de 1823. Koutchouh-Méhémet, par ce coup d'État, rendit la puissance aux pachas

---

[1] On trouvera le précis des derniers événements de l'île de Chypre dans une note de M. de Mas-Latrie, *Sur la situation actuelle de l'île de Chypre et sur la construction d'une carte de l'île*, dans les *Archives des missions scientifiques*, 1850.

qui, plus que jamais, opprimèrent les habitants. Leurs rapines étaient sans nombre : il était de notoriété publique que la balance avec laquelle le pacha faisait peser les caroubes sur lesquels il percevait un droit était fausse. L'impôt était établi sur les vers à soie et non sur les soies elles-mêmes : ainsi, quand les vers venaient à périr, les agriculteurs avaient payé des sommes importantes pour un produit complétement nul.

Dans l'année 1838, Mahmoud supprima les fermages de Chypre et remplaça les fermiers de l'État par un kaïmakan, pacha qui reçoit par an un traitement fixe de 120,000 francs. De ce changement date une ère nouvelle pour le paysan chypriote : le pacha, n'ayant plus un intérêt direct dans la perception de l'impôt, traite ses administrés avec plus de justice : l'agriculture se relève.

Chaque jour de nouveaux caroubiers sont plantés ; ces arbres sont une des premières richesses de l'île ; leurs siliques sont l'objet d'un important commerce.

Non-seulement les caroubiers, mais encore les oliviers, les mûriers, les orges, les blés et le sésame commencent à couvrir des espaces moins rétrécis.

Le coton est une des parures de l'île. Il embellit les champs, en août, par ses fleurs jaune rosé ; en octobre, par ses coques munies d'un duvet d'une éclatante blancheur. Cette plante n'a pas gagné.

La culture des alizaris ou garances a pris une très-rapide extension.

Les troupeaux de brebis et de chèvres s'augmentent lentement.

Les jardins ne se sont pas améliorés.

Le tabac prospère autour de plusieurs villages. La coloquinte est cultivée aux environs de Iéri. Sur les lentisques on recueille le mastic et sur les cistes le ladanum.

ÉTAT ACTUEL DE L'AGRICULTURE.

L'énumération précédente prouve que Chypre est en voie d'amélioration, mais non encore dans un état de prospérité. Ce serait concevoir une idée fausse de l'île, que de croire les produits agricoles disséminés dans toute son étendue. L'aspect général est un aspect de désolation; je dirai plus loin combien sont circonscrites les cultures; sur les collines, la végétation est rare, rabougrie; les bois se sont concentrés dans les parties hautes, et lorsque, du sommet d'une montagne, on considère le panorama de l'île, ses landes immenses, ses collines blanches, ses terres brûlées, on peut croire à peine ce qu'écrivit Meursius, d'après les auteurs de l'antiquité :

« Antiquitus tota quasi silvis obsita erat, ut nec coli ideo posset : sed, donato incolis agrorum spatio, quod arboribus vacuum facerent, tandem apta ad colendum reddita fuit[1]. »

Le tableau suivant, que j'ai extrait des Annales du commerce extérieur (année 1854), donnera une idée précise des principales productions agricoles.

---

[1] Meursius. *Cyprus, sive de illius insulæ rebus et antiquitatibus*, lib. I, c. v.

PRODUCTIONS AGRICOLES DE L'ÎLE DE CHYPRE.

NATURE DES PRODUITS.	QUANTITÉS		VALEUR en francs.
	Hectolitres.	Kilogrammes.	
Blés............................	150,000		1,500,000
Orges...........................	357,000		1,350,000
Vesce, avoine...................	75,000		350,000
Vins............................	140,000		1,500,000
Huiles..........................	4,657		375,000
Caroubes........................		6,500,000	250,500
Fruits et légumes...............			600,000
Animaux vivants, cuir surtout...			800,000
Fromages et beurre..............			500,000
Volaille........................			75,000
Poisson[1], gibier..............			100,000
Laines..........................			96,000
Soies...........................		25,000	475,000
Cotons..........................		350,000	290,000
Alizaris........................		112,500	75,000
Lins, chanvres, sésames, graines de lin.			150,000
Tabacs..........................		130,000	120,000
Bois et charbons................			150,000
Miel, cire, poix, coloquinte....			200,000
Total..........................			8,590,000

J'ai lieu de douter de l'exactitude de quelques-uns des chiffres du tableau précédent. Il est fort difficile d'avoir une statistique de quelque valeur dans un pays turc et surtout dans un pays tel que Chypre, isolé et situé loin du siége du gouvernement. Les employés du pacha de Nicosie font les relevés avec une négligence extrême. Je ne peux croire que le produit annuel des caroubes n'ait augmenté que de 500 francs depuis 1846, époque à laquelle M. de

[1] Il est à noter que l'île ne possède qu'un seul étang d'eau douce renfermant du poisson (celui de Paralimni, sur le littoral oriental). Ainsi, le poisson indiqué ici est presque entièrement du poisson de mer, et, à ce titre, eût été rayé de ma liste, si j'avais su quel est son produit comparé à celui du gibier.

Mas-Latrie le fixe à 250,000; depuis ce temps, un très-grand nombre de caroubiers ont grandi ou ont été plantés. Je vois aussi que les produits des cotons et des alizaris sont les mêmes qu'en 1846. Or, depuis cette époque, les alizaris gagnent chaque jour, et au contraire la culture des cotons diminue.

Je place ici un tableau des prix auxquels les produits agricoles de Chypre sont cotés en moyenne sur les principaux marchés de l'île. Ce tableau a été envoyé au ministère des affaires étrangères par M. Doazan, consul de France à Chypre.

PRIX COURANTS MOYENS DES PRODUITS AGRICOLES DE CHYPRE, SUR LES PRINCIPAUX MARCHÉS DE L'ÎLE (NICOSIE, LARNACA, LIMASSOL ET BAFFA), EN FÉVRIER 1854.

DÉSIGNATION DES PRODUITS.	POIDS ET MESURES		PRIX EN MONNAIE	
	DU PAYS.	DE FRANCE.	DU PAYS.	DE FRANCE.
Blé	Cafis	Hectolitres.	"	"
Orge	Idem.	Idem.		"
Huile d'olive	Ocque	Kilogrammes.		"
Charbon de bois	Quintal grand.	Idem.		"
Caroubes	Idem.	Idem.	85 piastres.	0f,15c
Alizaris (racine de garance)	Idem.	Idem.	800 piastres.	1,03
Coton en laine	Idem.	Idem.	1,050 piastres.	1,34
Soie	Ocque.	Idem.	Épuisé.	Épuisé.
Laine	Idem.	Idem.	Idem.	Idem.
Sésame	Idem.	Idem.	Idem.	Idem.
Anis	Idem.	Idem.	Idem.	Idem.
Vins	Idem.	Idem.	70 paras.	0f,38c
Eaux-de-vie	Idem.	Idem.	3 piastres.	0.55

Nota. Mesures de poids :
- L'ocque vaut .... 1 kilog. 250 gr.
- Le litre commun .... 3 kilog. 125 gr.
- Le quintal de Constantinople .... 55 kilogrammes.

Mesures de capacité :
- L'ocque .... 1 lit. 25 centil.
- La gouze .... 12 litres.
- Le kabo .... 27 litres.
- Le kilo de Constantinople .... 36 litres.

Mesures de longueur :
- Le pic .... 65 centimètres.
- La brasse .... 70 centimètres.

Mesure de superficie :
- L'échelle .... 55 mètres.

J'ajoute ici deux tableaux que j'extrais du rapport inédit de M. Fourcade, sur la situation de l'île de Chypre en 1844. Je ferai remarquer que depuis 1844 divers changements ont dû avoir lieu, Chypre étant dans une voie de progrès sensible.

RÉPARTITION APPROXIMATIVE, PAR NATURE DE CULTURE, DES TERRES ANNUELLEMENT EN RAPPORT.

NATURE DES CULTURES	QUANTITÉS CULTIVÉES		OBSERVATION
	ÉCHELLE.	HECTARE.	
Céréales. { Blé, froment	60,000	15,000	Les terres cultivées en céréales restant habituellement de 1 à 3 ans en jachères, il faut admettre qu'une étendue triple de celle indiquée ci-contre est affectée à ce genre de culture.
Orge	90,000	22,500	
Avoine, vesce	24,000	6,000	
Légumineux et farineux alimentaires	8,000	2,000	
Lin, chanvre et sésame	2,500	600	
Jardins, plantations de mûriers, orangers, etc.	10,000	2,500	
Vignes	32,000	8,000	
Cotonniers	16,000	4,000	
Alizaris (garances)	600	150	
Tabacs	800	200	
Cultures diverses	1,500	350	
Total	245,200	61,000	

RELEVÉ DE L'ABONDANCE COMPARATIVE DES RÉCOLTES, POUR LES PRINCIPAUX PRODUITS DE L'ÎLE DE CHYPRE, CALCULÉ PENDANT UNE PÉRIODE DE DOUZE ANNÉES.

NATURE DES PRODUITS.	NOMBRE DES ANNÉES DE			ÉVALUATION APPROXIMATIVE DU PRODUIT ANNUEL		
	mauvaise récolte.	récolte moyenne.	grande abondance.	au minimum.	en moyenne.	au maximum.
Céréales. { Blé				100,000	150,000	175,000
Orge	3	5	5	300,000	350,000	400,000
Vesce, avoine				50,000	75,000	90,000
Huile d'olive	7	1	5	2,000	5,000	10,000
Vin	1	7	4	100,000	150,000	160,000
Caroubes		8	4	.	4,500,000	5,000,000
Alizaris		8	5	.	100,000	160,000
Coton	3	8	1	150,000	350,000	600,000
Laine	1	9	2	100,000	150,000	160,000
Soie	2	7	3	15,000	25,000	30,000

Je diviserai en trois parties mes études sur l'agriculture de l'île de Chypre :

1° Conditions dans lesquelles se trouve l'agriculture;

2° Description des produits agricoles;

3° Récapitulation de ces produits, classés suivant l'ordre des divisions politiques.

§ 1er.

CONDITIONS DANS LESQUELLES SE TROUVE L'AGRICULTURE DANS L'ILE DE CHYPRE.

Avant d'étudier les produits d'une contrée, il faut connaître les conditions dans lesquelles elle est placée; autrement on ne se rendrait pas compte de la prospérité de certaines plantes, du dépérissement de plusieurs autres, de l'impossibilité ou de la possibilité de les transporter dans une contrée différente, des profits que l'on retire de leur culture et de la main-d'œuvre qu'elles nécessitent.

Les circonstances qui influent le plus gravement sur l'agriculture sont les circonstances géologiques et météorologiques; après avoir parlé de celles-là, j'en examinerai quelques autres, que je réunis sous le nom de circonstances économiques.

1° DES INFLUENCES QUE LA CONSTITUTION GÉOLOGIQUE DE L'ILE PEUT EXERCER SUR LES PRODUITS DE L'AGRICULTURE.

J'ai dressé deux cartes de l'île de Chypre : l'une agricole, l'autre géologique. Elles ont pour base une carte géographique encore inédite de M. de Mas-Latrie, que le Gouvernement avait envoyé en Chypre plusieurs années avant nous. Mes deux cartes sont à la même échelle. On devra les avoir sous les yeux et les comparer entre elles pour se rendre compte de l'influence du sol sur l'état de l'agriculture[1].

----

[1] Elles sont placées à la fin du volume.

Après la Sicile et la Sardaigne, Chypre est la plus grande île de la Méditerranée.

Peu de terres se dessinent aussi capricieusement; le nombre de ses promontoires et de ses caps lui a fait donner le nom d'île aux Cornes (κεράστης)[1].

Si elle est irrégulière dans ses contours, elle ne l'est pas moins dans ses hauteurs; car, d'une part, elle s'élève en une imposante montagne (le Troodos)[2]; d'autre part, elle renferme presqu'au niveau de la mer une vaste plaine dont la richesse avait fait donner à l'île le nom de μακαρία (séjour de la félicité).

Comme je l'ai indiqué dans une note adressée à la Société géologique de France[3], le relief de Chypre est déterminé par deux systèmes de montagnes :

Le premier, que j'ai provisoirement nommé système de Cérines, court d'abord de l'O. N. O. à l'E. S. E., puis de l'O. S. O. à l'E. N. E. Il forme une longue chaîne qui borde la mer de Caramanie et marque les limites septentrionales de l'île. Il s'avance au loin vers l'E. formant une étroite langue de terre égale pour la longueur au tiers de l'île : cette partie est appelée le Carpas.

Le système de Cérines est composé de calcaires compactes, qui figurent une haute muraille et présentent une rangée longitudinale de crêtes étroites, élégamment découpées : sur les sommités de ces crêtes l'on voit comme

[1] *Pline*, liv. V, ch. xxxv.

[2] Le Troodos est une des nombreuses montagnes du Levant qui reçurent des anciens le nom de mont Olympe.

[3] Albert Gaudry, *Sur la Géologie de l'île de Chypre*, dans le *Bulletin de la Société géologique de France*, t. XI, 2e série, année 1853.

suspendus au milieu des airs les trois châteaux ruinés de Cantara, de Buffavent et de Dieu-d'Amour.

J'ai nommé provisoirement le second système de montagne, système des monts Olympes ou du Troodos, parce que le Troodos en est le point culminant.

Ce système occupe une grande partie de l'île; il en constitue les points les plus élevés : le mont de la Croix, le Machera, l'Adelphé, le mont de Kiccou et le Troodos. Il se divise en une série de chaînes parallèles courant du nord au sud ou du N. N. O. au S. S. E. Leur ensemble forme un vaste massif qui s'étend depuis la pointe extrême de la partie occidentale de l'île jusqu'au mont de la Croix (Monte della Croce ou Stavro Vouni). Au sud, ce massif se prolonge presque jusqu'à la mer, de manière à ne laisser contre le rivage qu'une plaine étroite, fréquemment interrompue. Mais, du côté opposé, il s'abaisse pour donner naissance à une vaste plaine, encadrée par la chaîne de Cérines au N., par la mer à l'E. et à l'O.

Ainsi, on doit se représenter Chypre comme une île ayant au N. un système de montagnes, vers le S. un autre système de montagnes, et entre ces deux systèmes une plaine d'une grande étendue.

Je vais entrer dans quelques détails.

PAYS DE PLAINES.

La plaine que je viens d'indiquer est en partie représentée sur ma carte agricole par la couleur verte (champs cultivés); sur ma carte géologique, elle correspond, en général, à la couleur verte (étage des calcaires blancs crayeux) et à la couleur grise (terrains tertiaires supérieurs et quaternaires). Elle comprend trois divisions :

1° A l'O. elle s'étend jusqu'à la mer et prend le nom de plaine de Morphou. Les dunes l'ont déjà envahie sur un espace correspondant à deux heures de marche en largeur et à deux heures de marche en longueur. Il est à regretter que le gouvernement ni les particuliers ne cherchent pas à opposer quelque obstacle aux dunes. Comme le vent du S. O. est le vent dominant de l'île, on conçoit que le rivage occidental reçoive sans cesse de nouveaux apports de sable.

La plaine de Morphou est assise sur des calcaires blancs crayeux. Elle est renommée pour ses cotons et surtout ses alizaris; elle produit du blé, de l'orge, des vesces, etc.;

2° A l'E. de la plaine de Morphou se présente sans aucune discontinuité celle de Nicosie; toutes deux se confondent en une seule. Au milieu de cette immense campagne apparaît la capitale de l'île : ses belles murailles, les ruines de ses tours gothiques, ses minarets, ses palmiers se dessinent sur une surface qui, dans le lointain, paraît presque unie. Les champs produisent principalement du blé, de l'orge, des vesces;

3° La Messaorée ou Messargha est un des lieux les plus fertiles du monde. Elle donne du blé, de l'orge, des vesces et du coton. Elle sert de pâture à de nombreux troupeaux.

Elle fait suite à la plaine de Nicosie et en forme la partie orientale. Comme cette plaine, elle est assise sur un sol tantôt de calcaire crayeux, tantôt de sable soit pulvérulent, soit consolidé.

Elle est située au S. de la chaîne septentrionale de l'île, au point où cette chaîne s'abaisse pour former les collines fertiles du Carpas. A l'E. elle est baignée par la Méditerranée ; au S. et au S. E. de basses collines la séparent de la mer; au S. O. s'élèvent les derniers chaînons des montagnes centrales. C'est à ces montagnes ou du moins à leurs torrents que la Messaorée est redevable de sa fertilité : ceci demande quelque explication.

Chypre est un des pays les plus desséchés de l'Orient ; sa température est trop élevée, sa végétation trop rare, son étendue trop restreinte pour qu'elle puisse posséder des rivières importantes. Presque aucun ruisseau n'y porte ses eaux jusqu'à la mer, de telle sorte que, sur une carte de géographie, il conviendrait de représenter la plupart des courants par des lignes plus fortement marquées à la source qu'à l'embouchure. J'ai traversé pendant le mois de juin le Pidias, la principale rivière de l'île; il renfermait un filet d'eau : au mois de juillet, je l'ai traversé de nouveau : il était à sec ; de loin en loin, on y voyait seulement quelques flaques d'eau.

A l'époque des pluies d'hiver, les torrents précipitent leurs eaux dans les montagnes et, quand ils arrivent vers la plaine, ils se répandent sur les cultures. Après cette inondation, les champs sont recouverts d'une très-légère couche de limon, et, fécondée par ce limon à la fois humide et fertile, la plaine montrera aux premiers rayons du soleil d'avril les plus riches campagnes. Les anciens Chypriotes auraient pu adorer les torrents de leur île comme les Égyptiens avaient adoré le Nil, la divinité bienfaisante de leurs champs; ces torrents, ainsi que le Nil en Égypte, suppléent aux pluies trop rares et à l'arrosement constant des rivières. L'épaisseur de la terre végétale est très-considérable dans la Messaorée; elle atteint fréquemment plusieurs mètres.

Du temps des Lusignans et des Vénitiens, les torrents étaient reçus dans des canaux disposés à des niveaux successifs; ainsi, l'eau se répandait régulièrement dans les campagnes et circulait longtemps avant de se perdre dans la mer. Par la suite, un grand nombre de canaux ont été abandonnés et les ruisseaux se sont creusé de nouveaux lits par lesquels ils se rendent plus rapidement à la mer. Toutefois, on voit encore sur plusieurs points des rigoles bien distribuées, appartenant à divers propriétaires associés. Elles répandent tour à tour les eaux dans les champs au moyen d'écluses qui s'ouvrent et se ferment à jour et à heure fixes. Le premier soin d'un gouvernement désireux de rendre à l'agriculture de Chypre son ancienne prospérité, serait de rétablir les anciennes rigoles. Ces réparations seraient spécialement utiles pour les cotons et les alizaris.

On voit dans l'île un grand nombre de puits nommés alakatis, dans lesquels l'eau est montée au moyen d'une manivelle que fait tourner le manége d'un bœuf ou d'un cheval. C'est du côté de Varoschia, un des grands villages de la Messaorée, que j'ai vu le plus grand nombre d'alakatis.

Une question capitale pour Chypre est la question des puits artésiens. Je m'en suis occupé avec soin et j'en traiterai plus tard dans un travail spécial sur la géologie de l'île. Je regarde les forages de puits artésiens comme offrant peu de probabilités de réussite dans la Messaorée, et particulièrement dans la région nord de cette plaine. Presque toutes les roches de macignos de la chaîne septentrionale plongent au nord et, par conséquent, ne peuvent amener de l'eau vers le sud. Je crois que dans la région S. S. E. de l'île, c'est-à-dire dans les environs de Larnaca, on pourrait obtenir de l'eau. La raison en est que les couches de calcaires blancs crayeux formant l'entourage du mont de la Croix plongent vers le S. E. et doivent ainsi conduire dans cette direction les eaux de la montagne qui se sont rassemblées dans leurs parties hautes.

Après avoir parlé des grandes plaines, je dois nommer de petites plaines qui se prolongent entre les bords de la mer de Caramanie et la chaîne septentrionale de l'île. Ces plaines, très-étroites, bordées par la mer au N., et recevant au S. les terres végétales qui descendent de la chaîne du système de Cérines, sont d'une grande fertilité. Elles renferment des champs de blé, d'orge, de vesce, de coton et de sésame, ainsi que des plantations de mûriers.

On rencontre encore entre la mer et les collines de calcaire crayeux qui forment l'entourage S. des monts Olympes des lambeaux de plaines très-étroites où l'on cultive du blé, de l'orge, des oliviers, des caroubiers, etc.

RÉGION INTERMÉDIAIRE ENTRE LES PLAINES ET LES PARTIES MONTUEUSES.

Au point où les montagnes succèdent aux vallées, la terre végétale, descendue de leurs pentes, s'est accumulée pour constituer un sol d'une grande richesse. C'est là, en général, la zone des caroubiers et des oliviers. Cette zone est représentée sur ma carte agricole par le vert bronzé.

Elle forme à l'entour du système des monts Olympes une longue bande souvent interrompue.

Une bande semblable se rencontre le long de la base du versant N. de la chaîne septentrionale de l'île. C'est dans cette région, que sont assis les villages de Lapithos, de Bella Paése et la ferme de Foungi, célèbres par la beauté de leurs campagnes; là, on voit croître les plus gros et les plus nombreux oliviers; ces arbres composent de véritables bois. Protégé contre les vents chauds du sud par la chaîne escarpée de Cérines, rafraîchi au nord par la brise de la mer de Caramanie, Bella Paése justifie aujourd'hui comme autrefois le nom qui lui fut donné. Le ciel de l'Orient s'y révèle seulement par sa limpidité et l'éclat dont il embellit le paysage. Loin de brûler les plantes comme dans les autres parties de l'île, le soleil active la végétation du sol sans cesse arrosé par les eaux vives tombant de la montagne voisine; les caroubiers se mêlent aux oliviers et forment encore des ombrages dignes des bosquets antiques de la Divinité que Chypre adorait.

PARTIES MONTUEUSES.

(PETITES, MOYENNES ET GRANDES HAUTEURS.)

J'ai dit que les montagnes constituaient deux systèmes principaux : celui de Cérines et celui du Troodos (ancien mont Olympe).

1° Système septentrional ou système de Cérines.

Il forme des escarpements de calcaire compacte, blanc, gris ou noirâtre, souvent bitumineux, représenté sur ma carte géologique par la couleur bleue. Les pentes abruptes ont facilité le glissement de la terre végétale. Sauf quelques taillis épars et rabougris de pins, de lentisques, de genêts, aucune plante ne couvre leur nudité.

Au N. et au S. la base des escarpements est entourée par

une bande de macignos. Ces macignos, indiqués sur ma carte géologique par la couleur jaune, sont composés d'alternances de bancs tendres et de bancs endurcis, qui, subsistant au-dessus des parties désagrégées, forment des avances bizarres. Ils constituent de petites collines très-découpées, ravinées, en général privées de toute culture et même de toute végétation ; je les ai représentées sur ma carte agricole par deux longues bandes de couleur brune.

Entre la rangée des petites collines de macignos et la base de la grande muraille que forment les calcaires compactes, la terre que les eaux ont enlevée à la crête s'est souvent amassée sur quelques points et s'est recouverte d'une belle végétation : Kythræa, renommée pour l'abondance de ses mûriers, en est un exemple.

Vers l'O., c'est-à-dire vers Cormachiti, la chaîne que j'ai nommée chaîne de Cérines s'abaisse ; les calcaires blancs crayeux, situés à sa base, se recouvrent de taillis de lentisques, de genévriers, etc. Vers l'E., au-delà d'El-Kantara, la chaîne tombe encore ; aux crêtes de calcaire compacte succèdent des collines de calcaire crayeux, de gypse et de calcaire grossier qui, se prolongeant au loin dans la mer, forment le Carpas. Ces collines sont principalement indiquées sur ma carte géologique par la couleur verte et par la couleur grise.

Tantôt inculte, tantôt cultivé, le Carpas offre toujours un sol d'une grande fertilité. On le voit, sur ma carte agricole, alternativement représenté par la teinte brune et par la teinte verte. Il produit de l'orge, du blé, de la soie, un peu de coton et de tabac. Ses légumes, son miel, ses fromages sont renommés. Vers l'extrémité de la Pointe-Saint-André, il

renferme des bois, et sur plusieurs points, il est couvert de
taillis de genévriers, de lentisques, etc. Ces taillis abondent
en lièvres, en perdrix rouges et en francolins;

2° Système du Troodos.

Les monts Olympes forment le système que j'ai provisoirement nommé système du Troodos. Ils constituent les
points culminants de l'île. Ils sont composés d'euphotides,
de serpentines, d'ophitones, roches d'un vert noirâtre, et
qui, par leur teinte foncée, rendent le sol très-apte à retenir
les rayons du soleil et par conséquent à s'échauffer.

Les monts Olympes sont principalement représentés sur ma
carte géologique et sur ma carte agricole par la teinte brune.

À leur sommet, ils sont presque uniquement recouverts
de pins.

Au-dessous des pins, se montre une zone d'arbres essentiellement européens : chênes de divers espèces, platanes,
érables, saules, aulnes, aubépines, chèvrefeuilles, etc. C'est
dans cette zone que sont cantonnés la plupart des vignobles.
Ils sont établis moitié sur les roches d'épanchement, moitié sur
les calcaires blancs qui entourent les montagnes centrales.

Les monts Olympes se terminent par des collines de calcaire crayeux, de sable ou de calcaire grossier. Ces collines,
comme plusieurs de celles du Carpas et du cap grec, sont
incultes ou couvertes de taillis de genévriers, de lentisques,
de cyprès.

Outre ces collines, il en est plusieurs peu élevées, qui
sont composées de calcaire grossier et sont disséminées entre
la plaine de la Messaorée et le mont Sainte-Croix, dernier
grand chaînon oriental du système du Troodos. La plupart
d'entre elles sont incultes.

En résumé :

D'après les rapports des produits agricoles avec la nature géologique et avec la configuration orographique de l'île, nous croyons pouvoir répartir ces produits entre cinq zones :

1° Zone des plaines caractérisée par la culture des blés, de l'orge, du coton, des alizaris, etc.

Les grandes plaines sont encadrées par les montagnes du système du Troodos et du système de Cérines. Les petites plaines forment des bandes d'une part, entre la chaîne de Cérines et la mer de Caramanie, d'autre part, entre les monts Olympes et la mer du sud de l'île. Le sol des unes et des autres est formé de calcaires blancs, crayeux, de sables ou de calcaires grossiers;

2° Zone intermédiaire entre les plaines et les montagnes, caractérisée par les caroubiers et les oliviers.

Elle est formée par l'accumulation de la terre végétale descendue des montagnes, et elle est assise habituellement sur des calcaires blancs crayeux, rarement sur des sables et des calcaires grossiers. Je ne l'ai pas vu s'étendre sur les roches d'épanchement;

3° Zone des collines caractérisée par des lentisques, des genévriers, des cyprès, des cistes, des sauges, etc. Les collines sont formées de macignos tabulaires (N. de l'île), de calcaire blanc cristallin (Cap Grec), rarement de calcaire grossier, presque toujours de calcaire blanc crayeux, auquel des gypses sont subordonnés. Elles sont, en général, incultes, nues ou couvertes çà et là de maigres taillis. Ces taillis descendent quelquefois dans les vallées jusqu'au bord de la mer, comme on le voit à Hagios Georgios;

4° Zone des montagnes de hauteur moyenne caractéri-

sée par les vignobles et les arbres de nos climats (érables,
chênes, etc.). Ces montagnes sont principalement formées
de calcaire compacte (chaîne de Cérines), et de roches d'é-
panchement (monts Olympes);

5° Zone des montagnes les plus élevées de l'île caractérisée par les pins et les Pteris aquilina. Cette zone, spécial
au centre des monts Olympes, est assise sur des euphotides
des roches d'épanchement, des serpentines.

On pourra comparer ces diverses zones sur ma carte agricole et sur ma carte géologique. Pour les rendre plus sensibles,
j'ai présenté, fig. 1, une coupe prise dans la largeur de
l'île[1]. Cette coupe montre la disposition naturelle des zones
autour des deux grands systèmes de montagnes de Chypre.

Si un voyageur, voulant la suivre, part du niveau de
la mer près de Limassol, il se trouve d'abord dans la zone
des plaines, représentée par des champs de céréales; bientôt
il arrive dans la zone des caroubiers; plus haut se présentent
à lui de vastes étendues sans culture; ensuite quelques
bouquets de chêne; enfin le sommet des monts Olympes
est couvert par des pins.

En redescendant sur le versant opposé, on voit une répéti-
tion assez semblable en sens inverse; au bas de ce versant, se
présentent de vastes plaines cultivées en céréales, en cotons.

Après avoir franchi ces plaines, on est en présence d'un
second système de montagnes, le système de Cérines, qui,
à sa base, porte quelques oliviers, et, à son sommet, est
inculte; il est bien moins élevé que le système des monts
Olympes, aussi n'atteint-il pas la zone des pins.

En redescendant le versant opposé, après avoir traversé

[1] Toutes les figures ont été réunies à la fin du volume.

de grands escarpements incultes, le voyageur rencontre de
magnifiques plantations d'oliviers et de caroubiers; enfin, en
descendant toujours, il arrive près du littoral N. de l'île, à
Acheropithos et à Cérines, où la zone des plaines est représentée par les champs les plus riches de céréales et de coton.

Parmi les cultures de l'île, quelques-unes sont complète-
ment spéciales à une zone: telle est celle des alizaris qui est
établie uniquement dans la région des plaines; mais, en général, les zones dépendent de circonstances qui varient,
et par là même elles peuvent varier également. Ainsi la
culture des oliviers, des caroubiers et des céréales monte
quelquefois ou descend. Les vignes s'étendent depuis la zone
des plaines jusqu'à celle des moyennes hauteurs. Les mûriers
sont plantés en petit nombre autour de presque tous les villages de l'île, qu'ils soient situés dans la plaine ou qu'ils le
soient dans la montagne. Les pins sur quelques points peuvent
se prolonger près du niveau de la mer, comme aussi l'aridité
des collines de calcaire crayeux se continue parfois dans les
régions basses: c'est seulement sur une grande échelle que
l'on devra chercher la délimitation des zones dont j'ai parlé.

J'ai en partie retrouvé dans la Syrie les zones agricoles
de Chypre. Ainsi en Syrie:

1re zone. Les plaines sont comme à Chypre d'une mer-
veilleuse fertilité: le blé, l'orge, le coton leur sont de même
spéciaux: de même encore les palmiers et les nopals en sont
l'ornement.

2e zone. Ainsi qu'à Chypre, les oliviers croissent de préférence vers le bas des versants.

3e zone. Les collines sont dénudées comme à Chypre, et
les mêmes lentisques les caractérisent.

4ᵉ zone. Sur les montagnes basses, on voit, comme sur les montagnes de Chypre, de nombreux chênes : je citerai ceux du pays entre Caïpha et Nazareth, ainsi que ceux du mont Thabor.

5ᵉ zone. Sur les montagnes élevées telles que les monts Libans, les pins croissent de préférence comme sur les sommités des monts Olympes de Chypre.

Les plaines et presque toutes les collines de la Syrie sont formées du même calcaire grossier, du même sable et des mêmes calcaires blancs qui se trouvent à Chypre. Mais la plupart des hautes montagnes présentent une différence essentielle, étant composées principalement de calcaires ou de grès, tandis que les monts Olympes sont constitués par des roches d'épanchement.

2ᵉ CIRCONSTANCES MÉTÉOROLOGIQUES.

Chypre est située entre le 3o° quelques minutes O. et le 33° de longitude. Elle est à la limite supérieure de la zone juxta-tropicale (comprise entre les tropiques et le 36° de latitude) : elle est traversée presque exactement dans sa largeur par la 35ᵉ ligne de latitude. Je rappellerai que cette ligne se continue au S. de Candie, traverse la régence de Tunis, touche Tlemcen (en Algérie), passe vers le centre des États-Unis, dans la nouvelle Californie, dans l'île de Niphon, suit le cours du fleuve Houng-Ho en Chine, traverse la petite Boukkarie, passe à Cachemire, près de Kaboul, de Hérat, de Bagdad, d'Alep et enfin de Damas.

LIGNES ISOTHERMES DE L'ÎLE.

On sait que la végétation ne varie pas rigoureusement

avec les latitudes. Des circonstances diverses, et avant tout l'élévation au-dessus de la mer, modifient la température de localités situées sous une même latitude. C'est ainsi que, gravissant les Alpes, on voit les divers niveaux des montagnes présenter successivement les mêmes zones de plantes qui s'observent en s'avançant des climats tempérés aux glaces des pôles. Il résulte de là que les lignes isothermes ont pour un agriculteur une importance beaucoup plus grande que les lignes de latitude. Malheureusement, les physiciens ont eu trop peu de renseignements pour tracer les lignes isothermes de l'Orient, et, comme le fait observer M. de Humboldt[1], on possède moins de données barométriques et thermométriques sur les pays du Levant que sur l'Amérique du Sud, si peu visitée par les voyageurs.

On n'a pas encore, à ma connaissance, déterminé la ligne isotherme de Chypre. La ligne isotherme la plus rapprochée de cette île, que je trouve dans le bel atlas de M. Berghaus[2], se montre un peu plus bas que sa partie méridionale, à la hauteur de Beyrouth ; elle passe assez loin au-dessous de Candie et de la Sicile ; touche à la pointe S. O. du Portugal ; de là, va gagner les îles Madères ; après avoir traversé l'Océan Atlantique, elle reparaît dans l'Amérique septentrionale à Natchez, coupe le Mexique dans son centre ; enfin, au delà du grand Océan, on la retrouve au sud de Lieu-Khieu dans le Japon.

Cette ligne est la ligne isotherme de 20 degrés. Pour

---

[1] Alexandre de Humboldt, *Des lignes isothermes et de la distribution de la chaleur sur le globe*, dans les *Mémoires de physique et de chimie de la Société d'Arcueil*, t. III, 1827.

[2] Berghaus, *Atlas de géographie physique*, 1re section, météorologie.

fixer sur la température relative de Chypre, je rappellerai
que la température moyenne du Caire est de $22°,4$:

celle d'Alger. . . . . $21°,1$:

celle de Rome. . . . $15°,8$:

celle de Paris. . . . . $10°,6$.

La ligne isothère que j'ai vue indiquée comme la plus
rapprochée de Chypre, passe un peu au-dessus de cette île
à Alexandrette, au sud de Candie, à la pointe Matapan
(Grèce), au sud de la Sicile, aux îles Canaries et au milieu de Niphon.

OBSERVATIONS TYPES FAITES À LA SCALA.

Je place ici un tableau d'observations faites par un Français, le docteur Foblant, savant très-distingué, qui dirige
le lazaret de la Scala. Ces observations présentent de
grandes garanties, M. le docteur Foblant ayant réuni mes
instruments avec les siens et ayant comparé l'exactitude
des uns et des autres. C'est à neuf heures du matin et à
trois heures du soir, que toutes les observations ont été recueillies. Elles ont été faites exactement sur le même point,
contre une fenêtre regardant le nord, au premier étage de la
maison de M. Béraut, à la Scala : c'est-à-dire à quelques mètres
seulement au-dessus de la surface de la Méditerranée.

Les mesures barométriques ont été prises avec un baromètre Gay-Lussac, qui est demeuré constamment d'accord
avec un baromètre Bunten, que le ministère de la marine
avait bien voulu me confier.

La température a été relevée avec un thermomètre placé
en plein nord, loin de toute muraille qui aurait pu réfléchir de la chaleur. Les thermomètres de M. Foblant étaient

d'accord entre eux; ils marquaient constamment un 1/2 degré de plus que le thermomètre à mercure dont j'ai fait usage. Comme mon thermomètre ne s'accordait pas avec les autres, j'ai dû supposer que c'était le mien qui était en retard. Cet instrument était exact à mon départ de Paris; je n'ai pu en vérifier la justesse à mon retour en France, car il a été brisé vers la fin de mon voyage. Dans tous les cas, l'erreur ne pourrait porter que sur un 1/2 degré.

TABLEAU D'OBSERVATIONS BAROMÉTRIQUES, THERMOMÉTRIQUES ET HYGROMÉTRIQUES FAITES À LA SCALA (ÎLE DE CHYPRE), PAR LE DOCTEUR FORLANT (ANNÉE 1853).

MOIS.	BAROMÈTRE[1] (Gay-Lussac).		THERMOMÈTRE (centigrade).		HYGROMÈTRE (de Saussure).		VENTS.	
	9 heures matin.	3 heures soir.	9 heures matin.	3 heures soir.	9 heures matin.	3 heures soir.	9 heures matin.	3 heures soir.
	millim.	millim.						
18......	755 92	755 92	30°	33°	40°	55°	S.	S. O.
19......	755 06	755 28	31	26	38	40	N. E.	S. O.
20......	754 94	754 69	28	31	52	49	S.	S. O.
21......	755 18	755 06	26	28	54	63	S.	S. O.
22......	755 18	755 06	25	26	35	50	N.	S.
23......	754 43	754 59	26	27	42	58	S.	S. O.
24......	754 31	755 06	32	27	58	46	S.	S. O.
25......	755 06	754 94	27	33	49	58	S.	S. O.
26......	754 94	754 82	25	28	50	36	S.	N. O.
27......	754 31	—	30	.	42	.	S.	.
28......	754 24	754 22	31	32	29	45	N. E.	S. O.
29......	754 82	754 18	28	35	50	36	S.	N. O.
30......	754 54	754 78	30	26	47	32	S.	N.
31......	754 70	754 19	33	27	50	36	S.	N.

[1] Les corrections relatives à la température sont faites d'après la table de M. Delcros, et suivant la température donnée par le thermomètre attaché au baromètre; cette température s'est trouvée constamment inférieure à celle indiquée ci-dessus.

MOIS	BAROMÈTRE (Gay-Lussac).		THERMOMÈTRE (centigrade).		HYGROMÈTRE (de Saussure).		VENTS.	
jour.	9 heures matin.	3 heures soir.	9 heures matin.	2 heures soir.	9 heures matin.	3 heures soir.	9 heures matin.	3 heures soir.
	millim.	millim.						
1er	755.72	754.72	30°	29°	25°	35°	N.	N.
2	755.70	754.70	32	32	30	28	N.	N.
3	754.70	754.82	30	31	50	45	S.	S. O.
4	753.82	753.30	30	29	40	35	S.	O.
5	753.70	753.80	34	32	35	48	S.	S. O.
6	755.20	754.07	27	30	44	47	S.	S. O.
7	753.70	754.20	29	28	50	35	S.	O.
8	752.72	752.78	32	31	47	50	S.	S. O.
9	754.22	753.70	32	31	60	28	S.	N. O.
10	754.70	754.10	31	29	40	36	S.	N. O.
11	755.06	754.94	28	26	50	48	S.	S. O.
12	755.06	754.94	30	31	55	49	S.	S. O.
13	754.72	755.06	27	28	53	58	S.	S. O.
14	754.94	754.70	30	28	45	54	S.	S. O.
15	754.70	755.94	30	32	60	48	S.	S. O.
16	755.94	754.94	30	30	28	52	N. E.	S. O.
17	754.82	754.70	30	32	60	52	S.	S. O.
18	754.82	754.56	30	32	55	47	S.	S. O.
19	753.32	752.85	32	35	50	42	S.	S. O.
20	753.32	754.20	29	32	46	50	S.	S. O.
21	755.44	754.32	29	31	58	64	S.	S. O.
22	754.44	753.42	29	29	56	50	S.	S. O.
23	752.11	753.06	34	35	32	28	N.	N.
24	754.82	754.70	30	34	35	44	N. E.	S.
25	754.70	754.56	31	35	40	37	S.	S. O.
26	753.56	752.92	37	39	25	38	N.	N.
27	753.20	753.25	31	36	44	28	N. E.	N.
28	754.70	754.06	31	35	40	36	N. E.	N.
29	755.16	755.45	34	28	23	47	N. E.	S.
30	754.45	753.66	29	32	35	49	N. E.	S.

MOIS.	BAROMÈTRE (Gay-Lussac).		THERMOMÈTRE (centigrade).		HYGROMÈTRE (de Saussure).		VENTS	
JUILLET.	9 heures matin.	3 heures soir.	9 heures matin.	3 heures soir.	9 heures matin.	3 heures soir.	9 heures matin.	3 heures soir.
	millim.	millim.						
1er.....	754 45	754 32	35°	31°	30°	50°	N. E.	S.
2......	754 45	753 85	37	36	35	23	N.	N.
3......	753 56	752 92	33	34	50	50	S.	S.
4......	754 10	753 50	31	30	65	60	S.	S. O.
5......	754 80	752 45	34	31	62	60	S.	S. O.
6......	753 96	753 56	32	32	56	50	S.	S. O.
7......	754 70	754 56	33	33	54	52	S.	S. O.
8......	755 36	755 25	32	35	53	45	S.	S. O.
9......	755 25	754 70	33	31	50	49	S.	S. O.
10.....	753 00	752 20	34	33	25	65	N.	S.
11.....	752 45	752 55	34	32	45	58	S.	S. O.
12.....	753 16	752 20	32	35	60	48	S.	N. O.
13.....	754 05	753 60	32	37	55	25	S.	N.
14.....	754 45	752 60	31	35	48	30	N. E.	N.
15.....	754 56	754 45	33	34	57	50	S.	S. O.
16.....	756 05	755 60	34	34	62	54	S.	S. O.
17.....	756 05	755 65	35	32	25	50	N.	S.
18.....	756 25	755 05	36	35	40	55	S.	S. O.
19.....	755 45	755 32	33	35	50	50	S.	S. O.
20.....	753 55	753 12	34	36	58	45	S. O.	S.
21.....	753 25	753 50	35	39	53	35	S.	N. E.
22.....	754 45	755 80	35	37	40	46	S.	S.
23.....	755 72	754 20	35	34	58	60	S.	S. O.
24.....	753 25	752 20	32	35	50	52	N.	S. O.
25.....	753 92	753 60	33	35	60	46	S. O.	S. O.
26.....	754 10	753 92	34	32	50	58	S.	S.
27.....	754 56	755 80	33	35°	53	49	S.	S.
28.....	755 32	754 32	32	32	28	54	N. E.	S.
29.....	753 06	752 08	35	36	25	39	N.	N.
30.....	753 12	753 26	34	32	55	60	N.	S. O.
31.....	755 32	755 80	34	34	52	48	N.	S. O.

MOIS	BAROMÈTRE (Gay-Lussac).		THERMOMÈTRE (centigrade).		HYGROMÈTRE (de Saussure).		VENTS.	
août.	9 heures matin.	3 heures soir.	9 heures matin.	3 heures soir.	9 heures matin.	3 heures soir.	9 heures matin.	3 heures soir.
	millim.	millim.						
1er	756.43	756.20	33°	36°	55°	35°	S.E.	S.O.
2	756.20	755.40	35	35	50	46	S.	S.O.
3	754.80	754.20	37	33	42	60	N.E.	S.O.
4	753.72	753.08	35	35	60	43	S.	S.O.
5	754.20	753.80	34	36	60	54	E.	S.O.
6	754.32	753.28	34	36	60	50	S.	S.O.
7	753.52	752.20	34	34	62	56	S.	S.O.
8	754.92	751.80	35	36	60	57	S.	S.O.
9	752.72	753.20	34	34	62	55	S.E.	S.O.
10	754.85	754.20	34	34	50	50	S.	S.O.
11	753.25	753.12	21	33	50	47	S.	S.O.
12	757.85	754.45	34	32	44	50	S.	S.O.
13	757.45	756.32	33	34	50	35	S.	N.E.
14	756.92	756.80	35	35	38	50	S.	S.O.
15	756.50	755.85	32	33	46	42	S.	S.O.
16	756.45	755.92	34	35	58	55	S.	S.O.
17	755.85	754.80	34	36	62	45	S.	S.O.
18	754.32	754.20	33	36	56	52	S.	S.O.
19	755.92	754.45	34	34	60	60	S.	S.O.
20	755.92	755.68	34	34	58	45	S.	S.O.
21	756.80	756.68	36	37	48	30	S.	O.
22	756.20	756.08	35	37	64	30	S.	O.
23	755.05	754.08	35	37	60	48	S.	S.O.
24	755.20	754.38	35	32	58	60	S.	S.O.
25	755.72	754.92	33	33	60	52	S.	S.O.
26	755.95	754.32	32	33	60	56	N.E.	S.
27	754.45	753.32	33	34	54	54	S.	S.O.
28	753.64	753.12	42	33	57	51	S.	S.O.
29	754.65	753.80	34	35	.	.	S.	S.
30	755.84	755.60	35	37	50	46	S.	S.O.
31	756.55	756.32	34	34	.	.	S.	S.

MOIS.	BAROMÈTRE (Gay-Lussac).		THERMOMÈTRE (centigrade).		HYGROMÈTRE (de Saussure).		VENTS.	
SEPTEMBRE	9 heures matin.	3 heures soir.	9 heures matin.	3 heures soir.	9 heures matin.	3 heures soir.	9 heures matin.	3 heures soir.
	millim.	millim.						
1er.....	757 60	756 20	35°	32°	.	.	N.	S. E.
2......	766 40	755 60	34	34			N.	N. E.
3......	755 60	755 80	36	34	.		N.	S.
4......	754 92	.	34	.			N. E.	
5......	755 72	755 20	34	35			N.	S. O.
6......	755 20	754 20	35	33			.	S.
7......	754 32	754 60	33	37			S. E.	S.
8......	755 00	754 60	37	36			N.	S.

Du tableau précédent j'ai extrait les moyennes des températures observées. Voici ces moyennes :

Moyennes de la température

de la fin de mai. . . { 28° 7 à 9 heures du matin. / 26 9 à 3 heures du soir.

du mois de juin. . . { 30 6 à 9 heures du matin. / 31 2 à 3 heures du soir.

du mois de juillet. . { 33 3 à 9 heures du matin. / 33 6 à 3 heures du soir.

du mois d'août . . . { 33 7 à 9 heures du matin. / 34 4 à 3 heures du soir.

du commencement de septembre . . { 35 7 à 9 heures du matin. / 33 8 à 3 heures du soir.

On voit que la température est sensiblement la même trois heures avant et trois heures après midi.

En faisant la moyenne de toutes les observations thermométriques de chaque mois (observations du matin et observations du soir), je trouve :

Dans la fin de mai. . . . . 27° 8 de chaleur.

En juin 30 9

En juillet 33 4

En août 34 0

Au commencement de septembre. . . . . 34 .

On voit quelle constance présente la température pendant la saison chaude à La Scala. En moyenne de chaque jour, juin a 3 degrés de plus que la fin de mai; juillet près de 3 degrés de plus que juin; août près d'un degré de plus que juillet, et le commencement de septembre est encore un peu plus chaud qu'août. On remarquera qu'en juin le thermomètre, à neuf heures du matin ou à trois heures du soir, n'est jamais descendu au-dessous de 27 degrés et est monté jusqu'à 39; on verra plus loin qu'à Dali nous avons eu jusqu'à 40 degrés (le 18 juillet à midi). En août, le thermomètre est une seule fois descendu à 31 degrés, et il n'a pas dépassé 37 degrés.

OBSERVATIONS RECUEILLIES DANS LES DIVERSES PARTIES
DE L'ÎLE.

Pendant que M. le docteur Foblant voulait bien dresser dans la ville de La Scala son tableau météorologique, M. Damour et moi, nous parcourions l'intérieur de Chypre, enregistrant des notes sur la météorologie des diverses régions de l'île. Je place ici un tableau qui renferme une grande partie de ces notes.

TABLEAU COMPARATIF DE LA HAUTEUR AU-DESSUS DU NIVEAU DE LA MER, DU MODE D'EXPOSITIO[N] …
DE …

Par Albert Gaudry et …

LOCALITÉS	MÉTÉOROLOGIE				
	LIEUX PRÉCIS des observations météorologiques.	DATE des observations.	HEURE des observations.	DEGRÉS d'un thermomètre à mercure libre et en pleine ombre.	…
				Degrés.	
La Scala	Au 1er étage de l'hôtel de M. Br…raut.	8 septembre	9 heures matin.	37	
Chiti	Jardin de M. Matteï	13 août	Midi	32	Id.
Zoti	Au bord de la mer	26 juin	Midi	29	Id.
Mout	Village	27 juin	5 heures soir	17	Id.
Limassol	Maison des Franciscains	27 juin	11 heures matin	29	Id.
Avdimou	Village	28 juin	7 heures soir	29	Id.
Paphos	Jardin près du rivage de la mer	30 juin	Midi	32	Id.
Caravostasia	Magasins contre le rivage de la mer	11 juillet	Midi	33	Id.
Poli tou Chrysocou	Contre le grand jardin Turc	5 juillet	Midi	32	
Episcopi	Dans le bas du village	28 juin	Midi		
Ysilis	En bas du village, contre le ruisseau	10 juillet	Midi	37	
Lapithos	Au centre du village	15 juillet	Midi	32	
Morphou	Sur le toit du monastère	12 juillet	Midi	33	
Chloraga	Dans le village	30 juin	8 heures soir	27	
Canton	Dans le village	10 août	Midi	30	
Phnicarga	Dans le village	11 août	Midi	32	
Coucla	Au sommet du village	30 juin	4 heures soir	30	
Foungi	Dans la ferme	16 juillet	Midi	26	
Athienou	Au centre du village	24 août	6 heures soir		
Potamu	Contre le ruisseau du village	25 août	Midi	36	
Cornachiti	En haut du village	13 juillet	Midi	30	
Pali	Maison du papa	19 juillet	Midi	30	

...POSITION GÉOLOGIQUE ET DE LA NATURE DES PRODUITS AGRICOLES, DANS QUELQUES LOCALITÉS
...CHE.

(Année 1852.)

MODE D'EXPOSITION	COMPOSITION (GÉOLOGIQUE)	NATURE des PRODUITS AGRICOLES
...t au bord de la mer, faisant face au S. E. Région très-...le et découverte.	Sables	Blés, orges, vesces, cotons, silicaria.
...au bord de la mer. Pointe S. E. Région très-marchande, ...	Sables	Alizaris, légumes, pastèques.
...que plat au bord de la mer, regardant le S. Région très-...de.	Conglomérats et sables	Caroubiers, oliviers.
...que plat, voisin du rivage S.	Étages des calcaires crayeux et des sables.	Caroubiers, oliviers.
...bder le rivage S.	Sables	Oliviers, caroubiers, blés.
...et sur le littoral S.	Étage des calcaires crayeux.	Céréales, caroubiers, tabac.
...ignée par la mer du S., protégée par des roches contre ...vents du N.	Calcaire grossier.	Blé, orge, soie, térébenthine.
...sur le rivage N. O., protégée par les mon-...contre les vents du S. et du S. O.	Étage des calcaires crayeux.	Pays en partie inculte.
...té faisant face au S. O., près du rivage O.	Étage des sables et des calcaires crayeux.	Blés, orges, mûriers.
...partie plat, en partie accidenté, sur le littoral S. Arrosé.	Étage des calcaires crayeux et des sables.	Cotons de bonne qualité, citrons, anis, céréales.
...se dirigeant vers la côte N. O. et entaillé à l'O., au S. et ...par des montagnes élevées.	Sables et roches ignées.	Pays en partie inculte. Grands arbres, légumes dans les vallées.
...versant N. de la chaîne du Cynax, abrité par cette chaîne ...le S., rafraîchi par le voisinage de la mer de Caramanie.	Étage des calcaires grossiers.	Oliviers, caroubiers, mûriers, orangers. — Riche végétation.
...plat au centre de la belle plaine de Marplout.	Étage des calcaires crayeux.	Céréales, coton, lin, alizaris.
...littoral N. O. à une demi-heure de marche de la mer.	Calcaires grossiers.	Céréales.
...région S. des monts Olympes. Pays montueux.	Étage des calcaires crayeux. Sables.	Oliviers, ruches à miel, nopals.
...région S. des monts Olympes. Pays montueux.	Étage des calcaires crayeux.	Cotons, caroubiers.
...formant un petit promontoire dans la mer. Littoral S. ...en plein S.; sol très-sec.	Étage des calcaires crayeux, conglomérats.	Blés, orges.
...en plein N. Abrité contre les vents chauds du S. par la ...de Cynax, arrosé.	Calcaires grossiers, calcaires crayeux, marnes.	Oliviers, caroubiers, vignes. — Riche végétation.
...dans l'O. de la plaine de Massacora.	Étage du calcaire grossier, des calcaires crayeux et du gypse.	Blés, orges, menue paille pour les ânes et les mulets.
...coupé par un ruisseau, entouré de collines.	Sables, calcaires crayeux.	Céréales, cotons, sésames.
...légèrement accidenté à la pointe N. de l'île. Exposition au S.	Étage des calcaires crayeux.	Céréales, mûriers.
...Sablier, pays très-chaud.	Calcaire grossier et calcaire crayeux.	Céréales, cotons, oliviers.

	MÉTÉOROLOGIE.				
LOCALITÉS.	LIEUX PRÉCIS des observations météorologiques.	DATE des observations.	HEURE des observations.	DEGRÉS d'un thermomètre à mercure libre ou plein soleil.	
				Degrés.	
Visichia	Dans le village	4 août	Midi	36	
Hagios-Pantelemonos	Dans la cour du monastère	13 juillet	Midi	30	
Hagia-Varvara	Dans la cour du monastère	21 août	Midi	37	
Hagia-Mina	Dans le couvent	22 août	Midi	36	
Pera	Dans la partie N. du village	24 août	5 heures matin		
Tacurdo	Quelques mètres au-dessus du village	17 juillet	Midi	37	
Lithrodonta	Dans la cour du couvent	1er août	Midi	36	
Mathiati	Dans le village	23 août	Midi	38	
Hai-Heraclidi	Dans la cour du couvent	3 août	Midi	35	
Asoutzo	Dans le village	1er juillet	Midi	32	
Drimou	Au centre du village	6 juillet	Midi	28	
Lisso	Près de l'église du village	8 juillet	6 heures soir	27	
Mont-de-la-Croix	À l'extrême sommet de la montagne	26 août	7 heures matin	29	
Galiga	Près de l'église du village	3 juillet	7 heures matin	25	
Mont-Saint-Hilarion	À l'extrême sommet des rampes	16 juillet	8 heures matin		
Candinarga	Dans le village	6 août	8 heures soir		
Omodos	Dans la cour du couvent	9 août	Midi	28	
Chrysoroghiatissa	Au sommet du mont, près du couvent	7 juillet	Midi		
Machéra	Dans le couvent	2 août	Midi	30	
Kiccou	Dans le couvent, au 1er étage	6 août	Midi	30	
Prodromos	Au centre du village	5 août	Midi	28	
Trooditissa	Dans la cour du couvent	8 août	Midi	29	
Mont-Machéra	Extrême sommet de la montagne	2 août	6 heures matin	20	
Mont-Troodos	Extrême sommet de la montagne	8 août	8 heures matin	26	

MODE D'EXPOSITION	COMPOSITION GÉOLOGIQUE	NATURE des PRODUITS AGRICOLES.
…dans la région N. des monts Olympes……	Conglomérat marneux……	Oliviers. – Pays en partie inculte.
…sur le versant S. de la chaîne de Cérines. En plein [arrosé].	Étage des calcaires crayeux.	Oliviers, mûriers, céréales, jardins.
…des monts Olympes. En bas du versant N. du Mont-de[…]	Roches ignées et calcaires crayeux.	Oliviers, vignobles dans le voisinage. – Pays en partie inculte.
…accidenté……	Roches ignées……	Pays riche. Vignes, taillis, céréales.
…x plat. Exposé au N……	Sables tertiaires……	Vignobles de commanderie.
…en plein S., pays brûlant sur le versant S. de la chaîne [de Cérines].	Calcaire compacte et macigno.	Oliviers. — Pays presqu'inculte.
…au N. au-dessous de la région N. du mont Machera……	Roches ignées……	Au N. terres incultes : au S. pays couvert de vignes et d'arbres.
…presque plat, arrosé……	Roches ignées……	Vignobles, oliviers.
…[…] de la région N. des monts Olympes……	Conglomérats et sables fins superposés aux calcaires crayeux.	Oliviers, figuiers.
…région S. O. de l'île……	Étage des calcaires grossiers et des calcaires crayeux.	Mûriers, arbres fruitiers, céréales.
…accidenté. Exposition à l'occident……	Étage des calcaires crayeux.	Mûriers, oliviers.
…accidenté, arrosé……	Calcaires crayeux et roches ignées.	Mûriers, chênes, cistes.
…très-sèche, aride……	Roches ignées……	Pays inculte. – Çà et là quelques pins et des lentisques rabougris.
…formant plateau……	Étage des calcaires crayeux.	Vignobles du vin rosé, céréales.
…(très-élevée), isolée entre le N. et le midi……	Calcaire compacte.	Sol inculte. — Arbustes rabougris, pins.
…montagnes……	Roches ignées……	Pins, différentes sortes d'arbres européens, mûriers, vignobles.
…versant de colline regardant le S. O. Vers le S. O. des [monts] Olympes.	Étage des calcaires crayeux.	Vin noir de première qualité, tabac.
…d'une colline faisant face à l'occident……	Étage des calcaires crayeux et des macignos.	Arbres fruitiers. — Belle végétation. Pins.
…gorge située au-dessous du versant N. du mont Machera [s']ouvrant vers le N. N. O.	Roches ignées……	Forêts de pins, vignobles.
…montueux, ayant de la fraîcheur……	Roches ignées……	Pins, différentes sortes d'arbres européens, vignobles, mûriers.
…près du versant N. E. du mont Tuvalos. Abrité par ce[s] arbres.	Roches ignées……	Pins, arbres divers, vignobles, mûriers.
…d'une gorge située au-dessous du versant S. O. du Tron[…] [coulant] vers le N. O.	Euphotides et serpentines……	Pins, arbres et légumes d'Europe.
…dont le sommet est isolé……	Roches ignées……	Pins disséminés.
…culminant de l'île……	Serpentines……	Presque uniquement couvert de pins et de Pteris aquilina.

TEMPÉRATURE.

Il est sans doute à regretter que les heures d'observation consignées dans notre précédent tableau ne soient pas toutes les mêmes; mais les voyageurs n'ont pas toujours le loisir de s'arrêter à une heure donnée pour faire leurs observations. Contre l'usage généralement suivi, nous nous sommes vus contraints d'adopter l'heure de midi : ce choix a été le résultat de l'ordre de voyage que nous avons dû suivre; car nous partions à la première lueur du jour pour marcher jusque vers les onze heures du matin, moment auquel nous cherchions un abri contre la chaleur trop brûlante du milieu de la journée. Nous avons recueilli plusieurs observations sur les neuf heures ou les dix heures du matin, sur les trois heures ou les quatre heures du soir, et nous n'avons pas trouvé de différences notables avec l'heure de midi. A cette heure, la température est plus élevée dans les lieux exposés au soleil, mais à l'ombre elle varie peu; je dirai même qu'elle est moins accablante, la brise étant plus intense à midi qu'à toute autre heure de la journée.

Nos observations de température ont toutes eu lieu en pleine ombre, l'instrument étant suspendu à l'extrémité d'un fil tenu à quelque distance du mur de la maison, de l'arbre ou du pan de rocher où nous expérimentions. Je n'ai cité aucune expérience faite au soleil, car notre thermomètre marquait seulement 50 degrés, et pendant la journée le mercure parvenait de suite à cette hauteur. Je ferai remarquer ici qu'un voyageur en Chypre est journellement condamné à supporter cette chaleur; car, dans

un pays si dépourvu de végétation arborescente, il cher-
cherait vainement un ombrage.

On devra de ces faits tirer la conclusion que le climat
de la France, dans la Provence elle-même, n'est pas assez
chaud pour faire espérer l'acclimatation facile des végétaux
propres à Chypre. Non-seulement dans cette île les journées
sont brûlantes, mais les nuits amènent rarement quelque
fraîcheur, et la chaleur une heure après le lever du soleil
est déjà excessive. Les habitants ne s'habituent pas à supporter la haute température du climat; l'indolence de la
population doit en grande partie être attribuée à la chaleur. Les animaux eux-mêmes paraissent souffrir. Les volailles marquent leur fatigue en tenant presque constamment les ailes éloignées de leur corps. Les mulets suent
très-peu. Quant aux chameaux, ils transpirent durant la
nuit, mais très-rarement pendant le jour, à l'heure même
où le soleil est le plus ardent; aussi peut-on difficilement
décider les moukres à faire voyager leurs chameaux avant
le lever ou après le coucher du soleil.

Dans les plaines, les hivers sont très-tempérés; le mois
de janvier correspond au printemps du sud de la France;
le mois de mars est le plus froid de tous. Il ne neige jamais. Les orages sont peu fréquents durant la saison d'hiver;
en été ils sont nuls.

Dans les montagnes les neiges et les glaces durent longtemps.

DES HAUTEURS AU-DESSUS DU NIVEAU DE LA MER.

On comprend qu'il n'est pas possible d'obtenir par
des observations directes les moyennes de température de

chaque pays de l'île. Le procédé le plus parfait pour arriver à connaître la température générale consisterait à déterminer parfaitement les moyennes de température de la Scala (au bord de la mer), et de modifier ces moyennes pour les divers points de l'île d'après leur élévation au-dessus du niveau de la mer et d'après leur mode d'exposition.

On a déjà relevé différentes hauteurs : M. de Mas-Latrie[1] a noté celles de Cantara, de Saint-Hilarion, du Stavro Vouni et du Troodos. La carte marine[2], dressée par les Anglais, indique les hauteurs barométriques de plusieurs points de l'île et entre autres des points suivants :

CHAÎNE DU SYSTÈME DE CÉRINES.

Mont Cantara.	2,020 pieds anglais qui font	616ᵐ 00ᶜ
Mont Pentedactylon.	2,480 idem.	755 65
Mont Buffavent.	3,240 idem.	987 34
Mont Élias.	2,810 idem.	856 30
Mont Saint-Hilarion.	3,340 idem.	1,018 62

CHAÎNE DU SYSTÈME DES MONTS OLYMPES.

Stavro Vouni.	2,300 pieds anglais qui font	700ᵐ 81ᶜ
Machera.	4,730 idem.	1,441 23
Adelphe.	5,380 idem.	1,639 28
Troodos.	6,590 idem.	2,007 97

Nous nous étions munis de baromètres à mercure; mais, occupés de travaux divers, forcés à gravir des escarpements où les baromètres à mercure courent toujours de grands risques, nous avons préféré dans nos excursions faire usage d'un baromètre anéroïde. Nous sommes loin de considérer

[1] De Mas-Latrie, dans les *Archives des missions scientifiques et littéraires.* (Mars 1850.)

[2] Carte dressée par le capitaine Thomas Graves, à bord du *Volage*, 1849.

cet instrument comme digne d'être employé par des météo-
rologistes; mais il peut à la rigueur suffire à un géologue
ou à un agronome. Nos observations présentent des différences avec celles de la carte marine de Chypre dressée
dernièrement par les Anglais. Cette carte est l'œuvre d'habiles ingénieurs dont la mission spéciale était de prendre des
mesures exactes. Je conseillerai donc, dans les cas où il y a
dissidence, de préférer leurs chiffres aux nôtres.

Nous avons fait nos calculs barométriques d'après les
tables de l'annuaire de 1853 [1].

Dans notre tableau, les localités sont classées par ordre
de hauteur, de telle sorte que si on les parcourt, commen-
çant par les premières situées au niveau de la mer et finis-
sant par la dernière, point culminant de l'île, on rencontrera
les cinq zones agricoles que j'ai indiquées. Si j'ai parlé de
ces zones dans le chapitre qui a précédé celui-ci, c'est parce
que je les regarde comme dépendant de la configuration
orographique et de la composition géologique plus encore
que des variations de hauteurs. Je vais revenir sur leur
sujet en ce qui concerne la météorologie.

Dans un pays où les montagnes n'atteignent pas de très-
grandes élévations, les distinctions de niveaux ne sauraient
suffire pour expliquer celles des zones agricoles, et il ne
peut en être des montagnes de Chypre comme des Alpes
et surtout des Andes [2].

M. de Candolle a écrit que les différences déterminées
dans les flores par les hauteurs étaient minimes à moins de

[1] *Annuaire pour l'an 1853, publié par le Bureau des longitudes.*
[2] *Des zones de végétation dans les Andes.* — Alcide d'Orbigny, *Voyage dans l'Amérique méridionale.*

1,000 mètres[1]. On doit noter que je ne parle point ici de zones botaniques, mais seulement de zones agricoles, c'est-à-dire de zones où les hommes ont préféré telle ou telle culture; cette remarque est essentielle à retenir.

Si on se plaçait au point de vue de la botanique pure et si on se basait uniquement sur les différences de hauteur, on ne pourrait, en tous cas, restreindre à plus de deux les zones de Chypre : l'une qui comprend les parties basses et les petites hauteurs, l'autre qui embrasse les grandes montagnes.

Aux distinctions parfaitement tranchées des flores de ces deux zones correspond une différence très-réelle entre leurs températures. Le thermomètre à Prodomo, village situé au pied du Troodos, est toujours de quelques degrés plus bas qu'au niveau de la mer, et souvent des nuages planent au-dessus de ce mont, alors que le ciel a conservé au-dessus de la plaine toute la pureté de son azur. Ce fait prouve que le Troodos est assez frais pour pouvoir produire une certaine condensation dans les mêmes vapeurs qui restent presque toujours suspendues à un état invisible au-dessus des parties basses. Ce mont, sur le versant N. de son sommet, présente des enfoncements où la neige se conserve pendant la plus grande partie de l'année: les paysans de Prodomo l'envoient au pacha de Nicosie, et sont ainsi, dit-on, délivrés d'une partie de leurs impôts.

Ayant parcouru au mois de juillet 1853 tout le sommet du Troodos, je n'ai vu aucune trace de neige; elle avait fondu par suite de l'intensité de la chaleur qui a été cette année plus forte que de coutume.

[1] De Candolle, article : *Géographie botanique*, dans le *Dictionnaire des sciences naturelles* (1820).

On sait que l'élévation de la température dépend essentiellement de la facilité que les rayons solaires ont à se réfléchir. Si un pic très-élevé au-dessus du niveau de la mer est entouré de montagnes plus élevées encore, pouvant envoyer sur lui un grand nombre de rayons, ce pic accusera une haute température; si, au contraire, une montagne, comme le mont Troodos, se détache sur un pays isolé au milieu d'une vaste mer, elle marquera une température basse.

DE L'INFLUENCE DES DIVERSES EXPOSITIONS SUR LES PRODUITS

DU SOL.

En Chypre, comme dans tous les pays où le terrain est fortement accidenté, les expositions sont très-variables et déterminent de notables différences dans la végétation des diverses parties de l'île.

Ainsi, le versant sud de la chaîne de Cérines, exposé aux rayons du midi, sur une pente inclinée où la réverbération double l'intensité de la chaleur, ne peut avoir sur les plantes la même influence que le versant nord abrité par la montagne, et rafraîchi par le voisinage de la mer de Caramanie.

A Larnaca, dans le S. O. de l'île, les rayons du soleil viennent frapper les collines blanches qui entourent la base du mont Sainte-Croix; de là, ils se répercutent sur la plaine où ils produisent une chaleur extrême.

Au contraire, Trooditissa est enfoncée dans une gorge entourée de hautes montagnes, dont les sapins contribuent à rendre l'abri plus complet : c'est pourquoi on y trouve sous un ciel brûlant une végétation voisine de celle de la France.

DES PLUIES.

L'île de Chypre ne renferme pas d'importantes rivières; il en résulte que ne pouvant être arrosée par l'eau du sol, elle a plus besoin que d'autres pays de l'eau du ciel.

Les pluies commencent vers le milieu de mars; elles tombent jusqu'à la fin d'avril; à cette époque les champs sont couverts d'une admirable végétation. A partir des premiers jours de mai, les pluies cessent complétement; une sécheresse non interrompue leur succède, bientôt les herbes jaunissent, les fleurs se fanent, et depuis la mi-juin on ne voit plus que des champs dénudés; heureusement, les cotons et les sésames se cultivent pendant l'été, et viennent çà et là embellir quelques campagnes.

Pendant les mois de mai, de juin, de juillet, d'août et de septembre, le ciel ne perd pas sa limpidité; durant ce laps de temps, nous n'avons vu tomber aucune goutte d'eau. Dois-je compter une pluie qui a duré cinq minutes au plus et qui nous a atteints dans la plaine de la Messaorée? C'était un brouillard plutôt qu'une pluie véritable; elle s'échappait d'un petit nuage encadré par le bleu du reste du ciel. Quelquefois, dans la matinée, l'horizon s'obscurcit; mais, lorsque le soleil s'est élevé, les nuages s'évanouissent et se fondent dans l'atmosphère brûlante.

A la fin de septembre, des nuées se forment et se dissipent tour à tour; enfin, elles se condensent et la pluie tombe. Sa chute se continue à petits intervalles jusqu'à la fin de décembre; à cette époque, le ciel reprend sa pureté, les campagnes brillent de tout leur éclat; les fleurs éclo-

sent de toute part. Les mois de janvier et de février passent
pour les plus beaux de l'année.

L'extrême sécheresse des étés de Chypre, et, en général,
des pays orientaux, est le grand obstacle que rencontrent
les agriculteurs; aussi, presque toutes les cultures sont entreprises en hiver.

ÉTAT HYGROMÉTRIQUE DE L'ATMOSPHÈRE.

Si pure que soit l'atmosphère pendant l'été, elle renferme
presque toujours un peu de vapeur d'eau. M. Foblant, dans
le tableau que j'ai présenté, a donné une série d'observations faites pendant plusieurs mois sur un hygromètre de
Saussure.

Dans le climat si régulier de Chypre, la température
varie faiblement et l'hygromètre marque mieux que le
thermomètre l'impression de chaleur produite sur nos organes. Une haute température pendant un temps sec fatigue
moins qu'une température plus basse par un temps humide;
quand l'air est en partie saturé de vapeur, l'évaporation
de notre corps devient difficile: les pores entourés de sueur
se dilatent, la peau mouillée s'amollit et tous les organes
s'énervent.

La nuit, l'évaporation amène à la surface du sol une forte
rosée; nos chapeaux de feutre nous servaient d'hygromètres;
après le coucher du soleil, ils étaient souvent complétement
détrempés. Les rosées sont le salut de la végétation, elles
remplacent en partie les pluies.

VENTS.

Ce serait une erreur que de croire la mer de Syrie unie

comme un lac. Tous les jours, pendant la belle saison, la brise s'élève entre neuf heures et dix heures du matin; avant ce temps, aucun souffle de vent ne parcourt les campagnes; la chaleur est tellement accablante que, si elle durait, les habitants pourraient difficilement la supporter.

La brise qui s'élève augmente jusqu'à midi ou jusqu'à une heure, ensuite, elle diminue jusqu'à trois heures ou quatre heures du soir. Elle est assez forte pour faire moutonner la mer.

M. Foblant, dans le tableau de ses observations météorologiques, a rendu compte des directions quotidiennes des vents, à neuf heures du matin et à trois heures du soir. D'après ce tableau, on voit que le vent le plus fréquent est le vent S. ou S. O. Nous en avons rencontré la preuve en parcourant le littoral du S. et du S. O. de l'île, car tous les arbres se montrent courbés dans la direction de l'E. ou du N. E.

Le vent du N. qui vient de la Caramanie est plus rare que le vent d'O. ou de S. O.; sa chaleur est extrême, son souffle brûle les récoltes.

3° CIRCONSTANCES ÉCONOMIQUES QUI PEUVENT INFLUER SUR LE DÉVELOPPEMENT DE L'AGRICULTURE EN CHYPRE.

DE LA POPULATION.

L'île de Chypre a dans les temps anciens renfermé, dit-on, jusqu'à 3,000,000 d'habitants. Mariti, écrivant en 1791[1], prétendait que de son temps la population était à

[1] Mariti, *Voyage dans l'île de Chypre, la Syrie et la Palestine*, t. I, 1791.

peine de 40,000 âmes; actuellement, elle est au maximum de 200,000[1]. On conçoit par ces chiffres combien Chypre doit être devenue déserte; et, en effet, les bras manquent pour l'exploiter; une grande partie de sa surface est inculte, et les régions cultivées sont entretenues avec peu de soins. Si un agriculteur, disposant de capitaux considérables et consentant à sacrifier son revenu pendant quelques années, emmenait des ouvriers qui missent en valeur ces belles terres jusqu'à présent privées d'une culture intelligente et courageuse, il pourrait réaliser une heureuse spéculation. Cette spéculation, hasardeuse sans doute, aurait, en tous cas, l'avantage de présenter des modèles aux Chypriotes.

En général, l'arpent de terre cultivée se vend de 500 à 1,000 piastres[2]. Les Européens n'ont pas encore donné une impulsion continue à l'agriculture. Entre des mains habiles, Chypre pourrait redevenir rapidement un des premiers pays du monde.

Sur les 200,000 habitants de l'île, deux tiers sont Grecs, un tiers est Turc. On compte un petit nombre de Maronites dispersés dans quatre villages situés au N. de l'île, et dont le plus important est Cormachiti. Ces Maronites sont actifs et industrieux; ils cultivent principalement le blé, l'orge, les vesces, les alizaris et les mûriers.

C'est en Chypre qu'il faut venir étudier les musulmans, tels qu'ils durent être dans les premiers temps de l'islamisme; ils n'ont en rien été modifiés par le contact des Européens. Ils sont religieux et honnêtes, dit-on, pour les affaires d'argent; mais fanatiques, fatalistes, d'une indolence

[1] Quelques personnes évaluent la population à 120,000 âmes seulement.
[2] La piastre de Chypre vaut 22 centimes.

et d'une ignorance qui ne peuvent avoir d'égales. Conquérants de l'île, ils traitent les Grecs dédaigneusement. Ils ont conservé des biens assez considérables provenant, en grande partie, des anciennes exactions exercées sur les raias. On les reconnaît à leur turban blanc ou vert et à leur large ceinture.

Dans les villes de Chypre, comme dans celles de tout l'empire ottoman, les Turcs habitent une partie séparée des infidèles qu'ils évitent, et par le contact desquels ils craignent d'être souillés. Cette séquestration des musulmans sera longtemps un obstacle aux progrès des arts industriels et agricoles. Leurs quartiers se distinguent par les minarets des mosquées, la multitude des palmiers et l'aspect misérable des maisons à fenêtres grillées.

Ces hommes font peu de commerce; ils sont plutôt agriculteurs que commerçants ou industriels.

Comme ils ne boivent pas de vin, ils ne s'occupent pas de viticulture; ils ont seulement quelques vignes dont ils retirent du raisin qu'ils mangent frais ou font sécher.

Les vignobles sont entre les mains des Grecs.

Les Grecs sont considérés comme ayant moins de probité, mais beaucoup plus d'activité et d'intelligence que les Turcs. Ils sont loin d'égaler les Grecs d'Athènes; à Chypre, tout a dégénéré. On ne peut guère retrouver dans cette île les traces de la prospérité des temps antiques; la nouvelle et l'ancienne Paphos sont presque désertes; Amathonte n'existe que dans les souvenirs; des lieux autrefois célèbres, l'Idalie a seule conservé quelque beauté. Si ce n'est dans le quartier grec de la Scala et de Larnaca ou dans le pays environnant Saint-Pantéléïmoné, le sang grec se reconnaît à peine. A Rhizo Carpasso, village situé à l'E. de l'île, les habitants ont des yeux bleus, le teint clair, les cheveux blonds et tombant sur les épaules. Les Grecs de Chypre sont comme les Turcs de taille moyenne; ils portent le même costume, mais leur ceinture et leur turban diffèrent de couleur. Leur vie indolente, la chaleur accablante du climat, que ne rafraîchissent plus les montagnes aujourd'hui déboisées, ont énervé leur force. Je crois pouvoir avancer qu'un paysan français fait plus de besogne à lui seul que quatre Chypriotes.

Les Orientaux ne connaissent pas le prix du temps; la pensée même d'un salaire n'excite pas leur activité. Tout système qui augmente le travail du cultivateur est abandonné; ainsi, on gaule les olives au lieu de les cueillir; ainsi encore, on conserve les grands guindres pour enrouler la soie au lieu d'adopter les petits guindres qui donnent plus de bénéfice, mais exigent plus de tours de roue, c'est-à-dire plus de peine pour produire une même quantité de soie.

Les prêtres grecs (papas) ont une sérieuse influence parmi leurs coreligionnaires; mais la plus grande puissance appartient aux ordres religieux.

Comme l'Europe sous la féodalité, Chypre a élevé de nombreux couvents, où les lumières se conservaient et où le faible cherchait un abri contre les exactions des puissants.

Aujourd'hui, dans une ère plus pacifique, ces couvents servent à réunir les hommes riches et instruits de l'île. Isolés au milieu de pays presque déserts, ils apparaissent de loin en loin comme des débris de civilisation; autour d'eux, les campagnes présentent une culture plus intelligente, des arbres fruitiers se groupent et forment des jardins; le voyageur en y pénétrant reçoit une bienveillante hospitalité.

Les couvents sont pour un étranger un plus précieux asile que les villages, tristes amas de cabanes où les insectes, la fumée, les immondices ne permettent guère de demeurer. En Chypre, comme dans presque tout l'Orient, les maisons servent rarement de logement; ce sont des garde-meubles où l'on serre les ustensiles du ménage, où sont élevés les vers à soie, et où quelquefois s'abritent les animaux domestiques; on couche sur le devant des cabanes ou sur les toits en forme de terrasses qui les recouvrent.

Plusieurs des couvents grecs sont remarquables par le pittoresque de leurs constructions et par la richesse des jardins et des campagnes dont ils sont entourés : je citerai les couvents de Chrysoroghiatissa, de Trooditissa, d'Omodos, du Machera, d'Haï Heracliti, d'Hagia Varvara, dans le centre de l'île; celui de Morphou, dans le N. O.; celui d'Haï Pantéleïmoné, dans le N.; et l'antique couvent de Lapaïs sur la côte septentrionale.

Peu d'étrangers résident dans l'île : les Anglais et les Allemands s'y montrent rarement; les Français et les Italiens sont en plus grand nombre. Presque tous les Européens demeurent à la Scala et à Larnaca; leur colonie est bien composée et jouit depuis de longues années d'une réputation honorable.

DES PRINCIPAUX CENTRES DE COMMERCE [1].

On compte administrativement 600 villes ou villages;

[1] Je rappellerai que le commerce de Chypre roule presque exclusivement sur les produits agricoles.

mais le vulgaire en porte le nombre à 800 ; ces villes et villages sont répartis entre 16 districts.

Nicosie, la capitale de l'île, renferme actuellement
16,000 habitants, presque tous mahométans. Au loin,
isolée dans les grandes plaines de l'île, environnée de vastes murailles entre lesquelles se succèdent d'innombrables
terrasses qu'interrompent les palmiers des jardins et les
minarets des mosquées, cette ville présente un brillant panorama ; mais il suffit de pénétrer dans son enceinte pour y
reconnaître un type de capitale turque, c'est-à-dire de ville
en retard de plusieurs siècles sur nos cités d'Europe.

Les bazars sont approvisionnés d'étoffes à l'usage du pays.
Les marchandises européennes sont assez rares ; comme à
Constantinople, on est frappé du nombre des boutiques de
babouches et autres chaussures en maroquin. En général,
les bazars sont irréguliers, sales et indignes d'être comparés
aux plus misérables marchés de nos grandes villes. Ici, on
voit des bouchers occupés à dépecer des bœufs et des moutons au milieu de troupeaux de chiens qui lèchent le sang
des animaux abattus et attendent qu'on leur jette les débris
inutiles. Là, sont d'immenses accumulations de melons et de
pastèques ; les autres fruits et les légumes sont peu abondants et peu variés.

Les cafés sont encombrés de Turcs accroupis, fumant indolemment le narghuilé ou le chibouk ; les marchands eux-
mêmes, assis sur le devant de leurs boutiques, sont plus
occupés d'aspirer la fumée de leur pipe que de débiter leurs
produits.

La ville renferme plusieurs ateliers ; on fabrique des toiles
de coton coloriées servant pour couvertures et rideaux ; on

fait quelques tissus, et, en particulier, de très-belles étoffes de soie, tels que foulards et pièces pour gilets et pantalons.

Les bains consistent, comme tous les bains turcs, en trois salles : dans la première, on déshabille le baigneur; dans la troisième, on le lave et on le masse; on le ramène dans la deuxième pièce se rafraîchir; enfin, reconduit dans la première salle, il est étendu sur un lit où il fumera le chibouk, boira le café et respirera le parfum du jasmin : ainsi se passent les jours d'un grand nombre d'Orientaux.

Larnaca est la seconde ville de l'île : elle renferme, je crois, 16,000 habitants, y compris la Scala ou la marine, qui est le point de débarquement pour Larnaca. Ces deux villes sont éloignées d'un kilomètre environ; elles sont le séjour de presque tous les négociants européens et de tous les consuls. La quantité de leurs pavillons consulaires leur donnent un aspect particulier. Tandis que Nicosie est une ville complétement turque, la Scala est une ville mi-turque, mi-européenne; aussi, elle est divisée en deux parties distinctes : à gauche, en venant de la mer, est le quartier musulman avec ses bazars, ses maisons à fenêtres grillées, ses minarets et ses palmiers; à droite est le quartier européen avec ses habitations plus vastes et moins misérables, ses boutiques assez bien fournies d'objets européens. Habits, étoffes diverses, couteaux, ciseaux, miroirs, brosses, bouteilles de rhum et surtout savons, élixirs, pommades; tel est le bizarre assemblage de tout magasin désigné sous le nom de *boutique franque*, non-seulement à Chypre, mais dans toutes les petites localités de l'Orient.

Le commerce d'exportation et d'importation d'une grande

partie de l'île se fait à la Scala et à Larnaca; les cotons
y sont sistrés, les balles y sont pressées, on y nettoie
les toisons en suin, on y épluche les pommes de coloquinte.

Comme la Scala n'a pas de port, mais seulement une
rade, les navires ne peuvent être chargés que par l'intermédiaire de petites barques. Il existe à Chypre quelques
maisons de commerce qui sont françaises, et une en particulier fort importante par la considération dont elle est entourée : c'est la maison de M. Jacques Tardieu, négociant de
Marseille, depuis longtemps établi à Larnaca. La position de
quelques-uns de nos compatriotes et le mérite des consuls
successifs de France à la Scala contribuent, sans doute, à
maintenir notre pays dans le rang élevé auquel il est placé.
Un commerçant qui viendrait se fixer à Chypre n'aurait
d'autres points à choisir que la Scala ou Larnaca et peut-
être Limassol. Comme les deux premières villes sont les
centres européens, on y trouve rassemblés les divers objets
de nos pays, et, comme le commerce important de l'île est
fait par les Francs, on y voit réunis non-seulement les
articles d'importation, mais encore les objets d'exportation
envoyés des diverses parties de l'intérieur pour être embar-
qués; il en résulte un grand avantage pour les commodités
de la vie. Chypre est un des pays méditerranéens où la
nourriture est la moins dispendieuse; et c'est dans les bazars
de la Scala que la plupart des bâtiments de Syrie viennent
faire leurs vivres; ils y sont attirés surtout par le bas prix
du vin.

Au S. O. de la ville, s'étendent de vastes salines ou étangs
alimentés par la mer; pendant l'été les eaux s'évaporent et

laissent à sec de grandes quantités de sel qui est amené sur
les bords. Le gouvernement a le monopole du sel et le loue
à des compagnies particulières.

La seconde ville de commerce européen est Limassol :
cette ville est située sur le littoral S. ; elle présente une res-
semblance frappante avec la Scala : même rade à fond de
sable fin, même composition géologique, vastes salines à
gauche en venant de la mer, même exposition au S. E.,
même alignement sur le bord de la mer avec des rues parallèles au rivage ; quartier turc du côté gauche en venant
de la mer, quartier franc du côté droit ; maisons bâties en
pisé, élevées en général d'un étage et terminées par des
terrasses.

Vue de près, Limassol paraît moins importante que la
Scala ; mais elle l'emporte sur cette ville par sa propreté ; les
maisons y sont plus élégamment construites ; les rues sont
pavées avec des galets de la mer ; de chaque côté elles sont
garnies de profondes boutiques qui servent de caves ; dans
ces boutiques sont accumulées des amphores de vin de commanderie et de vin noir. On distille des eaux-de-vie. Limassol
est le grand entrepôt des vins de l'île ; les paysans les
portent à cette ville dans des outres suspendues sur des
ânes et des mulets. Limassol est à égale distance d'Omodos,
dont les coteaux fournissent la plus grande quantité de
vin noir, et de Lefcara, où sont les principaux vignobles
de commanderie.

A peu de distance de la ville s'élève la tour imposante de
Colossi, reste du château que possédait le grand commandeur
de Chypre. Colossi était avant Limassol l'entrepôt des vins.

Limassol est essentiellement un lieu d'exportation ; l'im-

portation y est presque nulle; les articles européens y sont
d'une grande rareté.

Famagouste était sous les Lusignans et les Vénitiens le
port principal de Chypre; cette ville est aujourd'hui un vaste
assemblage de ruines; ses murailles entourées de tranchées
profondes, ses tours élégantes, ses flèches gothiques alter-
nant avec de nombreux palmiers, ses restes d'arceaux, de
colonnades et de fenêtres en ogive, rendent son panorama
une des merveilles de l'Orient. On croirait voir la ville le
lendemain de sa prise par les Turcs; elle est presque complétement déserte, un teskéré du pacha de l'île est nécessaire à un infidèle pour y pénétrer, et encore ne peut-il
en visiter toutes les parties. La population s'est portée à
Varoschia, village situé à deux kilomètres environ; Varoschia est un des lieux les plus fertiles de l'île, il abonde en
productions de toute espèce.

Les Vénitiens, au moment de voir succomber leur ville
de Famagouste, ont fait couler à fond dans son port leurs
vaisseaux chargés d'immenses richesses. Les Anglais, m'a-
t-on dit, avaient fait offrir à la Sublime-Porte de creuser ce
port aujourd'hui comblé; ils se chargeaient de tous les frais
et demandaient seulement comme bénéfice la moitié des
trésors qui seraient retirés. La Sublime-Porte a refusé; et
ainsi la place de Famagouste reste un lieu inabordable au
commerce; elle est visitée seulement par quelques barques
de pêcheurs.

Cérines, ville située sur le rivage septentrional, est baignée
par la mer de Caramanie; il s'y fait quelque commerce
entre Chypre et l'Asie Mineure; on en exporte de grandes
quantités de caroubes. Cette ville est au centre du plus beau

pays de l'île, ayant à sa gauche, en regardant la mer, les admirables campagnes de Lapithos et d'Acheropithos; à sa droite, les ruines du célèbre monastère de Lapaïs entourées de bois d'oliviers, de caroubiers et de mûriers.

DES MODIFICATIONS QUI SURVIENDRAIENT DANS LES PRINCIPAUX CENTRES DE COMMERCE SI LES PRODUITS AGRICOLES AVAIENT DE PLUS FACILES DÉBOUCHÉS.

Il est probable que si les rapports entre l'Europe et Chypre devenaient plus fréquents, Cérines serait appelée à devenir le premier port de l'île; car ce point est le plus rapproché de Smyrne, et les communications entre Smyrne et Chypre sont si imparfaitement établies, que, nous trouvant le 24 avril en face de l'île, nous n'y pûmes débarquer avant le 5 mai. De Cérines à la capitale, la distance est peu considérable. Actuellement, cette ville n'est, en réalité, qu'un misérable village entourant une citadelle turque.

Le peu d'importance commerciale de Cérines, l'extension de Famagouste dans les temps anciens, celle de Limassol et de la Scala dans l'époque actuelle s'expliquent facilement. Les côtes S. d'Asie Mineure, en face desquelles est située Cérines, ne présentent pas d'échelle importante qui puisse amener de fréquentes relations avec l'île. Au contraire, les côtes de Syrie, dont Famagouste et la Scala sont les points les plus rapprochés, ont été fréquentées au moyen âge et sont fréquentées encore aujourd'hui par un grand nombre d'Européens; beaucoup de bâtiments abordent à Jaffa, à Caïpha, à Saint-Jean-d'Acre, à Lataquié, à Tripoli et surtout à Beyrouth. Si le port de Famagouste, plus rap-

proché encore de la Syrie que la Scala et Limassol, était
déblayé, nul doute que le mouvement commercial ne s'y
portât comme autrefois; d'autant plus que la route entre
Famagouste et Nicosie, la capitale, traverse la plus riche
partie de l'île, la Messaorée, vaste plaine où les communications offrent les plus grandes facilités. A la vérité, les
étangs voisins de Famagouste occasionnent des fièvres intermittentes; mais la Scala et Limassol ne sont guère plus
exempts de ces fièvres, et d'ailleurs il arriverait à Famagouste ce qui se passe à la Scala, où la population, en se
multipliant, devient plus soigneuse du sol et rétrécit le domaine des eaux stagnantes pour le livrer à la culture. Je
noterai en passant ce fait singulier que les trois principales
villes qui servent de port à l'île de Chypre ont dans leur
voisinage des marais d'une grande étendue.

Les mêmes causes de mouvement commercial qui ont
amené la puissance de Famagouste et de la Scala ont,
sans doute, déterminé la conservation de Nicosie comme
capitale. Les Turcs, qui évitent le contact des Européens,
ont trouvé dans Nicosie, isolée au milieu d'une vaste plaine,
une tranquillité plus grande que dans une ville visitée sans
cesse par des bâtiments étrangers.

DES PETITS CENTRES DE COMMERCE.

Aux localités qui font le commerce extérieur, je peux
ajouter Caravostasia, sur le rivage N. O. de l'île, vaste
magasin par où s'écoule la plupart des produits des monts
Olympes; le val Pyrgos, situé au-dessous de la ville de ce
nom, servant de point de réunion pour les bois des monts
Olympes qui doivent être exportés; Zii, sur la côte S.

entre Chiti et Limassol, assemblage de quatre ou cinq masures où l'on embarque les caroubes de l'île. Enfin, je citerai la nouvelle Paphos, sur le rivage S. O. de l'île; cette ville succéda à l'antique Paphos, aujourd'hui Conclia. L'ancienne ville resta le lieu consacré aux fêtes religieuses, la nouvelle devint plus spécialement un centre de commerce; sa station est favorable pour les navires. On y voit encore quelques ruines; il reste du port des débris assez nombreux pour que l'on puisse rétablir facilement son ancienne circonscription; à peine quelques barques viennent aujourd'hui mouiller contre ses môles.

Les villes et les villages de l'île, autres que ceux que je viens de citer, s'adonnent seulement au commerce intérieur.

DES MODES DE TRANSPORTS.

Les communications par la voie des rivières sont nulles pendant presque toute l'année. Dans un rapport sur Chypre qui fait partie des Annales du commerce extérieur de 1854, il est dit que « plusieurs rivières procurent des voies de transport assurées entre les montagnes et le littoral pendant toute l'année[1]. » Cette assertion est erronée. J'ai fait le tour de l'île et j'en ai traversé l'intérieur en plusieurs sens. J'ai vu un ruisseau situé près d'Hagia Napa sur le littoral S. O. qui, au mois de mai, renfermait encore des eaux assez abondantes; je ne sais ce qu'il devient en juillet, mais je peux assurer que dans ce mois je n'ai rencontré aucun cours d'eau pouvant servir au transport. A cette époque, j'ai traversé la principale rivière de l'île, le Pidias; elle était complétement desséchée.

[1] Annales du commerce extérieur, 1854; îles turques.

En compensation, la voie de mer sert avantageusement
aux transports; les côtes de Chypre présentent un grand
nombre d'enfoncements où les barques peuvent se mettre
au mouillage.

Les communications par terre dans les diverses parties
de l'île sont faciles pour un piéton ou un cavalier, mais
difficiles pour le transport des articles de commerce : tous
ces objets se transportent à dos d'ânes, de mulets et surtout
de chameaux : on rencontre souvent de longues files de chameaux qui apportent à la Scala des sacs de grains recueillis
dans le centre et dans le N. de l'île. Les chevaux ne sont
pas employés pour le transport des marchandises; on voit
quelques chars traînés par une paire de bœufs, mais il y a
très-peu de chemins où ils puissent passer, et presque partout les sentiers n'ont que la largeur nécessaire pour recevoir les pieds d'une mule. Cependant, de fréquentes traces
d'anciennes voies indiquent de grandes communications;
ces voies seraient rétablies, à peu de frais, leur direction
étant bien marquée par les sentiers qui les ont remplacées.

Chypre présente un avantage bien rare dans les pays
musulmans; c'est la sécurité la plus parfaite. On n'y voit
pas comme dans l'Asie Mineure des Kurdes, et comme dans
la Syrie des Bédouins toujours prêts à piller le voyageur
sans défense. La population de l'île est inoffensive : on
ne parle ni de vol ni de brigandage. On confie à des muletiers des paquets précieux ou des sommes d'argent qui
sont toujours portés exactement à leur destination; nous-
mêmes, malgré la foule qui se pressait en général autour
de notre tente, nous n'avons perdu aucun de nos équipe-
ments de voyage. Nous n'avions pas d'armes avec nous,

tandis qu'en Syrie, nous et nos domestiques ne nous séparions pas de nos fusils et de nos pistolets : cette sécurité de l'île de Chypre est pour le commerce le premier des avantages. Cependant, le fanatisme des Turcs, et surtout de ceux du district de Paphos est si grand, leur peur de voir violer le domicile de leurs femmes est si exagérée, qu'un voyageur doit toujours être sur ses gardes : sans cette précaution, il pourrait, comme nous en avons fait l'expérience à Poli tou Chrysocou, risquer de se voir assailli par un village entier.

DES MALADIES.

Anciennement la peste a causé d'affreux ravages; elle a enlevé à l'agriculture un grand nombre de bras; elle a même fait disparaître quelques villages de la Messaorée : aucun symptôme n'en a paru depuis longtemps.

Les fièvres intermittentes sont très-fréquentes, et elles ont valu à Chypre le renom d'un des pays les plus insalubres de l'Orient. La crainte des fièvres a pu contribuer à en éloigner les Francs : bien peu de négociants d'Europe sont établis dans cette île.

Les fièvres sont, en général, tierces ou quartes; elles commencent avec les grandes chaleurs, elles vont en augmentant d'intensité jusqu'en septembre. Heureusement, les Chypriotes possèdent un excellent médecin, le docteur Foblant, un de nos compatriotes établi à la Scala. M. Foblant m'a dit qu'il était extrêmement rare que des fièvres résistassent longtemps à un traitement intelligent : à Chypre, comme dans tout l'Orient, on prend le sulfate de quinine à des doses tellement fortes que dans nos pays on les croirait plus que suffisantes pour déterminer un empoisonnement. On assure que, dans les climats chauds, la quinine perd en partie ses propriétés dangereuses, et doit être prise à très-grandes doses pour produire son effet. Les fièvres sont plus particulièrement fréquentes à la Scala et surtout à Famagouste. Les refroidissements peuvent leur donner occasion de se manifester [1], mais elles ont leur principe dans les exhalaisons, qui s'échappent des étangs de Famagouste, de la Scala, de Chiti et de Limassol.

Lorsque nous passions en été près des salines de la Scala et de Chiti, nous sentions une odeur fétide due en partie à la putréfaction des sauterelles qui sont venues mourir sur leurs bords. Depuis quelques années, on rétrécit le domaine des marais pour le rendre à l'agriculture et les fièvres deviennent moins fréquentes.

Les étrangers en sont plus spécialement atteints ; un régime régulier peut, dit-on, les en garantir, et il est prudent, pendant les grandes chaleurs, de se soustraire aux rayons du soleil ; cependant, M. Amédée Damour et moi, nous avons continué de voyager pendant les jours les plus chauds de l'année : en juin, en juillet, en août. Nous avions nécessairement un régime très-irrégulier, vivant sous la tente et prenant indistinctement toute nourriture. Nous n'avons eu aucune atteinte de fièvre intermittente ; mais le plus robuste de nos domestiques a été pris d'accès violents pendant une de nos excursions dans l'intérieur de l'île.

[1] Nous avons eu en Palestine une preuve bien frappante de la facilité avec laquelle un refroidissement peut engendrer les fièvres. Par une journée brûlante nous rencontrâmes entre Jérusalem et Ramla une source d'eau. Notre drogman y but à longs traits ; c'était un homme vigoureux, habitué aux

Lorsqu'aux chaleurs du jour succède une nuit rendue humide par des rosées abondantes, le refroidissement peut amener des maladies. Un voyageur devra donc s'abstenir de passer les nuits en plein air; nous avons toujours dormi sous notre tente, c'est peut-être à cette précaution que nous avons été redevables d'avoir évité les accidents.

Paphos, séjour autrefois de tant de voluptés, se signale dans l'île par ses maladies: il n'y règne pas seulement des fièvres intermittentes, mais des fièvres pernicieuses qui enlèvent en peu de jours l'homme le mieux constitué; ces dernières, je dois l'ajouter, sont très-rares. En général, les ophthalmies, qui défigurent la moitié peut-être des fellahs arabes, causent en Chypre très-peu d'accidents, si non comparativement aux pays occidentaux, du moins comparativement aux pays orientaux. Au moyen de voiles et de conserves bleues, les voyageurs se garantissent facilement de la fatigue causée par la réverbération du soleil sur les roches blanches.

Les dyssenteries si terribles en Afrique sont peu dangereuses en Chypre; pour les éviter, il faut suivre, autant que possible, son régime ordinaire, se gardant de l'excès des limonades comme de l'excès des spiritueux, d'une nourriture trop forte comme d'une nourriture trop affaiblissante. Le vin de Chypre, prescrit comme remède très-salutaire contre les fièvres, doit être rejeté ainsi que toute

voyages dès son enfance et qui n'avait jamais subi l'atteinte des fièvres. Comme il prenait sa dernière gorgée : «Je suis perdu, s'écria-t-il, j'ai les fièvres.» En effet, cet homme, parfaitement valide un instant auparavant, ne pouvait plus se tenir droit sur sa monture; sa tête penchait sur sa poitrine, sa peau était en feu; lui et son domestique Soleyman eurent plusieurs accès de la plus grande intensité.

liqueur alcoolique aux premiers symptômes de dyssenterie :
les Orientaux guérissent cette maladie en buvant de l'eau ;
au contraire, ils combattent les fièvres en prenant du café
et du vin de commanderie. J'ai insisté sur ces détails ; car
un voyageur qui, débarquant dans l'île, serait atteint par
les fièvres ou la dyssenterie, pourrait y abandonner ses pro-
jets de négoce et d'industrie.

DES DIVERS ANIMAUX.

Il est peut-être utile de faire connaître les animaux caractéristiques de Chypre. Les renards sont nombreux. L'île
ne nourrit aucun carnassier dangereux ; on n'y voit ni pan-
thère, ni hyène, ni ours, ni loup : on n'y entend pas durant
la nuit des cris de chacal comme dans un grand nombre des
pays du Levant. Les chauves-souris sont très-communes.
On m'a apporté un hérisson comme un animal rare. Les
lièvres abondent. Les lapins sont inconnus. Les rats et les
souris domestiques font leurs ravages en Chypre comme en
tout pays : mais les petits mammifères, qui causent en Europe de si grands dégâts aux champs, aux magasins ou aux
basses-cours, sont presque inconnus dans l'île : c'est un précieux avantage pour l'agriculture. Quelques mouflons errent
dans les bois du Troodos. Des béliers, des boucs, des tau-
reaux, des ânes, des chevaux retournés à l'état sauvage se
cachent dans les taillis des deux pointes extrêmes de l'île :
celle d'Acamas et celle de Saint-André.

Parmi les oiseaux on voit des hiboux, des faucons, des
vautours, une grande variété de passereaux, des perdrix
rouges, des francolins, des tourterelles très-nombreuses,
des cailles et des bécasses.

Les reptiles sont les vertébrés les plus communs de Chypre. Quelques rares flaques d'eau nourrissent des grenouilles. Des ranettes vertes sautent dans les arbustes qui bordent plusieurs des ruisseaux. Les lézards et les cinques pullulent à la surface des campagnes brûlées; de gros geckos parcourent les rochers; des caméléons se cramponnent aux arbres. Les aspics sont rares; mais les couleuvres noires et grises sont nombreuses.

Un seul étang d'eau douce renferme des poissons.

Les insectes abondent; les punaises couvrent les fleurs, les sauterelles désolent les campagnes. Les papillons sont rares. Les moustiques, les cousins, les puces et les punaises se concentrent dans les villes et les villages.

Les crustacés et les annelés sont très-rares; on ne voit presque aucun ver de terre.

Les arachnides ont de nombreux représentants : des araignées, des tarentules, des scorpions.

Les mollusques et en particulier les limaces sont très-rares.

Parmi les animaux que je viens de citer, il en est de très-nuisibles soit à l'homme soit à ses produits; je vais entrer à leur sujet dans quelques détails. L'histoire de ceux qui sont utiles trouvera naturellement sa place dans le chapitre des produits de l'île.

Chypre est réputée comme infestée de reptiles venimeux. Les aspics qu'on y rencontre (*Vipera mauritanica*) sont renflés, de grande taille et de couleur noirâtre; le muséum de Paris en renferme deux individus vivants que M. Foblant vient de lui envoyer. Les serpents, dit-on, ont des crochets d'une force assez grande pour traverser le cuir des chaussures: ils ont fait périr un âne près du lieu

où nous habitions ; de temps à autre, des hommes sont victimes de leurs morsures, et je dois dire que le mot seul
d'aspic (χούφη) glace les Chypriotes de terreur. Heureusement ces serpents sont rares ; le peuple dans ses frayeurs
les confond avec les couleuvres noires : on les rencontre
principalement dans les blés, et, pour les mettre en fuite,
les moissonneurs ont quelquefois la précaution d'attacher
des sonnettes aux faucilles. Ils abondaient autrefois au cap
actuellement nommé *cap des chats*. Pour les détruire, on a
fait venir un bâtiment chargé de chats ; ces animaux sont
les adversaires nés des couleuvres et même, assure-t-on,
des aspics ; ils les saisissent près de la tête et les mettent
dans l'impossibilité de mordre. Au monastère d'Hagia Mina,
près de Lefcara, nous avons trouvé encore une grande
quantité de chats destinés à détruire les reptiles ; on les
nourrissait aux frais de la communauté. J'ai rencontré à ce
sujet dans les écrits d'Étienne de Lusignan[1] un texte trop
curieux pour que je puisse me dispenser de le citer :

« Pour n'oublier comment ce bestial veneneux (aspics)
fut extirpé du susdit promontoire (promontoire des chats),
il fault noter ce qui s'ensuit : à scauoir que le premier
Duc de Cypre, Calocer..... fist bastir vn monastere de
moynes de l'ordre de Sainct-Basile, et donna tout ce promontoire à ce Monastere, à telle conditiõ qu'ils seroient
tenus d'y nourrir tous les iours cent chats pour le moins,
ausquels ils bailleroient quelque viãde tous les iours au
matin et au soir, au son d'yne petite cloche, afin qu'ils
ne mangeassent pas tousiours du venin et le reste du iour

____

[1] *Description de toute l'isle de Cypre*, par R. Père de Lusignan, 1580,
fol. 19.

«et de la nuict allassent à la chasse de ces serpens. Mesme de nostre temps, ce Monastere nourrissoit encore plus de quarate chats; et de là vient qu'on l'appelle encores aujourdhuy le promontoire des chats.»

On m'a montré à Drimon un lieu où habite un serpent crêté que l'on appelle *serpent cornu* (céraste). Ce serpent serait, dit-on, commun près d'une fontaine de Cornachiti. Je n'ai pu le voir, je n'ai même pu avoir sa description, car la croyance au mauvais œil[1] fait que le Chypriote attribue au seul regard d'un serpent le pouvoir de tuer un homme;

[1] L'histoire des superstitions de Chypre et des autres pays de l'Orient mériterait à elle seule de composer un ouvrage à part. Ces superstitions sont comme un débris des fables mythologiques qui, dans ces contrées et dans Chypre principalement, eurent cours si longtemps. Il serait intéressant de chercher à quelles traditions elles se rattachent. Plusieurs, sans doute, dérivent des temps les plus anciens; tel est l'usage qu'ont les habitants des villes et des campagnes de se jeter de l'eau les uns aux autres à la fête annuelle des cataclysmes, qui n'est qu'une transformation de celle où l'on célébrait l'apparition de Vénus naissant de l'écume des flots en face de Paphos. Le jour de cette fête, les flots de la mer sont encore célébrés et sont l'objet de diverses cérémonies.

Parmi toutes les croyances superstitieuses de Chypre, il n'en est pas de plus profondément enracinée et de plus universellement admise que la croyance au mauvais œil. Les accidents causés par le mauvais œil font souvent l'objet des contes si en usage parmi les Orientaux. Un mauvais regard d'une personne qui en aborde une autre suffit pour la tuer, elle, son enfant, sa jument ou pour amener la perte de sa récolte, l'incendie de sa maison. Souvent on a vu des hommes manquer d'être déchirés parce qu'ils avaient jeté sur une autre un regard jugé funeste. Aussi, un grand nombre d'Orientaux, en venant à vous, évitent de vous considérer, mais détournent la tête pour ne pas exciter vos craintes au sujet du mauvais œil. Comme le seul regard dangereux est le premier qui est jeté par la personne que l'on rencontre, on a soin de placer dans une foule de lieux des objets qui attirent de suite la vue: c'est pour cette cause que la plupart des habitations sont entourées de crânes

on n'ose pas fixer le serpent cornu, cependant son existence semble hors de doute.

Les scorpions ne présentent aucun danger; ceux de
Chypre sont d'une espèce plus petite que ceux d'Afrique
(*Scorpio Afer*). Il s'en faut de beaucoup que leur piqûre soit
aussi dangereuse que la morsure de l'aspic; celle-là est
mortelle, tandis que la première n'a jamais, je crois, causé
dans l'île aucun accident grave.

Les sauterelles sont pour Chypre un ennemi plus à
craindre que tous les reptiles: il y a longtemps que ces insectes exercent leurs ravages.

Dans la chronique de Dioméde Strambaldi, qui se trouve
parmi les manuscrits de Rome, et à la Bibliothèque impériale de Paris, M. de Mas-Latrie[1] a rencontré le texte suivant:

«.... Et la cavaletta era assai.....et del 1411 ha ma-
gnato tutta la entrada del' isola, et la calama que fa il
zuccaro et le neranzere et l'arbori de seta. Et in tre anni,
tutta l'isola resto del tutto li arbori nudi, come fosse
d'inverno[2].»

de chevaux et de moutons placés en évidence. Les voyageurs croient au premier abord que ces épouvantails sont destinés à éloigner les oiseaux, mais
ils se convainquent bientôt de leur erreur, en voyant des débris de squelettes
accrochés loin de tout jardin où les oiseaux pourraient commettre des dégâts.

[1] Consulter l'ouvrage remarquable à tant de titres de M. de Mas-Latrie:
Histoire de l'île de Chypre sous le règne des princes de la maison de Lusignan,
1852. Documents, vol. 1ᵉʳ, page 529.

[2] «Les sauterelles étaient très-nombreuses......... et depuis 1411 elles
ravageaient les produits de l'île et la canne qui donne le sucre et les oranges,
et les arbres à soie. Pendant trois années les arbres de toute l'île furent dépouillés comme si on eût été en hiver.»

Une autre chronique, celle de François Amadi et de Diomède Strambaldi, renferme le passage suivant[1] :

« In ditto tempore (1432) era la cavalletta in Cypro... et feva grandissimo danno in le biave et in tutte le verdure[2]. »

Pendant le mois de mai, nous avons rencontré dans la plaine de la Messaorée les bataillons de sauterelles. Les champs où elles séjournent sont impitoyablement ravagés ; céréales, cotons, tabac, mûriers, tout est détruit. Je ne crois pas, comme Hasselqûtz l'écrivait à Linnée en 1751, que les sauterelles s'embarquent sur les bâtiments de la Syrie ou d'Égypte pour arriver à Chypre ; je pense encore moins avec Sonnini que ces insectes puissent être enlevés chaque année par les vents et être ainsi conduits des déserts de l'Arabie jusque dans les plaines de Chypre. Je suppose qu'originairement quelques œufs ont été apportés par les vents ou par un bâtiment ; les sauterelles sorties de ces œufs ont pullulé en Chypre comme quelques souris apportées par des bâtiments européens se sont multipliées dans l'Amérique. La reproduction a dû être incomparablement plus prompte puisque les sauterelles pondent d'immenses quantités d'œufs.

On a essayé de détruire ces insectes ; ils aiment les plaines ouvertes et peut-être des bouquets de bois bien ménagés pourraient les arrêter. Lorsque le vent les pousse sur le bord de la mer, d'un ruisseau ou d'un marais salant, ils périssent par milliers ; nous avons rencontré des régions

---

[1] *Opus citatum*, vol. II, page 78.

[2] « A la même époque, les sauterelles se montraient en Chypre et elles faisaient de grands ravages parmi les céréales et toutes les herbes. »

infectées de leurs dépouilles, et la putréfaction a lieu sur une si grande échelle que nous la croyons capable de contribuer fortement aux exhalaisons fiévreuses des marais salants.

§ II.

ÉTUDE SPÉCIALE DES PRODUITS AGRICOLES DE CHYPRE.

Après avoir parlé des circonstances diverses qui peuvent influer sur l'agriculture dans l'île de Chypre, je vais traiter de l'agriculture elle-même.

Suivant un rapport publié dans les *Annales du commerce extérieur* (1854), les terres cultivées annuellement couvriraient seulement une superficie de 61,300 hectares.

En 1844, M. Fourcade a évalué l'étendue de ces terres à 65,000 hectares. 65,000 hectares, dit M. Fourcade, représenteraient seulement la quinzième partie de l'île. Mais, comme les terrains restent habituellement deux ou trois années en jachères, il y a en réalité trois fois plus de terres cultivées, c'est-à-dire près de 200,000 hectares. Ce chiffre correspond à environ un cinquième de la superficie de l'île. Les terres cultivées sont généralement situées dans le voisinage immédiat des villages, et sont d'une fertilité suffisante pour offrir presque sans travail une récolte à peu près assurée. Tout ce qui est éloigné des habitations, tout ce qui réclamerait quelque engrais est entièrement abandonné.

Dans la carte agricole de Chypre que j'ai dressée avec le concours de M. Amédée Damour, je divise le sol :

1° En champs cultivés;

2° En grandes plantations d'arbres;

3° En vignobles;

4° En jardins ou réunions de petites cultures;

5° En terres incultes boisées ou non boisées.

Je représente les champs cultivés par la couleur verte;

les terres incultes par la couleur brune ; je dissémine des
points verts sur le fond brun, dans les localités qui sont
plus spécialement boisées. Les points verts sont d'autant
plus nombreux que la végétation est moins clairsemée. Les
grandes plantations d'arbres utiles (oliviers, caroubiers, etc.)
sont indiquées par une teinte verte tirant sur le bronze ;
les vignobles le sont par la couleur violette. Quant aux
jardins je les ai marqués en rouge.

Si on compare la carte géologique et la carte agricole,
on verra que leurs divisions correspondent assez exactement
aux zones dont j'ai parlé.

La région des champs cultivés (céréales, cotons, sésames,
alizaris, etc.) se confond, en général, avec la zone des
plaines. J'ai dit que les plaines étaient assises sur des calcaires blancs crayeux, des sables ou des calcaires grossiers.

La région des terres incultes boisées appartient principalement à la zone des montagnes élevées. Les montagnes
sont formées de calcaire dur et compacte dans le N. de
l'île, et dans le S. elles sont constituées par des euphotides,
des serpentines, des diorites et autres roches plutoniques.

La région des terres incultes non boisées s'étend particulièrement sur la zone des collines. Dans le N. les collines
sont formées de macignos, de calcaires blancs crayeux et de
calcaires grossiers ; dans le S., de calcaires blancs crayeux,
de calcaires grossiers et rarement de roches plutoniques.

La plupart des vignes sont comprises dans la zone des
terrains incultes non boisés ou peu boisés du système des
monts Olympes ; elles se trouvent communément à la limite
des roches plutoniques et des calcaires blancs crayeux.

Enfin, les plantations d'arbres (caroubiers, oliviers) établissent la liaison des plaines et des montagnes; elles s'appuient de préférence sur un fond de calcaire blanc crayeux ou de calcaire grossier.

1° DES CHAMPS CULTIVÉS.

Les champs cultivés ont peu de valeur, les bras et les capitaux manquant pour les exploiter : « Jusque dans la fertile plaine de la Messaorée, dit M. Fourcade [1], je connais des propriétés de 100 à 120,000 hectares dont on retirerait à grand peine le prix vénal de 20 à 25,000 francs. »

Les champs cultivés couvrent les plaines et les vallées. On en retrouve des lambeaux sur quelques hauteurs où les indigènes ont incendié les bois : la terre fertilisée par les cendres reçoit des semences de blé, d'orge, etc. Malheureusement, les cultures ne sont pas suivies avec persévérance; quelquefois, après deux ou trois années, elles sont abandonnées de nouveau et l'incendie a été presqu'en pure perte. Ainsi, les collines de la pointe Acamas se déboisent journellement sans profit durable pour l'agriculture.

Les productions habituelles des champs de l'île sont : le blé, l'orge, les vesces, le coton, les alizaris (garances), le sésame, le tabac, le lin, le chanvre, la colocasse, les coloquintes. Je vais traiter chacun de ces points séparément.

BLÉ.

Le blé de Chypre est de bonne qualité; cependant, les anciens l'ont accusé de n'avoir pas de blancheur : « Cyprium (frumentum) fuscum est, panemque nigrum facit [2]. » D'autre

[1] Fourcade, *Mémoire sur l'état de l'île de Chypre en 1844.* (Ouvrage inédit.)
[2] Pline, *Hist. mundi*, lib. XVIII.

part, on voit faire son éloge dans une comédie grecque : il est si agréable au goût qu'il attire les hommes comme la pierre d'aimant et les excite à s'en nourrir :

> Δεινὸν μὲν ἰδόντα παριππεῦσαι Κυπρίους ἄρτους·
> Μαγνῆτις γὰρ λίθος ὡς ἕλκει τοὺς πεινῶντας [1].

Le meilleur froment était celui d'Amathonte : « Excellebat vero triticum Amathusium [2]. »

Dans le xvie siècle on cultivait dans l'île beaucoup de céréales :

« L'isle de Cypre produict grande abondance de bleds fourmens et orges, non seulement pour ses nourrissons, mais aussi pour les autres prouinces qui en viennent quérir de toutes parts [3]. »

Aujourd'hui, le blé de la région occidentale de l'île (district de Paphos) est renommé ; ses grains sont plus pesants que dans les autres districts, moins susceptibles de se gâter ; on le préfère pour l'exportation.

Mariti a cherché à détruire les préjugés qui ont existé en Italie sur le blé de Paphos. Un déchargement considérable s'en étant fait à Livourne, on se plaignit qu'il fût mélangé d'un grand nombre de graines étrangères. Il est vrai que ces graines abondent dans le blé de Chypre, et de là, sans doute, ce mot de Pline : « Le blé de Chypre produit un pain brunâtre. » Cependant, les femmes retirent les impuretés avec le plus grand soin, et, lorsque cette opération a été bien faite, le blé de Paphos devient non-

---

[1] Athenæus, lib. III.

[2] Meursius, *Cyprus*, liber secundus.

[3] *Description de toute l'isle de Cypre*, par R. Père F. Estienne de Lusignan, 1580, fol. 221.

seulement un des plus savoureux, mais encore un des plus beaux de tout le Levant.

On cultive du blé dans presque toutes les plaines de Chypre, mais surtout dans la Messaorée, autour des villages d'Athienau, d'Yvatili, de Lefconico, de Tricomo. Quelquefois on suit la méthode ancienne des jachères, mais souvent aussi on alterne, cultivant une année du blé, une autre année des vesces ou du coton. On sème les blés, soit à la fin de septembre, soit au commencement de janvier. C'est en octobre que tombent les premières pluies. Dans les pays tels que les environs de la Scala où la terre est légère, des pluies prolongées ne développent pas un grand nombre de plantes. Mais, dans le district de Paphos et dans plusieurs parties du Carpas où la terre est forte, les pluies d'automne font lever une extrême quantité d'herbes qui étoufferaient les blés. C'est pourquoi dans ces pays, on attend pour commencer les semailles l'époque où cessent les pluies, c'est-à-dire, les premiers jours de janvier.

Les blés semés sur les terres imbibées d'eau sont les meilleurs: leurs chaumes sont plus forts que ceux des blés semés dans des terres sèches. La moisson se fait entre la fin de mai et le commencement de juin. Hors de la Messaorée, après la récolte, on serre les blés dans l'intérieur des villages; mais dans cette plaine, on les laisse au milieu des champs. Au mois de juillet, on voit les meules s'élever de toute part: elles sont construites avec grand soin. Dans les pays voisins de la mer, on dispose les tiges de telle sorte que les épis soient exposés à l'air; sans cette précaution ils pourraient se détériorer. Passé le 15 août, commencent des rosées abondantes qui les font gâter; aussi, à la suite de la moisson, l'activité des cultivateurs devient très-grande; on se hâte de recueillir les grains.

On ne bat pas les blés, mais on les déchire; c'est à Cormachiti que j'ai vu faire cette opération pour la première fois.

Les maisons du village étaient abandonnées; tous les habitants avaient établi dans la campagne des huttes où ils passaient les nuits, veillant sur la provision de blé qu'ils avaient à préparer. Hommes, femmes, filles et garçons venaient s'abriter et travailler au hachage du blé.

Les huttes sont dispersées de toute part, fort petites, composées de branches et de feuillages figurant un berceau de verdure. Contre ce berceau, on forme sur le sol un cercle très-uni dont le rayon équivaut à une longueur d'environ sept pas. On y dépose le blé tel qu'il est tombé sous la faucille du moissonneur. Un bœuf faisant le manége traîne une herse de bois dont les dents sont des silex allongés et sur laquelle une femme se tient debout; les silex adhérents à la herse rendue lourde par le poids de la conductrice déchirent les blés répandus sur la surface unie du cercle. Lorsque l'instrument a repassé un grand nombre de fois, tous les grains sont tombés des épis et la paille s'est séparée en fragments menus; on réunit le tout et l'on vanne au moyen d'une pelle en bois.

La méthode que je viens de décrire est universellement adoptée en Chypre; comme l'île ne renferme pas de prairies naturelles, il ne s'y trouve pas de foin pour donner aux bestiaux; la paille hachée menu en tient lieu, et les animaux la préfèrent au chaume laissé entier. Mélangée avec quelques grains d'orge, elle compose leur unique nourriture.

Sur le versant S. de la chaîne de Cérines, un cours d'eau fait mouvoir les moulins chargés d'approvisionner de farine les deux grandes villes de l'île, Nicosie et Larnaca. Le blé s'exporte principalement en Turquie et en Grèce.

ORGE.

Ce que j'ai dit du blé s'applique, en général, à l'orge : on le sème un peu avant le blé, soit à la fin de septembre, soit au commencement de janvier. J'ai expliqué d'où viennent ces différences dans l'époque des semailles. On récolte l'orge à la fin d'avril et au commencement de mai : la récolte a donc lieu plutôt que celle du blé. Il en résulte que sa culture est préférée dans les lieux où les désastres causés par les sauterelles sont particulièrement à craindre : cette céréale est souvent récoltée avant l'arrivée de ces insectes, de sorte que l'agriculteur, lors de leur invasion, n'a plus à redouter la perte de son bien.

VESCES.

Les vesces se cultivent dans toutes les plaines de Chypre, mais principalement dans la plaine de Morphou et de Nicosie ; elles servent à faire reposer la terre fatiguée par le blé ou par l'orge ; on les sème en février ; leur récolte a lieu à la même époque que celle du blé, c'est-à-dire à la fin de mai et au commencement de juin.

CANNES À SUCRE.

L'île ne possède plus de cannes à sucre. Du temps des Lusignans et des Vénitiens, il en existait de vastes plantations autour d'Épiscopi, près de Limassol, de Coucha *(l'ancienne Paphos), et sur les bords du golfe de Pentagia. Elles réussissaient aussi bien qu'en Égypte. J'ai trouvé dans l'ouvrage de M. de Mas-Latrie sur l'histoire des Lusignans des détails curieux au sujet du sucre :

« Le sucre, dit M. de Mas-Latrie, était un des principaux revenus et un des grands articles d'exportation de l'île. Les Lusignans firent cultiver avec soin la canne à sucre sur les terres de leurs domaines : et quelques-uns des contrats qu'ils ont passés, soit pour la vente soit pour le raffinement à leur compte de cette récolte, nous sont parvenus (voyez le règne de Jacques le Bâtard). Quand leur trésor fut obéré, ils acquittèrent plus d'une fois leurs dettes en livraisons de sucre [1]. . . .

« La plus grande partie des sucres récoltés dans l'île se fabriquait et se livrait au commerce sous le nom de poudres de sucre ou poudres de Chypre, polvere di Cipro [2].

« Polvere di zucchero sono di molte maniere, ciò è di Cipri, « e di Rodi, e di Soria, e del Cranco di Monreale, e d'Ales-« sandria. E tutti si fanno in pani di zuccheri interi; ma « perchè non sono tanti cotti come gli altri zuccheri, si dis-« fanno e ritornano in « polvere [3] » (Pergolotti, page 364).

« Les sucres étaient coulés et blanchis dans des vases de forme conique, comme les sucres les plus raffinés, tels que

[1] L. de Mas-Latrie, *Histoire de l'île de Chypre sous le règne des princes de la maison de Lusignan*, Documents et Mémoires, vol. II, page 88.

[2] *Idem*, vol. I, page 95.

[3] « Les poudres de sucre sont de diverses sortes : celles de Chypre, celles de Rhodes, celles de Syrie, celles de Cranco de Monréale (Syrie) et celles d'Alexandrie. Toutes ont été originairement des pains de sucre entiers; mais comme ces sucres n'ont point été aussi cuits que les autres, ils se défont et se réduisent en poudre. »

le muscera, le caffetino, le musciatto, le bambillona (du Caire) et le donmaschino (de Damas). Après que le pain destiné à être vendu comme poudre de sucre avait été retiré de sa forme, il était d'usage dans les fabriques de Chypre d'en séparer le sommet, partie la moins pure et la moins blanche. Cette pointe ainsi détachée s'appelait *zamburo*, en français *zambour*. Les restes de pain formaient des cônes tronqués ou pains carrés[1]. »

Suivant M. de Mas-Latrie, il paraîtrait que l'on transportait quelquefois à Venise les cannes triturées, cuites et dégagées de toutes les parties inutiles, pour raffiner ensuite le sucre dans la ville même.

Il est à regretter que l'on ne rétablisse pas les anciennes cultures de cannes à sucre. Près de Seida, en Syrie, j'ai vu des champs de cannes prospérer dans des conditions parfaitement semblables à celles que l'on retrouverait en plusieurs lieux de Chypre.

COTON.

L'étude des cotons dans les pays méditerranéens vient de prendre un intérêt nouveau depuis les essais si fructueux entrepris dans notre colonie d'Afrique. Le coton est depuis longtemps une des cultures les plus importantes de Chypre.

M. de Mas-Latrie[2] cite une délibération du conseil des Pregadi, relative au commerce des Vénitiens et spécialement à celui du coton, du 6 novembre 1358 :

« Praeterea quia ligæ et conventiculæ, quæ factæ sunt et

[1] *Histoire de l'île de Chypre sous le règne des princes de la maison de Lusignan*, par L. de Mas-Latrie, 1852, vol. I, pages 222 et 223.

[2] *Opus citatum*, vol. II, page 89.

« fiunt frequenter in partibus Cipri et alibi super gothonis
« et aliis mercimoniis, utuntur in magnum damnum com-
« munis et sinistrum universitatis, committatur sapientibus
« nuperrime electis quod super hoc provideant et dent nobis
« suum consilium in scriptis cum libertate. »

Par cette mesure, ajoute M. de Mas-Latrie, le conseil se
proposait surtout d'empêcher les coalitions formées souvent en Chypre entre plusieurs armateurs pour accaparer
les récoltes de coton de l'île.

Au xvie siècle, la culture du coton prit une extension
nouvelle :

« Il y aurait, dit Estienne de Lusignan, dauantage de bled
en Cypre, si on ne semoit tant de cotton comme on fait,
estans incitez à ce, tant pour ce qu'il y a moins de trauail
qu'au bled, et aussi qu'ils en tirent plus de profit ; côme
ainsi soit qu'à cause du grand revenu, ils l'appellent l'herbe
ou bois d'or. »

Toutes les parties de l'île où le coton est cultivé peuvent produire de l'orge, du blé, des vesces, mais il s'en
faut que réciproquement tous les champs de céréales puissent donner du coton. Comme on le verra par l'inspection
de ma carte agricole, cette plante est cultivée dans la Messaorée, la plaine de Nicosie et celle de Morphou, un peu
dans les champs des environs de la Scala, ainsi que dans
le district de Paphos, dans le Carpas et dans les petites
plaines qui s'étendent au pied de la chaîne septentrionale
de l'île et bordent la mer de Caramanie (campagnes de
Cérines, de Lapithos).

Le meilleur coton est cultivé autour de Solia et d'Evricou, au pied des monts Olympes; mais les plantations y

sont faites sur une moindre échelle que dans les grandes plaines.

Le seul coton cultivé dans l'île est le coton herbacé (*Gossypium herbaceum* Lin.). Il est renommé pour son moelleux et sa blancheur. Il est de même espèce que le coton de Syrie, mais de qualité supérieure; il est inférieur aux cotons d'Amérique. Le coton nanquin est rare.

Cette plante est bisannuelle. Dans le plus grand nombre des localités, on fait alterner ses semailles avec celles du blé; mais, sur les sols recouverts par le limon des torrents, sa culture se maintient indéfiniment.

Avant de confier les graines à la terre, on les fait tremper pendant un jour dans de l'eau mélangée de fumier de brebis; les graines fermentent et leur enveloppe se déchire plus facilement.

On devrait faire les semailles en mai; malheureusement la crainte des sauterelles les fait, en général, retarder jusqu'en juin: ce retard est la cause d'une grande perte; car, en automne, la fraîcheur des nuits détermine le développement des feuilles, et la chaleur n'est plus assez forte pour faire mûrir complétement les coques.

Les cotons se sèment comme les haricots. On trace des sillons, et le long de ces sillons on réunit ensemble quelques grains de distance en distance. Lorsque les plants ont levé, on enlève les moins vigoureux. La végétation se développe avec une grande rapidité. On bine et on sarcle dans le courant de l'été.

J'ai déjà parlé de la richesse des limons de Chypre; c'est surtout pour la culture des cotons que cette richesse doit être appréciée. Dans les pays où le limon est abondant, il

dispense le cultivateur des engrais et des arrosages; car il
possède en lui-même de l'humus et il retient assez d'humidité pour permettre aux cotons de se développer sans culture. Dans ces localités, il faut seulement, un mois après les
semailles, fermer les crevasses du sol produites par la chaleur, afin que le soleil ne puisse pénétrer jusqu'aux racines
et les dessécher. Au contraire, dans les lieux où le limon
annuel ne se dépose pas, les engrais et les arrosages deviennent indispensables: on doit donner de l'eau tous les
quinze jours et fumer de quatre ans en quatre ans. J'ai dit
que du temps des Lusignans et des Vénitiens les torrents
de l'île étaient à leur arrivée dans les plaines divisés en
petits ruisseaux et rigoles. Ces irrigations sont surtout nécessaires pour les cotons; malheureusement elles sont aujourd'hui négligées. Vers l'époque de la maturité (mi-sep-
tembre), on doit cesser l'arrosage, car alors les feuilles
continueraient à grandir et les coques ne mûriraient pas.

L'agriculteur se réjouit, quand il voit vers l'époque de la
maturité les feuilles jaunir; il s'inquiète, lorsqu'elles restent
vertes et prennent une teinte foncée. Cette apparence est l'indice d'un état nommé dans le pays mavrobambachia. S'il se
prolonge, il amène une maladie que les Chypriotes appellent la mixia, c'est-à-dire la glu : les limons (tel est le nom
que l'on donne aux coques encore vertes), au lieu de développer du coton dans leur intérieur, développent de la glu.

Les pluies prolongées perdent les coques. Le climat de
Chypre leur est singulièrement favorable, les pluies ne
tombant pour ainsi dire jamais depuis mai jusqu'en octobre.
Une chaleur continue leur est nécessaire; elle communique
aux fils du coton leur finesse, leur blancheur et leur moel-

lieux; l'excès de la chaleur serait nuisible. Le vent du N.,
en général brûlant et violent, dessèche les fleurs et les
fruits. Sonnini fait observer que le coton de Chypre est
plus beau que celui des îles de l'Archipel, celui-ci plus
beau que celui de Smyrne, celui de Smyrne plus beau que
celui de Salonique; de telle sorte que cette plante perd
en qualité à mesure qu'elle remonte vers le N. Il en conclut
que ce serait une chimère que de songer à transporter sa
culture dans la Provence[1].

La récolte se fait en octobre; les coques ont 3, 4 ou
5 loges; celles à 5 loges sont les meilleures. Dans les lieux
où les plants sont peu nombreux comme autour d'Evricou
et de Solia, on retire chaque matin le coton des coques
parvenues à maturité. Mouillée par la rosée, la coque se
ramollit et ne se brise pas en fragments qui pourraient
ternir son contenu : ainsi, le coton est apporté aux négociants non à l'état de coque, mais à l'état de coton très-
pur, renfermant encore ses graines.

Dans les localités où les cultures se pratiquent sur une
grande échelle, il serait trop long de retirer le coton de
chacune de ses loges sur la plante même; mais on cueille
les coques entières, puis on les sistre. Cette opération
consiste à les agiter dans un panier formé de roseaux, de
sorte que le coton reste dans le panier, et que les impuretés ou débris des coques passent à travers les intervalles.
Le coton sistré perd beaucoup de son brillant, il se tire
principalement de la Messaorée; il se vend 100 piastres
de moins par quintal que celui d'Evricou et de Solia.

[1] Sonnini, *Voyage en Grèce et en Turquie*. 1801. t. I. p. 73.

Lorsque le coton a été débarrassé de sa coque, il faut encore le séparer de ses graines. Les négociants ont de petites machines disposées en forme de laminoirs. Un ouvrier présente au rouleau du laminoir en mouvement une touffe de coton. Comme l'espace laissé vide entre le rouleau et le plan sous-jacent est étroit, les fils du coton peuvent seuls passer; ils sont emportés et recueillis en avant, tandis que les graines, trop volumineuses pour pénétrer, sont retenues en arrière du laminoir; malgré leur dureté, on les emploie à engraisser les bestiaux.

La Scala, l'échelle de Chypre, où se font la plupart des chargements de commerce, est le lieu d'où l'on exporte les cotons. On y a construit une machine puissante pour diminuer le volume des balles.

Le commerce du coton a beaucoup baissé. Selon Mariti, Chypre en exportait au temps des Vénitiens 30,000 balles; vers le milieu du XVIIIe siècle, elle en exportait encore 8,000 balles; à la fin de ce siècle, en 1791, elle en expédiait 5,000 dans les bonnes années, 3,000 dans les années stériles. Actuellement on est réduit à ce chiffre dans les années ordinaires. Les 3,000 balles qui sortent chaque année se vendent au prix de 95 francs les 100 kilogrammes, c'est-à-dire un peu moins de 1 franc le kilogramme. Pour faire une ocque de coton bon à livrer dans le commerce, il faut 4 ocques de coques de coton brut ou 3 ocques de coton mélangé encore avec ses graines. Cette marchandise est en grande partie envoyée à Marseille.

ALIZARIS.

L'alizari, à proprement parler, est la racine de la ga-

rance employée dans les teintures; mais les agriculteurs du
Levant ont pris l'habitude de désigner aussi sous ce nom
la plante entière. Les habitants de Chypre l'appellent *pina*
(teinture).

Les alizaris sont un des produits les plus importants de
l'île : ils prennent chaque jour une nouvelle extension. Ces
plantes exigent un fond de sable très-fin, homogène, qui
ne soit pas mélangé de cailloux ; elles se plaisent dans les
terrains envahis par le sable de la mer. On en a un exemple
à Varoschia, une des extrémités de la grande série des
plaines centrales de l'île, et sur le littoral de la plaine de
Morphou qui forme l'extrémité opposée de ces plaines.

Les alizaris réussissent également à Chiti, où le sol est
formé d'un sable marin coquillier peu cohérent, très-léger.
En général, on les cultive dans les lieux bas et humides
appelés dans l'île Livadia; car, non-seulement ils exigent
un fond de sable, mais il faut qu'au-dessous du sable leurs
racines rencontrent de l'eau douce à 1, 2 ou 3 pieds de
profondeur[1]. L'eau complétement stagnante serait impropre;
elle doit être courante.

Comme on le voit, il s'en faut que les alizaris puissent
réussir dans tous les terrains. Voici le nom des pays qui en
produisent les plus grandes quantités. Ils sont classés par
ordre, le premier donnant les meilleures qualités :

1° Hagia Irini, près Morphou; les alizaris y sont d'un
rouge intense;

2° Morphou;

3° Sotira, près Paralimni;

[1] Le pic correspond à la longueur du bras considéré depuis la poitrine
jusqu'à l'extrémité des doigts.

4° Haï Serghui (Hagios Serghios).

5° Varoschia, riche village qui s'est élevé en face des ruines de Famagouste;

6° Pays entre Larnaca et Pyla;

7° Chiti, au S. de l'île.

J'ai dit qu'en général à Chypre les terres cultivées coûtaient 500 à 1,000 piastres l'arpent (la piastre vaut 22 centimes); mais la culture des alizaris à Varoschia fait monter les terres à 6,000 et 8,000 piastres. Malgré le manque de bras et de capitaux, cette culture a au moins doublé depuis quinze années.

Un Français, agriculteur distingué de Chypre, M. Georges Bernard, m'a dit qu'un grand nombre de terrains pourraient encore recevoir des plantations d'alizaris : il m'a cité plusieurs localités que j'ai eu l'occasion de visiter moi-même; je nommerai particulièrement Tricomo et Mazoto.

A Rhizo Carpasso, un des grands villages de Chypre, situé vers l'extrémité de la chaîne du Carpas, les paysans ont assuré à M. Georges Bernard qu'il se trouvait de l'eau à un pic et demi de profondeur sous le sable fin. S'il en était ainsi, on rencontrerait de favorables circonstances pour prolonger jusqu'à l'extrémité orientale de l'île la culture des alizaris. Vers l'extrémité occidentale, à Morphou où elle a déjà de l'importance, elle pourrait encore prendre beaucoup plus d'extension.

Cette culture exige de grands soins. La terre, avant d'être ensemencée, doit être remuée jusqu'à la profondeur d'un pic et demi; on se sert pour la creuser de pelles de fer; les gros cailloux sont éliminés; d'abondants engrais sont nécessaires. On emploie les fumiers de moutons et de chèvrés, les seuls qui soient communs dans l'île. Ils ont, dit-on, des effets plus durables que les fumiers de vaches.

Les alizaris viennent par boutures; mais ceux qui résultent de graines sont les plus beaux. Les plantations se font soit en novembre, soit en janvier, soit en février. Les arrosages sont inutiles puisque le sol a un fond d'eau; mais, tous les mois, il faut enlever les mauvaises herbes : c'est là un travail considérable. On fait les récoltes deux ans environ après la plantation; celle qui commence en décembre à la suite des pluies d'automne est nommée récolte d'hiver; celle qui a lieu en juin est la récolte d'été; elle est toujours moins bonne que celle d'hiver.

Après la récolte, on laisse reposer le sol pendant une année, en y cultivant tantôt des pommes de terre, comme à Larnaca, tantôt des pastèques, comme à Chiti et à Varoschia; puis on recommence les plantations d'alizaris.

Les racines de ces plantes parvenues à maturité ont une longueur d'environ un mètre à partir du collet. On ne leur fait subir aucune préparation : seulement on les sèche à l'ombre. Celles que le soleil a desséchées rapidement ont une couleur beaucoup moins belle que les racines desséchées lentement. Si la dessiccation n'était pas complète avant le chargement sur les navires, non-seulement il s'en suivrait pour le négociant une augmentation de frais provenant de l'excédant du poids, mais encore il pourrait se développer une fermentation qui amènerait une combustion lente.

D'après les renseignements de M. Tardieu, l'exportation des alizaris s'élève en moyenne à 100,000 kilogrammes, coûtant chacun 1 fr. 25 cent.

Les alizaris de Chypre sont recherchés en France: ils ne sont pas tous exportés. Une grande partie est consommée dans l'île et sert à teindre les indiennes de Nicosie, objet important de fabrication. Depuis quelque temps, le bas prix des indiennes anglaises a fait tomber celles de Chypre.

SÉSAME.

Le sésame (*Sesamum orientale* Lin.) est abondant.

Les pays qui en produisent particulièrement sont Sofia, Lapithos et Dali. Les champs où il est cultivé sont souvent associés à ceux de cotonnier. Il est employé à faire de l'huile et à composer des gâteaux très-recherchés par les gens du pays; on en exporte une partie à Marseille.

TABAC.

Chypre ne produit pas assez de tabac pour sa consommation; on en importe de Lataquié. Les sauterelles en font de grands dégâts et le dévorent de préférence aux autres végétaux; on le récolte au mois d'août. Il est cultivé sur une faible échelle dans un grand nombre de localités : dans le Carpas, dans les environs de Paphos, dans le village d'Omodos (S. du mont Olympe). Dans ce dernier village il est très-estimé; il coûte 16 piastres l'ocque. Le tabac de Paphos est plus abondant et inférieur en qualité; il coûte 8 piastres l'ocque, c'est-à-dire moitié moins que celui d'Omodos.

LIN.

Les champs de lin sont situés plus particulièrement dans la plaine de Morphou.

CHANVRE.

Sa culture est d'une minime importance.

COLOCASSE.

Inconnue aux cultivateurs européens, la colocasse est répandue dans la Nouvelle-Hollande, dans les Indes et dans les pays du Levant; elle appartient à la famille des Aroïdes, tribu des Caladiées. C'est une plante tubéro-rhizomateuse dont le rhizome remplace habituellement la pomme de terre. L'extrème ampleur de ses feuilles, l'intensité de leur couleur verte, le pittoresque de leur port, donnent à un champ de colocasse un aspect spécial. On en voit dans plusieurs parties de l'île, particulièrement dans le district de Paphos sur le littoral S.

COLOQUINTE.

La coloquinte (*Citrullus colocynthis*) est un produit presque spécial à Chypre et à Jaffa. Cette plante est cultivée à Jéri, mais elle croît naturellement dans plusieurs parties de l'île: on la voit étendre à la surface du sol ses rameaux rampants chargés de feuilles très-découpées; ses fruits verts, rubanés de jaune ressemblent à de petites citrouilles; ils sont connus dans le commerce sous le nom de pommes de coloquinte.

Vers 1791, d'après Mariti, on en récoltait annuellement 100 quintaux de 100 rouleaux par quintal[1]. On en exporte par an 1,500 ocques environ. Elle est envoyée rarement à Livourne, presque toujours à Trieste, d'où elle est expé-

[1] Le rouleau vaut 3 kil. 375 gr.

diée en Hollande et principalement en Angleterre. Les Anglais l'emploient à purger les chevaux; son amertume est extrême. On n'en expédie pas en France où l'on n'a pas la coutume de l'employer; elle coûte 2 fr. 50 cent. le kilogramme, rendue à bord. Avant de charger les pommes on les dessèche, on les pèle comme des pommes ordinaires, et on en ôte les graines afin que leur poids soit moins considérable. Ainsi préparées, elles deviennent fort légères, mais elles sont exposées à se briser et à perdre ainsi une grande partie de leur valeur commerciale; comme l'humidité pourrait les détériorer, on les envoie dans des caisses.

2° GRANDES PLANTATIONS D'ARBRES.

Les grandes plantations d'arbres peuvent se réduire à trois : les plantations de mûriers, d'oliviers et de caroubiers.

MÛRIERS.

Ce n'est pas sans hésitation que je place les plantations de mûriers parmi les grandes plantations de l'île. En effet, ces arbres malgré leur extension couvrent rarement de vastes étendues. Presque tous les villages de l'île, autres que ceux du centre de la Messaorée, des plaines de Morphou et de Nicosie, renferment des mûriers épars entre les habitations. Chaque paysan possède les arbres qui seront chargés de nourrir sa provision de vers à soie.

Je ne m'arrêterai point ici à décrire les plantations de mûriers : j'en parlerai plus loin dans un chapitre spécial.

OLIVIERS.

À la base des collines la terre végétale s'est amassée de

manière à former un sol fertile où croissent de préférence
les oliviers et les caroubiers. Ces arbres forment des bandes
qui séparent presque dans toute l'île les montagnes incultes
des plaines cultivées. Les pays qui produisent les plus nombreux oliviers sont les suivants :

Au-dessous du versant S. de la chaîne septentrionale :

Kythræa, située dans des terres fécondes rassemblées
entre la muraille calcaire du système de Cérines et les
collines découpées, incultes, formées de macignos qui re-
lient la montagne à la plaine de Nicosie. Les plus grosses
olives viennent de Kythræa.

Au-dessous du versant N. de la chaîne septentrionale :

Agathou, situé à l'entrée du Carpas, une des parties de
l'île où les productions sont les plus variées;

Bella Paése, où l'on voit les magnifiques ruines du monastère de Lapais;

Cérines, la principale ville de la côte N.;

Foungi, au pied de Dieu d'Amour, pic le plus élevé de
la chaîne septentrionale;

Lapithos et Vassilia vers la région occidentale de cette
chaîne.

Dans la région N. des chaînes du système central :

Pyrgos, situé vers la base de hautes montagnes et dont
les oliviers sont les plus productifs de l'île; Solia, un des
lieux de Chypre réputés les plus fertiles; Lithrodonta,
voisin du mont Machéra; Lefcara, célèbre par ses vignes
et ses vergers.

Enfin, au-dessous de la région S. du système central de
l'île, une longue bande d'oliviers s'étend depuis Hai Theo-
doro jusqu'à Paphos.

Les habitants de l'île soignent peu ces arbres; au lieu de cueillir les fruits, ils les gaulent comme des noix et cassent ainsi un grand nombre de bourgeons. Ils ignorent l'art d'épurer l'huile; ils réunissent ensemble les olives vertes et celles qui sont trop mûres et gâtées: il en résulte une liqueur si âcre, si forte au goût, que les Européens dans un pays couvert d'oliviers sont obligés de s'approvisionner d'huile de France ou d'Italie. On nous a fait goûter l'huile réputée la plus parfaite de Chypre; elle avait été, nous disait-on, préparée avec de très-grands soins, cependant elle nous a paru de médiocre qualité.

Les oliviers croissent naturellement dans l'île; mais, si on ne les greffe pas, les fruits sont trop petits et ne peuvent être d'aucun emploi. De vastes plantations seraient facilement entreprises; non-seulement les plaines, mais les vallons et même plusieurs des collines basses présenteraient un sol des plus favorables aux oliviers.

Il est à supposer qu'autrefois l'île était couverte d'un nombre beaucoup plus grand de ces arbres. Aux environs de Larnaca, on voit des restes d'immenses réservoirs en forme de citernes, qui sont enduits d'un ciment impénétrable. Sonnini [1] pense que ces réservoirs servaient à conserver l'huile. Plusieurs parties de l'île renferment des oliviers qui présentent tous les caractères d'une extrême vieillesse.

CAROUBIERS.

Le caroubier (*Ceratonia siliqua* Lin.) croît dans plusieurs pays méditerranéens et même en Italie, en Espagne et

____

[1] Sonnini, *Voyage en Grèce et en Turquie*, 1801, t. I.

dans notre Provence. Les Romains en faisaient un fréquent
emploi et se servaient de son fruit comme de poids pour
les mesures grossières. Au moyen âge, les caroubes formaient en Chypre un produit important. Actuellement, le
caroubier est le plus caractéristique et le plus fréquent de
tous les arbres de l'île. On sait qu'il appartient à la famille
des légumineuses (tribu des Caesalpiniées). Il s'élève droit;
son bois est de médiocre qualité pour le chauffage; ses
feuilles sont ailées à 8 folioles sans impaire, dures, luisantes et d'un vert intense.

Son feuillage est un précieux abri pour l'habitant des
campagnes. A part quelques parties des montagnes centrales, Chypre est un pays privé d'ombrages : le mûrier et
l'olivier, si épais qu'ils soient, sont impuissants à arrêter les
rayons du soleil; mais souvent les frondes d'un caroubier
sont devenues pour nous un refuge assuré contre les ardeurs du jour.

Cet arbre porte des gousses analogues à celles des diverses légumineuses. Ces gousses sont nommées keraca par
les Grecs, carouges par les Européens, caroub par les
Arabes. A l'époque de la maturité, elles sont brunes, luisantes, longues de 1 à 2 décimètres; elles forment comme
des pendeloques au-dessous du feuillage. On les exporte
en Russie, en Égypte, en Sardaigne et en Autriche où elles
servent d'aliments aux gens du peuple; on n'en expédie
pas en France. Dans le pays, on en fait manger aux mulets
et aux bestiaux pour les engraisser. L'année précédente
(1852), on a exporté 1.350.000 kilogrammes de caroubiers. La récolte de cette année (1853) est de 5,000,000 de
kilogrammes au prix de 10 centimes (chaque kilogramme).

Ces fruits sont très-sucrés, fades, un peu âpres; je conçois difficilement comment ils peuvent être recherchés en tant de pays. Réunis en tas, ils exhalent une odeur forte et nauséabonde. Leur suc, réduit à l'état sirupeux, devient la base de diverses confitures. Il tient fréquemment lieu de miel. « Il y a en Cypre, dit Estienne de Lusignan, trois sortes de miel, à sçavoir celuy des mousches, succre et carrobes : et auec ces miels et du succre tout pur nos Cypriotes font plusieurs confitures, et en grande quantité qu'ils portent à Rome[1]. »

Aujourd'hui, l'île ne produit plus de sucre, le miel d'abeilles est peu abondant, mais le suc de caroubes est d'un usage journalier.

On emploie encore les caroubes à faire des eaux-de-vie : ces liqueurs conservent le goût peu agréable de leur pulpe.

Il y a vingt-huit ans, le monopole des caroubes appartenait au gouvernement turc. Les paysans apportaient leurs provisions et recevaient un prix proportionné à leur poids. Le gouvernement les payait 8 piastres (1 fr. 80 cent.) les 220 ocques. Comme je l'ai déjà dit, la balance, au lieu de peser 220 ocques en pesait 180. Ce fait était notoire. Le pesage des caroubes du S. de l'île se faisait à Zii sur le littoral S. Les agriculteurs n'étant pas suffisamment indemnisés, ils faisaient périr les caroubiers. Chaque année, un grand nombre de ces arbres disparaissait de la surface de l'île.

Depuis la cessation du monopole, leur culture a repris un rapide développement. Ils croissent naturellement dans toutes les parties; cependant, ils se plaisent davantage dans

[1] *Opus citatum*, fol. 229.

quelques régions : compagnons de l'olivier, ils forment avec
lui les bandes qui séparent les plaines des montagnes. Ils
abondent entre Hai Théodoro et Penta-Como; leurs plantations s'étendent jusque dans le pays des environs de Limassol où ils donnent de très-bons produits.

Du côté de Cérines, sur le versant N. de la chaîne septentrionale, ils sont réunis en grand nombre; mais ils
réussissent moins bien que dans les autres parties de l'île;
leur fruit se réduit souvent dans l'intérieur en une poussière noire. On m'a dit que cette décomposition était fréquente dans les caroubiers du littoral. Ceux des plaines,
placés hors des atteintes des brises de mer, sont les plus
productifs : Lefcara, situé dans le centre de l'île, possède
de très-beaux caroubiers.

3° VIGNOBLES.

Je ne parle pas actuellement des vignobles; j'en traiterai
dans un chapitre subséquent.

4° DES JARDINS OU DES PETITES CULTURES DE L'ILE.

Les jardins et les bosquets de Chypre ont été célèbres
dans l'antiquité :

> ..... Fotum gremio dea tollit in altos
> Idaliæ lucos, ubi mollis amaracus illum,
> Floribus et dulci adspirans complectitur umbra.
>
> Énéide, liv. Ier.

M. de Mas-Latrie, qui a jeté de si vives lumières sur
tout ce qui concerne l'histoire de Chypre au temps des Lusignans, a cité un document curieux. C'est un état de lieux
dans lequel sont désignées toutes les parties d'un jardin de

l'O. de l'île, le jardin de Tenpefcou : l'état de lieux est de
1468.

« Arbres. Poumes granades, sans fruit, CXX. Sicaminies[1]
grans et petis, XXX. Fiers[2], VIII. Poumiers, VIII. Pesco[3],
grant, I. Poumiers de Saint-Johan, II. Olivier petit, I.
Item nolier[4] grant, près du berquil[5], I. Chrosomillies[6],
ancy : grans, II, petit, I, III. Neragies[7] VII : soul, I; après
de l'ostel, VI. Zizifiés[8] VIII. Noliers petits, II. Tradafillies[9],
Bournelies[10], Ordinos[11], II. Rodaquinies[12], XX. Traillies,
ce'est climata[13], IIII. »

Voici une autre description qui date d'une époque un
peu moins ancienne, et que je trouve dans l'histoire de
Chypre d'Estienne de Lusignan (1580).

« Il y a de toutes sortes de fruicts qui sont és autres païs,
excepté des cerises[14] et chastaignes[15], desquels arbres il ne

[1] Des mûriers, συκαμινέαι.

[2] Des figuiers.

[3] Pesco, un pêcher.

[4] Noyer.

[5] Berquil ou bercail, bergerie.

[6] Orangers ordinaires, χρυσόμηλα.

[7] Neragies ou nerangies, orangers dont les fruits sont acides et amers,
νεραντσία.

[8] Jujubiers.

[9] Tradafillies ou triandafillies, τριαντα-φυλλια, des rosiers.

[10] Bournelies, diminutif peut-être de Βουρνία pour Βρυονία, la coloquinte.

[11] Nom inconnu.

[12] Pêchers, ροδακινέαι.

[13] Κλήματα, treilles de vignes.

[14] Il y a quelques cerisiers à Chypre : j'ai vu beaucoup de cerises de mauvaise qualité.

[15] Je n'ai rencontré aucun châtaignier en Chypre. Cet arbre est, dit-on, très-
abondant à Candie.

s'en trouue en tout le royaume plus de deux ou trois : mais en récompense il produit des dattes en grande quantité, des carrobes, des pins, desquels on faict le pignolat, qui sont petits grains, et beaucoup de fruicts aigres de diuerses espèces : principalement de gros cèdres[1], dont aucuns poisent plus de dix liures.

« Il y a aussi des mouses[2] que les Grecs appellent *pommes de paradis*, et n'en voit-on en partie du monde de semblables excepté en Syrie[3]. »

Dans les temps actuels, la simplicité de vie des habitants de Chypre, la lenteur des communications ont conservé dans les divers villages les jardins que le luxe avait créés pendant des jours plus prospères; mais leurs dispositions sont changées et ils ne servent plus qu'à fournir le pauvre habitant des campagnes des produits indispensables à sa subsistance. Les mûriers entretenus à l'entour de presque toutes les habitations donnent aux indigènes la soie, dont ils fabriquent une partie de leurs vêtements; les oliviers leur procurent un fruit qui est la base de leur nourriture.

En Chypre, comme dans la plupart des pays de l'Orient, l'art de perfectionner les plantes d'agrément et de dessiner les jardins est inconnu. On garde les arbres et les fleurs tels que la nature les fait éclore, et on les plante sans distinction d'emplacement et sans régularité; les jardins ne sont que des enclos d'exploitation. Ces enclos appartiennent plus particulièrement aux Turcs : les plus beaux sont ceux

---

[1] Limons.

[2] Bananes. Le bananier est devenu très-rare en Chypre. Au contraire, en Syrie il est aujourd'hui très-abondant.

[3] Chapitre XXXI : Des fruicts des arbres.

de Leíca, de Poli tou Chrysocou, d'Épiscopi, de Menehou, de Chiti, de Nicosie et d'Hagios Panteléïmoné (jardin du convent grec).

Les arbres destinés uniquement au plaisir des yeux sont très-rares. A peine rencontre-t-on quelques cyprès, des platanes, des érables, des tamarix. On voit des mimosas dont les fleurs jaune rosé marcheraient de pair avec nos plus belles fleurs d'Europe. On cultive le *Mimosa farnesiana*, vulgairement appelé *cassie*. Les ricins présentent un remarquable développement. Les lauriers roses et blancs croissent sans culture. Le jasmin à grande fleur blanche répand un parfum véritablement inconnu a nos climats; on détache ses fleurs et on les dispose sur une feuille de palmier pliée de manière que chacune de ses pointes s'engage dans le tube d'une corolle. Les bouquets ainsi formés sont surtout d'usage au sortir du bain. Les chibouks en bois de jasmin sont d'un prix élevé; on les préfère à ceux de cerisier et de citronnier.

Dans plusieurs villages et notamment dans ceux de Lapithos et de Cérines, on prépare de l'eau de rose; les procédés de fabrication sont très-imparfaits. Tout Chypriote quelque peu aisé, voulant recevoir un hôte avec honneur, lui verse de l'eau de rose sur la tête et sur les mains. Chaque ménage possède de petits vases destinés à renfermer ce parfum.

Le henneh, cette plante si commune en Syrie et dont les Chypriotes mêmes font un grand usage, est devenu très-rare dans l'île. La poudre provenant de ses feuilles des-

séchées est employée par les femmes chypriotes qui ont
l'habitude de s'en teindre les ongles et la paume des mains;
elle est, dit-on, astringente et possède la propriété de diminuer la transpiration. Quelques auteurs ont pensé que
cet arbrisseau, nommé aussi *Cyprus*, avait pu donner son
nom à l'île de Chypre. Voici un texte que j'ai trouvé à ce
sujet dans l'histoire de Lusignan :

« Il y a encor en l'isle vn arbre appellé cypre, qui a le
tronc, branches et fueilles semblables à la grenade et ne
porte aucun fruict, sinon des grappes comme la vigne,
quand elle florit ; mais ses fleurs beaucoup plus petites,
plus blanches et odoriferantes : et n'en croist ailleurs qu'en
Égypte. Aussi s'appelle-t-il cypre, ayant prins son nom de
l'isle, ou, comme disent les autres, l'isle de luy. Si l'on
prend des fueilles de cest arbre soient verdes ou seches
et qu'on les face bouillir auec de l'eauë en vn pot, apres
que ceste eauë aura bien bouilly, elle sert a peindre de
couleur d'orange la quenë des chiens et cheuaux des gen-
tils-hommes, comme on y en voit ordinairement. »

Autrefois, les aloès étaient très-abondants. En 1341, un
prêtre allemand, se rendant à Jérusalem, passa par Chypre,
et donna la description la plus pompeuse de l'île; on ne
peut s'imaginer à quel degré de splendeur était alors parvenue cette contrée aujourd'hui si abandonnée. « Il y a,
dit cet auteur, dans telle boutique que ce soit de Famagouste plus de bois d'aloés que cinq chars n'en pourraient
porter. Je ne dis rien, ajoute-t-il, des épiceries; elles sont
aussi communes dans cette ville et s'y vendent en aussi
grande quantité que le pain¹. » Aujourd'hui, les aloés sont

¹ J'ai trouvé cette description dans un remarquable travail de M. de Mas-

très-rares dans l'île. Cependant on voit à Famagouste quelques débris des grandes plantations dont parle le voyageur de 1341. Ces aloès croissent dans le cimetière qui est situé au-dessous de la citadelle.

ARBRES FRUITIERS.

Je passe à l'étude des arbres dont les fruits peuvent servir à l'alimentation; ces arbres sont de beaucoup les plus abondants.

Tous les palmiers de Chypre sont des dattiers. Ces arbres caractérisent les jardins turcs. Ainsi, le quartier musulman à la Scala et à Limassol se distingue à première vue du quartier chrétien par ses nombreux palmiers. Nicosie et Lefca, deux villes presque exclusivement turques en renferment un grand nombre. Les palmiers des villes de Chypre et de Syrie remplacent les cyprès de Smyrne et de Constantinople; leur tige droite, élancée, s'harmonise avec les minarets des mosquées et contribue à la beauté des panoramas si vantés des villes d'Orient. Les dattes de Chypre mûrissent mal comme celles de Syrie.

Les bananiers sont très-rares; ils étaient communs autrefois; leurs fruits portaient le nom de pommes de paradis : « In Cypro etiam poma, quæ paradisi vocant, crescunt miranda, figura cucumeris, magnitudinis visendæ, planta magis quam arbore : cujus folia quatuor palmos habent in latum, longa ad humani corporis staturam, etc. »

Dès les temps anciens, les grenadiers réussissaient si bien qu'on attribua leur plantation à Vénus :

Latrie, intitulé : *Des relations politiques et commerciales de l'Asie Mineure avec l'île de Chypre, etc.* dans la *Biblioth. de l'École des chartes*, t. V, 2e série.

12

. . . . αὗται δὲ ῥόαι
Ὡς εὐγενεῖς· τὴν γὰρ Ἀφροδίτην ἐν Κύπρῳ
Δένδρον φυτεῦσαι τοῦτό φασιν ἓν μόνον[1].

(Melibœa, apud Athenæum, lib. III.)

Les citrons des jardins de Chrysocou et d'Épiscopi (tous deux villages turcs) sont délicieux. Les citrons encore verts ont un goût beaucoup plus fin que les citrons devenus jaunes.

En général, les espèces du genre *Citrus* sont très-variées; dans le chifflik, entre la Scala et Chiti, les orangers sont couverts d'une quantité si grande de fruits qu'on laisse perdre la plupart d'entre eux. On récolte deux sortes principales d'oranges : les oranges communes et les oranges amères employées pour la limonade dont on fait une grande consommation dans tout le Levant. Les pépins de ces oranges amères sont de grosse taille, allongés et striés longitudinalement. Les oranges à chair rouge et les mandarines sont rares.

Les nopals ou figuiers de Barbarie forment les haies des enclos; entremêlés avec des palmiers, ces arbustes composent à eux seuls les jardins turcs de la Scala. Leurs figues servent d'aliment aux gens du pays; elles ne nous ont pas semblé préférables à celles d'Hyères et de Nice.

Les figuiers proprement dits sont abondants. Leurs fruits sont inférieurs à nos figues de la Provence; ils sont loin de présenter la même diversité, ils sont moins juteux, moins tendres. Suivant Pline, on en retirait autrefois du vinaigre :

[1] « Combien sont belles ces grenades; Vénus, dit-on, fut la première à planter en Chypre l'arbre qui porte ce fruit. »

« E Cyprio fico et acetum fit præcellens[1]. »

Les figues les plus renommées sont celles de Lefcara, village célèbre aussi par ses vignes.

Les figuiers de Pharaon (sycomores) sont très-rares dans l'île. On en aperçoit quelques-uns à la Scala. D'après Pline, ils étaient nombreux autrefois[2].

Nous n'avons pas rencontré de jujubiers, de pistachiers (*Pistacia vera*), de noisetiers, de framboisiers ni de groseilliers. Les noyers sont rares.

On voit peu d'amandiers. Les amandes ont une forme allongée; leur coque est très-dure et difficile à casser. Il paraît qu'elles étaient estimées dans les temps anciens :

Διάφοροι δὲ ἀμυγδάλαι γίνονται κἀν Κύπρῳ τῇ νήσῳ παρὰ γὰρ τὰς ἀλλαχόθι καὶ ἐπιμήκεις εἰσὶ καὶ κατὰ τὸ ἄκρον ἐπικαμπεῖς[3].

Les pommiers et les poiriers ne donnent que de mauvais fruits.

Au marché de Nicosie, nous avons trouvé une assez grande quantité de cerises. Ces cerises étaient de très-petite taille; la chair en était dure, leurs pédoncules étaient allongés.

Les fraises sont inconnues.

Les pêches sont de médiocre qualité; elles ressemblent à nos pêches de vignes; leur chair est dure, adhérente au

---

[1] Pline, lib. XV, cap. XVI.

[2] *Id.* lib. XIII, § LXX.

[3] « On voit dans l'île de Chypre des amandes remarquables : elles sont plus allongées et plus recourbées à la pointe que celles des autres pays. » Athenæus, lib. II (dans Meursius, *Histoire de Chypre*, liv. II).

noyau et d'un goût légèrement amer; elles sont en pleine maturité au commencement de juillet.

Les abricotiers offrent trois variétés principales : l'une fournit des fruits appelés *massa-franci* ou assommeurs de Francs, parce que, dit-on, les Francs (Européens) en ont abusé souvent au point de se donner des dyssenteries et même la mort; ils sont de qualité médiocre, fondants, mais peu parfumés, peu sucrés et de petite dimension. La seconde variété donne les abricots proprement dits; ces abricots sont petits et peu parfumés, leurs noyaux sont presque arrondis; ils sont en pleine maturité en juin. La troisième variété produit les célèbres caïchas (appelés *mich-mich* en Syrie); les caïchas sont des abricots de moyenne taille, de teinte jaunâtre; leur goût est très-parfumé, surtout dans la partie de la chair qui touche aux noyaux; ils durent peu de temps (vingt jours au plus). On peut en manger de grandes quantités impunément; ils ne sont pas fiévreux comme les massa-franci, et ne causent pas de dyssenteries. Les caïchas de Chypre ne sont pas assez abondants pour être séchés et devenir, comme à Damas, un article d'exportation. On les cultive plus particulièrement à Varoschia et dans les autres villages de la région orientale de l'île.

Nous avons vu un assez grand nombre de prunes de forme ovale, les unes jaunes et les autres violettes. A part quelques grosses prunes que nous avons trouvées à Yaillia (partie occidentale de l'île) et à Vassilia, près de Lapithos, on ne nous en a présenté que de très-médiocres.

Les raisins sont le fruit par excellence de Chypre. Ils sont délicieux et leurs variétés sont nombreuses; les jardins en produisent de grandes quantités, mais ceux des vignobles leur sont souvent préférés. Tous n'ont pas la peau sèche comme la plupart des raisins des pays chauds : on en voit dont la peau est fine et la chair très-juteuse.

Parmi les fruits de Chypre, il faut remarquer les cucurbitacées. J'ai dit que la coloquinte prospérait dans l'île et s'y développait naturellement. En compensation de ce fruit si amer, le sol produit des melons, des pastèques, des concombres, etc.

Les melons à côtes sont inconnus, mais les melons brodés sont abondants et fort estimés. On vend dans les bazars de la Scala et de Nicosie de grandes quantités de petits melons jaunes, très-régulièrement arrondis, nommés *tambourès*. Ces melons se consomment principalement dans le mois d'août. J'ai rapporté des graines de ces tambourès ; on les a semées dans un jardin de Pierrefitte, près Saint-Denis, chez M. Ernest Labbé, et elles ont donné des produits parfaits.

Les pastèques forment, dans les bazars de Nicosie, d'immenses piles ; on les vend au poids. Ils sont de bonne qualité ; cependant, leur réputation n'égale pas celle des pastèques de Jaffa. On en cultive trois variétés : les unes ont des graines blanches ; d'autres, des graines complétement noires ; d'autres enfin, des graines blanches bordées de noir. Ces différences de couleur ne tiennent pas à un état plus ou moins avancé de maturité. Les pastèques ordinaires ne dépassent guère un diamètre de 4 décimètres ; cependant, M. Giacometto Mattei nous a dit avoir obtenu dans sa propriété de Tricomo des pastèques dont le diamètre atteignait un mètre. Ces fruits proviennent surtout de Chiti au S. de la Scala et de Varoschia, près de Famagouste.

Les courges sont fréquentes dans les jardins ; on les

voit suspendues aux arbres en forme de bouteilles, de vessies, etc. Les petites servent de poires à poudre, les grandes sont employées comme bouteilles à mettre le vin par les Keradgis et par un grand nombre des habitants de l'île.

Les concombres sont abondants et très-estimés; le peuple s'en nourrit avidement. Nous avons vu des hommes des campagnes manger de suite trois concombres de grosse taille; l'abus de ces fruits et des pastèques amène quelquefois des dyssenteries. D'après le docteur Foblant de la Scala, il faut que le climat de Chypre prédispose bien peu à ces maladies pour que leurs atteintes ne soient pas plus nombreuses au milieu des excès de fruits faits par les Chypriotes.

LÉGUMES.

Les légumes de l'île ne valent pas ses fruits; la raison en est que les premiers demandent des soins, des arrosages, tandis que le soleil se charge seul de faire mûrir les oranges, les citrons, les grenades et les raisins. Sous un climat aussi chaud que celui de Chypre, il faudrait dans les jardins une grande humidité artificielle.

On cultive principalement : des ognons plus féculeux et moins piquants que nos ognons de France[1], des aubergines, des tomates, des pommes de terre, un peu de laitue que l'on ne sait pas faire blanchir[2], des artichauts petits et de mé-

---

[1] Les ognons de Chypre ont beaucoup moins de force que nos ognons de France, et ainsi on s'explique comment les gens du peuple peuvent en manger crus de grandes quantités. Mon assertion est contraire à celle de Pline : «omnibus cœpis etiam odor lacrymosus et præcipue Cypriis.» (Pline, *Hist. mundi*, lib. XIX).

[2] Les auteurs anciens ont fait l'éloge des laitues et du fenouil de Paphos

diocre qualité, des lentilles, des pois, beaucoup de fèves,
des haricots de bonne qualité et surtout des gombauts.

Le gombaut (*Hibiscus esculentus*) est une plante de la famille des malvacées (division des hibiscées). Son fruit se
mange encore vert; il se sert autour des viandes. Il est facile à digérer, diminue l'âcreté des humeurs, et, pour cette
raison, on en fait une grande consommation non-seulement
à Chypre, mais dans tout le Levant. Le gombaut est annuel;
il est semé vers la fin de l'hiver dans les endroits arrosés;
son fruit se cueille depuis la fin de juin jusqu'en septembre.
On dit qu'il peut réussir dans le midi de la France.

On consomme encore à Chypre le macho, graine qui
remplace les lentilles et se mange en purée. On le cultive
principalement auprès de Dali contre les champs de coton.

Les asperges, les choux [1], les choux-fleurs, les épinards
et la chicorée sont très-rares. Cependant, Sonnini a vanté
la beauté des choux-fleurs de l'île.

3° PAYS INCULTES.

Ils sont figurés en brun sur ma carte agricole. Les pays
que je représente comme incultes ne sont pas tous dépourvus de végétation; dans plusieurs d'entre eux croissent
naturellement des arbres et des plantes dont les hommes
tirent parti.

J'ai jeté des points verts dans les régions où la végétation
présente un assez grand développement pour mériter d'être
signalée. J'ai mis un plus ou moins grand nombre de points,
selon que la végétation se montre plus ou moins abondante.

[1] Columelle (lib. XI, cap. III) a parlé d'une espèce de chou spécial à l'île :
« Est et (brassica) Cypri generis, ex albo rubicunda, levi et tenerrimo folio. »

J'aurais pu ajouter différents lambeaux aux terrains incultes. Comme je l'ai déjà dit, on ne devra pas chercher dans ce travail des détails qui, relevés par un voyageur, ne pourraient avoir une exactitude rigoureuse; mon but a été de faire connaître les ensembles. Dans un pays presque désert comme l'île de Chypre, non-seulement de vastes étendues de pays restent incultes, mais, au milieu même des campagnes les mieux cultivées comme celles de la plaine de Nicosie, de Morphou et même de la Messaorée, on voit de nombreux espaces que les agriculteurs négligent : possesseurs de terrains trop considérables, ils choisissent les sols les plus riches et souvent un champ est isolé au milieu de parties incultes.

Si j'eusse fait un travail de botanique et non de culture, j'aurais sans doute divisé l'île en deux zones : j'en ai déjà indiqué les raisons. Mais mon but unique est de faire connaître l'état de l'île, au point de vue agricole ; aussi dans l'énumération des produits des pays incultes, je conserverai la classification des cinq zones dont j'ai parlé dans mes études sur les régions cultivées.

1. ZONE DES PARTIES BASSES.

Les terres basses laissées incultes présentent très-peu de végétation. Cependant, contre le rivage S. O. du côté d'Hagios Georgios, on voit les arbres des collines descendre jusque dans les vallées du bord de la mer et former de petits bois ; c'est là une exception. La végétation des plaines incultes n'est guère représentée que par des arbrisseaux et des plantes peu élevées, dont la plupart sont brûlées pendant la saison chaude, de telle sorte que la terre est à nu sur d'immenses

espaces ; en vain les yeux du voyageur habitué à la richesse
de nos campagnes d'Europe cherchent quelques massifs
d'arbustes, ils ne rencontrent pendant les jours d'été qu'une
aridité désolante. Durant l'hiver, les anémones, les renon-
cules, les jacinthes, les narcisses croissent de toutes parts ;
on exporte chaque année un grand nombre de plantes à
ognon.

Pendant le mois de juin, deux plantes de genres très-
différents, le *Statice sinuata*[1] et le *Cardopatium orientale* parent
de leurs touffes bleues la plaine de la Messaorée.

Le *Salsola echinus* est élevé de quelques décimètres ; ses
masses épineuses couvrent les campagnes brûlées par le soleil de juillet.

L'*Alagi Maurorum* est caractéristique des sols sablonneux.

Les gros ognons du *Scilla maritima* encombrent les
champs ; en août on les voit produire une tige élancée surmontée d'une fleur, qui de loin figure un panache blanc.

Les plantes, qui dominent dans les plaines pendant les
chaleurs, sont en général des espèces sèches et hispides,
telles que celles de la famille des borraginées (*Echium,
Heliotropium europæum*) et des chardons.

Dans la famille de ces derniers, représentée à Chypre
par les plus belles et les plus nombreuses espèces, je dois
citer l'artichaut sauvage (*Cynara horrida*). Au mois de mai,
les paysans en portent de grandes quantités à Nicosie et à
Larnaca où il est fort recherché. Il est élevé de $0^m,08$ en-

---

[1] J'ai composé un herbier des plantes de Chypre. M. Spach a bien voulu
se charger de déterminer ces plantes. Les noms d'espèces que je présente
sont extraits du catalogue de ce savant botaniste.

viron. Sa fleur est grosse, de couleur violette. La partie comestible de son calice est plus délicate et plus tendre que dans les artichauts cultivés.

Les sables des environs de Varoschia et de Famagouste sont remplis de petites *Centaurea pumila*, dont les fleurs roses s'épanouissent en mai.

L'*Echinops spinosus*, qui porte à l'extrémité d'une très-longue tige une fleur formant une petite sphère bleue, abonde dans le lit des torrents desséchés (mois d'août).

Le *Scolymus hispanicus* étale ses fleurs jaunes dans les champs de Larnaca.

Un autre chardon, le *Picnomon acama*, avec ses feuilles couvertes de longs piquants effilés et colorés en jaune vif, figure une plante chargée d'aiguilles d'or.

Les carlines sont caractéristiques des parties les plus desséchées de l'île ; leurs fleurs sont naturellement si peu aqueuses qu'elles n'ont pas sensiblement changé d'aspect dans mon herbier, après plusieurs mois de dessiccation.

Le *Laganichium stephanianum*, aux feuilles légères comme la feuille la plus découpée de mimosa, couvre de grands espaces entre Larnaca et Nicosie.

Le caprier (*Capparis spinosa*) croît sur les talus, au bord des chemins.

Le tamarix, cultivé dans plusieurs jardins, prospère dans les sols sablonneux de l'île. Nous l'avons particulièrement remarqué au N. de Larnaca. Les feuilles sont tellement salées que tout insecte évite de s'y poser.

Le *Ziziphus lotus* abonde dans les environs de Larnaca, du côté des salines ; il est haut de trois à quatre pieds, très-épineux, portant des fleurs blanches. Les Chypriotes

prétendent que c'est avec ce petit arbrisseau que l'on a
formé la couronne du Christ : on sait qu'une espèce de
Ziziphus, différente de celle-ci, porte déjà le nom de *Ziziphus
spina Christi*.

Le myrte compose de nombreux buissons. Celui de Paphos
a été chanté dans les temps antiques :

> . . . Hi Paphias myrtos a stirpe recurvant
> Et pastorali meditantur prœlia trunco [1].

Les deux plantes les plus belles et à la fois les plus communes dans les vallées incultes sont le laurier-rose et le
Vitex agnus castus.

Pendant la saison chaude, le laurier-rose (*Nerium oleander*)
est la principale parure de Chypre ; il borde les torrents et
se prolonge jusqu'au bord de la mer à travers les sables
brûlants. En juin et en juillet, il est couvert de fleurs ; en
août, les fleurs font place aux graines : il s'élève rarement
sur les montagnes et semble se plaire dans les régions
basses. Sur le littoral S. entre le cap Grec et Hagia-Napa,
comme sur la côte septentrionale du Carpas, on en voit des
touffes qui marquent au loin le lit des ruisseaux desséchés.

Le *Vitex agnus castus* partage avec le laurier-rose le domaine des plaines ; comme lui, il croît de préférence au
bord des torrents et s'élève rarement au-dessus des petites
collines. Son abondance est extrême : il est élevé de 3 mètres
environ. Ses fleurs sont inodores, bleues, violettes ou
blanches ; elles s'épanouissent en juillet, vers l'époque où
se fanent celles des lauriers.

Plusieurs des cours d'eau sont bordés d'un épais fourré

[1] Stace. *Theb.* lib. IV.

de roseaux (*Typha latifolia*) que les habitants emploient à faire les claies où sont élevés les vers à soie; ces roseaux atteignent de très-grandes hauteurs.

Des végétaux plus petits garnissent souvent le bord des ruisseaux : tel est le *Mentha pulegium* dont les fleurs sont d'un rose violacé (vallée d'Acheropithos, Forni). Dans les eaux croissent plusieurs plantes, le *Sysimbrium nasturtium* ou cresson, le *Lepidium latifolium*, le *Veronica anagallis*.

2. ZONE INTERMÉDIAIRE ENTRE LES PLAINES ET LES MONTAGNES.

J'ai fait savoir que sur les points où les montagnes se joignent aux vallées, la terre végétale est souvent tombée des hauteurs et a formé des bandes très-fertiles ; ces bandes ont été choisies par les Chypriotes pour les plantations des oliviers et des caroubiers. Elles m'ont semblé former une zone assez tranchée pour mériter d'être signalée; mais on conçoit que cette zone est purement agricole ; je ne peux donc lui assigner une flore spéciale.

3. ZONE DES PETITES HAUTEURS.

Un grand nombre des petites hauteurs est presque complétement dépourvu de végétation. Je citerai comme exemple la bande des monticules de macignos qui longent sur le versant N. et sur le versant S. les calcaires compactes de la chaîne de Cérines; ces macignos ou grès grisâtres, tabulaires, forment une bande large d'une heure et demie de marche entre la chaîne de Cérines et les plaines de Morphou, de Nicosie et de la Messaorée. Ils sont composés d'une alternance de strates endurcis et de strates à l'état presque meuble. Il résulte de cette structure irrégulière que les eaux ont eu de grandes facilités pour les entamer, et, en effet, ils sont tellement ravinés et déchirés qu'il serait difficile d'y établir quelque culture.

On peut encore classer parmi les pays presque entièrement dépourvus de végétation une partie des collines de calcaires crayeux qui entourent le massif des monts Olympes et forment des prolongements du côté de Dali. La terre végétale, glissant sur leurs pentes leur est journellement enlevée; la fraîcheur ne s'y fait plus sentir comme dans les hautes montagnes, de telle sorte que le sol est à la fois peu fertile et desséché.

Les collines sont fréquemment couvertes d'arbres isolés, de taillis ou même de bouquets de bois. M. Fourcade évalue à 80 ou 90,000 hectares les parties montueuses où croissent de petits taillis fort maigres. On voit des bouquets de bois au cap Saint-André (extrémité orientale du Carpas), et dans quelques lieux du S. O. de l'île où les arbres se prolongent sur les collines. En dehors de ces points exceptionnels, on ne rencontre sur les petites hauteurs que des taillis peu élevés, souvent rabougris. J'en citerai particulièrement dans la partie S. O. de l'île du côté de Paphos et d'Hagios Georgios (région acamantide); dans la région S. O. qui joint Pyla au cap Grec et le cap Grec à Paralimni; aux alentours de la pointe septentrionale de Cormachiti; dans plusieurs parties du Carpas et spécialement entre Tricomo et Camarès. Les arbustes qui constituent le plus habituellement les taillis sont les cyprès, les genévriers et les lentisques.

Le genévrier (*Juniperus phœnicea*) est très-abondant. Linnée a considéré cet arbre comme donnant l'encens; cette opinion a été contestée. Je n'ai pas vu utiliser les baies de *Juniperus phœnicea*.

L'arbre à mastic ou lentisque (*Pistacia lentiscus* Linn.) est caractéristique des parties incultes de l'île, comme le caroubier l'est des parties cultivées. Cette plante est un humble arbrisseau en Grèce et dans la plus grande partie du Levant. Mais à Chypre comme à Chio, elle prend un beau développement : sa taille est plus grande, ses feuilles moins clair-semées et plus larges, ses graines plus nombreuses. Sur les montagnes élevées et peu fertiles, comme le mont de la Croix, elle dégénère; elle aime, en général, la société des autres arbustes, et montre au milieu d'eux plus de force et de vigueur.

C'est sur ses feuilles que nous avons presque uniquement trouvé le bupreste vert, un des plus beaux insectes de l'île.

On sait que le mastic se tire du lentisque. On l'obtient au moyen d'incisions légères faites aux branches; il coule à l'état de larmes, il est jaune, moins translucide que celui de Chio[1], et, pour cette raison sans doute, moins estimé. Les femmes de Chypre se plaisent à le mâcher, tandis que leurs maris s'enivrent de la fumée des chibouks et des narghuilés.

Mélangé à l'eau-de-vie, il forme la liqueur nommé *raki*. Par suite de sa solution dans les alcools, il y semble incolore; mais, comme il n'est pas soluble dans l'eau, il forme un précipité blanc très-intense aussitôt qu'on le verse dans ce liquide : ce petit phénomène charme et surprend les Orientaux, trop ignorants pour en connaître la cause. Le raki est l'eau-de-vie habituelle du pays.

[1] On trouvera des détails sur le lentisque de Chio dans Tournefort, *Voyage du Levant*, vol. II, lettre ix (1727).

Dans les mois de juillet et d'août, les fruits forment de grandes grappes rouges; ils ont un goût de mastic très-prononcé; on en tire une huile avantageuse pour l'éclairage.

Chypre possède un autre pistachier (le *Pistacia terebinthus* Lin.). Cet arbre est aussi rare que le pistachier lentisque est commun; il laisse couler de la térébenthine à travers les fentes pratiquées sur son tronc. Cette substance est à un état visqueux, très-proche de la liquidité. Aujourd'hui, son commerce est entièrement négligé; mais autrefois elle était très-recherchée, on la nommait *térébenthine*, *turbantine* ou *térémantine*; les Vénitiens l'estimaient particulièrement. C'est de Paphos que se tirait presque toute la térébenthine; nous avons vu près de ce village un térébinthe d'une grande beauté.

Les arbousiers (*Arbutus andrachne*) abondent au milieu des massifs de lentisques.

On rencontre aussi quelques rares caroubiers et des oliviers qui croissent naturellement: ces arbres n'étant pas greffés donnent des olives trop petites pour qu'on en puisse tirer parti.

Les collines de l'île laissées incultes sont couvertes au commencement de l'été de cistes et de sauges.

Les cistes (*Cistus creticus*) sont d'une multiplicité extrême: on les retrouve sur tous les monticules de l'île, sur ceux du Carpas, comme sur ceux qui entourent la crête de la chaîne de Cérines et les monts Olympes; ils s'étendent jusque sur les parties les plus élevées de l'île. Leurs grandes fleurs roses embellissent les campagnes; leurs fruits sont des coques dures à surface laineuse; les feuilles allongées, étroites, un peu cotonneuses, sont couvertes de ladanum : si on les presse, elles poissent les mains.

Le ladanum de Chypre a toujours été renommé : on lit dans Pline[1] : « Recentiores ex auctoribus tradunt verum ladanum Cypri insulæ esse. »

Tandis que les chèvres et surtout les boucs broutent parmi les cistes, le ladanum s'attache à leur barbe, et les bergers l'en retirent. Ce mode de recueillir le ladanum n'est pas nouveau, car Pline dit : « Ledon appellatur herba, ex qua ladanum fit in Cypro, barbis caprarum adhærescens. »

« Le ladanum, dit Mariti, est une espèce de rosée qui tombe la nuit sur certaines plantes qui ressemblent à la sauge, et dont la fleur approche des roses sauvages qui viennent dans les haies.

« Le matin de très-bonne heure, avant que le soleil ait dissipé cette rosée, les bergers conduisent leurs troupeaux de chèvres... Le ladanum mûr et visqueux s'attache aux barbes des chèvres[2]. »

Ai-je besoin de faire observer que la rosée n'est pas, comme Mariti le croyait en 1791, la cause de la production du ladanum? Cette substance est sécrétée par la plante, et si les bergers la recueillent de préférence le matin, c'est qu'à ce moment elle se durcit et se sépare mieux que pendant les chaleurs du jour.

Parfois les bergers se munissent de petits balais qu'ils passent sur les cistes afin d'en recueillir le ladanum. Cette substance est noire, elle forme une pâte non plastique. Elle

---

[1] *Hist. mundi*, lib. XII, § xvii.

[2] *Idem*, lib. XXVI.

[3] Mariti, *Voyage dans l'île de Chypre, la Syrie, la Palestine*, 1791, t. Ier.

était autrefois très en usage dans la pharmacie; on s'en sert encore avec succès contre les maux d'entrailles. Elle n'est pas exportée.

Outre les cistes, les collines de Chypre produisent des plantes variées; plusieurs d'entre elles, et particulièrement celles de la famille des Labiées, sont très-odoriférantes et pourraient fournir un miel comparable à celui du mont Hymette, près d'Athènes. Pline a indiqué les abeilles de Chypre comme donnant un miel très-abondant : «Favi gignuntur spectabiles... mellis copia[1].»

Les *Teucrium*, le *Satureia spinosa*, le *Salvia triloba*, le *Stachys italica*, l'*Origanum majorana* embaument les collines de parfums inconnus à nos climats. C'est un fait admis que la chaleur rend plus pénétrantes les essences des végétaux. Telle fleur peu odorante aux environs de Paris donnera à Grasse et surtout en Syrie un parfum très-caractérisé. Voilà pourquoi l'industrie des essences végétales s'est en partie localisée dans la Provence, et pourquoi le miel de l'Hymette est plus parfumé qu'aucun miel de nos climats.

Le miel de Chypre mêlé à l'absinthe passait autrefois pour un remède salutaire dans les douleurs d'entrailles : «Peculiariter (absinthium) ilibus componitur cum cypria cera[2].»

On pourrait citer sur les collines de l'île un grand nombre d'autres plantes : le *Poterium spinosum* qui couvre de vastes espaces, le *Chironia centaurium*, des *Dianthus*, des *Silene*, etc.

4. ZONE DES HAUTEURS MOYENNES.

Les hauteurs moyennes de l'île, parmi lesquelles je com-

---

[1] Pline, *Hist. mundi*. lib. XI. § xiv.

[2] *Idem*, lib. XXVII § xxviii.

prends les montagnes inférieures à la zone des pins, sont abandonnées dans la plus grande partie de leur étendue; l'absence de culture n'y provient pas de la stérilité du sol, mais de la rareté des habitants et de la difficulté des transports. Si les régions basses l'emportent sur les parties hautes par l'abondance de leurs produits, celles-ci surpassent les premières par la qualité.

Le pays de Paphos en est un exemple. Lorsqu'on vante les blés, le tabac et surtout les mûriers de Paphos, on entend parler non pas des environs de ce village, misérable ruine d'une grandeur depuis longtemps déchue, mais on désigne le district de ce nom, c'est-à-dire le district le plus montagneux de Chypre. J'ajouterai qu'après la plaine de Lapithos et de Bella Paése, nuls pays de l'île ne donnent des produits si variés qu'Évricou et Galata, situés dans la région N. des monts Olympes.

Dans leurs parties inférieures, les montagnes se lient insensiblement aux collines; elles sont, comme elles, ou dépourvues de végétation, ou garnies seulement de quelques genévriers, de cyprès et de lentisques rabougris. Mais à mesure que le sol s'élève, l'atmosphère devient moins brûlante, les ruisseaux se dispersent davantage, les escarpements des montagnes forment des ombrages : alors les carlines, les chardons, les vipérines, les statices diminuent, les plantes ne sont plus si coriaces et si desséchées, les arbres se montrent moins grêles et plus nombreux. On en voit apparaître qui étaient inconnus aux régions basses. Ce sont : des platanes (*Platanus orientalis*), des érables à petites feuilles (*Acer cretica*), des rhamnus (*Rhamnus oleoides*), des rhus (*Rhus coriaria*), des styrax à feuilles ovales, à fruits en forme de coques égales en grosseur à de très-petites noisettes (*Styrax officinalis*), des aulnes (*Alnus oblongata*), des peupliers et des saules.

Les chênes sont nombreux et de diverses espèces : l'une a des feuilles extrêmement petites, des glands peu développés, enveloppés entièrement par une cupule garnie de longues écailles, c'est le *Quercus cyprica*. Une autre espèce, le *Quercus infectoria*, porte des feuilles peu lobées, vertes en dessus, mais couvertes en dessous d'une laine brune; les cupules sont armées de longues écailles.

Ces deux chênes sont de petite taille : ils fournissent trop peu de bois pour être d'un produit utile dans les pays tels que la France où le terrain est rare.

Une troisième espèce est plus grande, c'est le *Quercus calliprinos*. Les feuilles sont allongées, lobées, vertes sur la face inférieure comme sur la face supérieure.

Je n'ai pas vu le chêne vallonnée (*Quercus ægilops*), commun dans plusieurs parties du Levant.

Une espèce d'arbousier (l'*Arbutus andrachne*), les aubépines, les genêts, les églantiers, les ronces (*Rubus sanctus*) sont abondants. Ces deux dernières plantes forment des haies que viennent grossir les *Smilax mauritanica* et les chèvrefeuilles (*Lonicera implexa*).

Au milieu des végétaux que je viens de citer, croissent naturellement des caroubiers (*Ceratonia siliqua*), des oliviers dont les fruits sont trop petits pour être utilisés, des lentisques (*Pistacia lentiscus*), des pins (*Pinus caramana*), des tuyas, des genévriers (*Juniperus phœnicea*), des lauriers (*Nerium oleander*), des myrtes, des *Vitex agnus castus*. Ces divers arbustes sont peu nombreux.

Les rares cascades des montagnes sont bordées d'une très-petite plante à fleur violacée, le *Laurentia tenella* et d'*Adiantum capillus* (cheveux de Vénus) ; leurs eaux renferment des conferves et des charas.

C'est sur les points rapprochés de la zone des bois de pins que la végétation se montre la plus vigoureuse et la plus variée ; le voisinage de ces bois rafraîchit l'atmosphère, et lorsqu'une source d'eau vient arroser le sol, lorsque les versants des montagnes empêchent la pénétration d'une partie des rayons solaires, alors le pays rappelle nos climats les plus tempérés : tel est Trooditissa. Situé à la base des escarpements S. du Troodos, point culminant de l'île, ombragé par des bois d'arbres verts, arrosé par une source froide qui s'échappe des cimes de la montagne, Trooditissa paraît comme un lambeau de la Suisse transporté sous le ciel de Syrie ; on y trouve rassemblées un grand nombre des plantes de la zone tempérée froide. Si, dans notre herbier déposé au Muséum, on voit des espèces de nos climats, il ne faut pas, en général, les considérer comme caractéristiques du sol de Chypre : mais ce sont des plantes rares (du moins à l'époque de la saison où nous les avons recueillies), venant de Trooditissa ou de quelque gorge semblable. Je citerai au nombre de ces plantes la morelle (*Solanum nigrum*), la prunelle (*Prunella vulgaris*), la carotte sauvage (*Daucus carota*), la moutarde sauvage (*Sinapis arvensis*), le laitron (*Sonchus oleraceus*), végétaux si fréquents dans toutes les campagnes des environs de Paris.

5. ZONE DES PINS OU DES MONTAGNES LES PLUS ÉLEVÉES.

On rencontre quelques pins disséminés dans plusieurs

parties de l'île, mais ils ne sont abondants que dans les régions les plus élevées : ils constituent dans ces régions une
zone bien marquée.

Sur le sommet du Troodos, ces arbres sont presque les
seuls représentants de la végétation ; à peine rencontre-t-on
quelques rares épines vinettes et çà et là des gazons avec
plusieurs petites plantes de la famille des Composées et des
trèfles de différentes espèces. Ces plantes, durant l'époque
où nous avons visité les monts Olympes (mois d'août), sont
très-rares. Entre les pieds des pins croissent presque uniquement des *Pteris aquilina* ; ces fougères abondent, elles montent
au-dessus du sol jusqu'à la hauteur d'un mètre environ. Elles
caractérisent la zone la plus élevée de l'île ; on ne les rencontre guère dans les autres parties. L'*Aspidium filis mas*,
autre fougère de dimension presque aussi grande et fort
abondante à Chypre, se trouve rarement confondue avec
elle ; il m'a semblé qu'elle appartenait à un niveau un peu
plus inférieur (niveau des moyennes hauteurs ou des chênes,
des platanes, etc.)

Les pins (*Pinus caramana*) croissent naturellement sur les
roches de serpentine, d'euphotide et de dioritine, dont sont
composés les monts Olympes : ils sont plus rares sur les
calcaires marneux. Ces arbres atteignent de grandes dimensions ; ils couvrent de vastes espaces. A en juger par les textes
que j'ai antérieurement cités, les forêts durent avoir dans
les temps anciens une extension beaucoup plus grande qu'aujourd'hui. En effet, Chypre était célèbre par la richesse
de ses campagnes, et quelle que soit la fécondité d'un sol,
il ne peut sans humidité donner d'abondants produits. Autrefois donc l'île devait être plus humide, c'est-à-dire plus

boisée; car l'humidité d'un pays est en rapport avec l'étendue des forêts qui couvrent ses montagnes. En outre, Chypre pouvait construire et équiper complétement un navire; or, des bois de plusieurs sortes entrent dans la constitution d'un bâtiment, et de nos jours l'île ne produit pas en abondance d'autres arbres que des pins. Il est à regretter que tout paysan puisse se donner le plaisir barbare de brûler les arbres verts. Fréquemment dans la montagne, on voit des incendies de pins; la résine alimente la flamme dont la lueur se projette au loin à l'horizon formant un imposant, mais sinistre paysage. Les feux détruisent peu à peu les bois; car, sur un sol naturellement desséché comme celui de Chypre et de la Syrie, les arbres se renouvellent lentement.

Non-seulement les pins sont fréquemment incendiés, mais on les coupe pour les vendre comme bois de construction et comme bois de chauffage. Les bains turcs en consomment de grandes quantités. On charge deux longues poutres de chaque côté d'un âne ou d'une mule; ces transports se font dans des chemins où non-seulement un char ne pourrait passer, mais où les pieds d'un homme ou d'une mule trouvent à peine assez de place pour se poser.

Tout le bois n'est pas consommé dans l'île; une partie est apportée à Caravostasia, grand entrepôt des produits des monts Olympes; on en rassemble aussi dans la rade de Pyrgos; sur ces points on en charge des bâtiments qui l'exportent en Syrie[1].

---

[1] Les pins sont plus spécialement destinés à l'exportation; le peu de bois qui provient des autres arbres de Chypre est employé pour le chauffage dans l'intérieur de l'île; ce bois est surtout fourni par les caroubiers, les oliviers

Je ne crois pas que les Francs s'occupent du commerce des planches de Chypre; cette industrie est abandonnée aux bâtiments grecs et turcs.

On exploite depuis les temps antiques la résine des pins du Troodos. « Cypria (resina) antecedit omnes; est autem melleo colore, carnosa [1]. »

Les Chypriotes entament l'écorce des arbres et la résine coule abondamment au-dessus de la fente qui a été pratiquée. Je crois que les arbres des pays chauds en donnent plus que ceux des pays froids; l'élaboration des sucs s'y fait d'une manière plus complète : il en serait des arbres comme des fleurs qui, dans les contrées dont la température est élevée, donnent plus de parfums et fournissent aux abeilles un miel plus abondant que dans les climats froids.

La résine recueillie sur les arbres est très-blanche et très-pure. Lorsque l'on coupe les branches des pins et qu'on les chauffe dans un four, la résine se fond et s'écoule par toutes les fentes du bois; alors elle est noircie par la fumée qui se dégage pendant l'opération et ainsi elle perd de sa valeur; on donne à celle qui est ainsi préparée le nom de poix. Le peu de soin avec lequel on entaille les arbres pour

les chênes, les érables, les genévriers, les lentisques, etc. L'histoire d'Estienne de Lusignan renferme des renseignements précis sur les bois de l'île employés, en 1572, pour le chauffage : « Quant aux bois dont l'on vse pour le chauffage coustumièrement, on prend des oliviers, carrobes, cyprès, vorats, qui sont presque semblables aux cyprès, pins, les arbres qui portent les graines dont on faict l'escarlate, le lentisque, spallate, chesne, platane, myrthe et autres tels, qu'il m'est impossible de nommer en latin, françois ou italien, ouy bien en la langue grecque, usitée pour le iourd'hui en Chypre. Les noms donc d'iceux sont steraches, pernaires, mosfiglies et semblables bois forts et durs. »

[1] Pline, *Hist. mundi*, lib. XIII, § xx.

en retirer la résine détermine souvent leur mort. J'ai vu
de magnifiques pins entamés jusque dans l'intérieur de
l'aubier.

ANIMAUX UTILES.

Je m'occuperai d'abord des animaux domestiques (gros
bétail, menu bétail, volailles); je terminerai par quelques
mots sur le gibier et le poisson d'eau douce.

ANIMAUX DOMESTIQUES.

Estienne de Lusignan décrivant Chypre en 1572, nous
apprend que dans l'île :

«Il y a de bons chevaux, des mulets, buffles, bœufs,
chameaux et des brebis et moutons en grand nombre[1].»

Depuis cette époque, les buffles ont disparu, du moins
je n'en ai pas rencontré.

Les chevaux sont devenus très-rares, ils sont un objet de
luxe.

Les mules sont la monture habituelle.

Comme les voitures sont presque inconnues, tout est
porté à dos de bêtes. Les mulets sont renommés pour la légèreté de leur amble, leur pas sûr et leur extrême sobriété.
Leur nourriture revient à un prix minime; elle consiste en
paille hachée menu, mêlée de grains d'orge et de vesce. Elle
est la même qu'au temps d'Estienne de Lusignan (xvie siècle).
«Pour les bœufs, buffles, chamois et chevaux, ils ont du
grain de vesse, laquelle ils leur donnent auec de la paille
déchiquetée bien menue et aussi de petites pailles auec de
l'auoine et orge. Ce qu'ils font pareillement aux moutons

[1] *Opus citatum*, fol. 272.

d'autant qu'en Cypre il n'y a point de foin que bien peu, qui encore est semé sur les toicts des maisons[1]. »

La réputation des mulets de Chypre nous a paru très-usurpée; nous les avons trouvés durs, paresseux, entêtés, peu dociles. On n'obtient l'amble de la plupart d'entre eux qu'en tirant continuellement la bride, fatigue qui compense à la longue celle du trot le plus pénible; on ne trouve pas de selle dans l'île, mais on monte sur les mêmes bâts qui servent à porter les marchandises.

Les muletiers sont désignés sous le nom de *kéradgis*; ils prodiguent à leurs animaux des soins extrêmes : ils sont sobres, serviables, mais grossiers, et en général étrangers à toute autre science que celle de crier à leur bête : *hust* (garde à vous), *shoh* (arrêtez), *rrrrhe* (marchez). Tous, sans exception, sont Grecs; ils demeurent à Athienau, riche village situé à l'entrée des champs de la Messaorée où ils s'approvisionnent facilement de fourrage, et à mi-chemin entre Nicosie et la Scala, les deux points de Chypre qui entretiennent les relations les plus fréquentes. Les kéradgis marchent toujours en avant de leurs mules, montés sur un âne; il en résulte que les mules ayant pris l'habitude d'avoir un âne pour guide sont désorientées quand elles ne sont plus précédées par cet animal, et il n'est pas de moyen qu'elles n'emploient pour en retrouver quelqu'un : c'est là un de leurs mille défauts.

Les bourriques (tel est dans tout le Levant le nom donné aux ânes) sont, à notre avis, préférables aux mulets. L'île en exporte 4 à 500 chaque année. Mal dressés, peu nourris et presque uniquement employés à porter des fardeaux, ces

[1] *Opus citatum*, fol. xxxx

animaux sont loin de valoir les ânes d'Égypte. Cependant aux environs de Catiga et de Poli tou Chrysocou, on nous en a montré plusieurs d'une grande beauté: leur poil était très-lustré. Le centre de la Messaorée en fournit également de très-estimés.

On ne peut assez louer la patience de ces animaux. Nous en avons vu porter pendant trois semaines de voyage, sans aucune interruption, des fardeaux aussi lourds que ceux dont nos mules étaient chargées : ils ne semblaient pas fatigués. Ils vivent de paille hachée menu et de grain d'orge.

Auprès de tous les lieux habités on voit des ânesses suivies de leurs petits; les jeunes sont élevés en liberté au milieu des champs.

Les chameaux sont très-nombreux; nous en avons rencontré entre Nicosie et Larnaca des files de plus d'une centaine. Ils portent les provisions de l'île et desservent principalement les grandes plaines de la Messaorée, de Nicosie et de Morphou. Le matin, ils couvrent les champs des environs de la Scala, attendant leurs maîtres occupés dans la ville à vendre les denrées dont ils étaient chargés. Nous nous plaisions souvent à les voir réunis et couchés autour d'une petite provision de paille dont ils mangent indolemment quelques brins.

Les chameaux sont employés uniquement à porter les marchandises; ils ne servent pas de montures. Leurs conducteurs s'appellent *moukres*.

Le poil de ces animaux n'est utilisé que pour des étoffes très-grossières. On sait en quelle réputation fut, au moyen âge, le camelot, ou étoffe en poils de chameau. D'après M. Michel, l'île de Chypre fournissait un grand nombre de camelots au xv⁰ siècle. Parmi les nombreux documents rassemblés sur cette île par M. de Mas-Latrie, il en est un qui nous montre le gardien de la teinturerie de Nicosie rendant le compte d'un certain nombre de pièces de camelots, de camocas et de samits :

« Nos biens amés et feaulls concelliers, sachés que nostre bien amé et feaull sire André de Vetes, le guardien de noutre tantureric de Nicossie, nous présenta hune feuillie de paupiers pour chamellos, camoukas et samys, qu'il donna par nostre commandement as lieus sous devizés, qui montent besants trois mille nenante eatre et demyé. »

Les bœufs sont rares dans l'île, on les emploie aux travaux de l'agriculture; ils sont petits et maigres. On ne mange presque jamais leur chair. Les Grecs, dit Mariti, ont pour maxime que le serviteur de l'homme et le compagnon de ses nobles travaux ne doit pas servir à sa nourriture.

On ne peut guère se procurer de lait de vache (lait de bœuf, selon l'expression du pays), parce que les veaux sont laissés trop longtemps à leurs mères. Les bœufs les plus gras sont élevés à Voni (district de Kythræa).

Les chèvres habitent indifféremment les collines incultes et les champs. Leur nombre est moins grand que celui des brebis, elles donnent un meilleur lait. Les pauvres gens se nourrissent de leur chair. Leurs peaux s'exportent rarement; on les tanne dans le pays. Les chevreaux sont tendres et délicats; leurs peaux s'exportent toutes en France, il en arrive annuellement à Marseille dix à douze mille; cette année le nombre en est monté à quinze mille.

Les chevriers, au lieu d'une houlette, portent une très-longue tige terminée par un large crochet. Comme les chèvres se laissent difficilement approcher, ils les saisissent par la patte au moyen de ce crochet.

On fait à Chypre beaucoup de fromages, soit avec du lait de chèvre, soit avec du lait de brebis. Frais, ils ont un goût fade; desséchés, ils contractent une forte odeur de bouc. La consommation en est considérable: on en exporte dans tout l'Orient, principalement en Égypte et en Syrie. Les meilleurs viennent d'Agathon, sur la côte septentrionale de l'île; on les fait tourner avec de la pressure de porc qui, dit-on, leur donne un bon goût. Fidèles à la loi de Mahomet qui défend l'usage de la chair du porc, les Turcs, en Chypre, ne mangent pas de ces fromages.

Les moutons habitent plus spécialement les champs cultivés des plaines de Morphou, de Nicosie et surtout de la Messaorée. Leur laine est grosse; en France elle est peu estimée, on l'emploie seulement à garnir les matelas. Dans l'île, on en fait des sacs à mettre les grains et des besaces que l'on place sur les mules ou les chameaux.

Nous avons entendu exprimer le désir que les industriels français essayassent de faire des couvertures avec les laines de Chypre; ces laines, nous disait-on, pourraient être avantageuses pour la confection des couvertures communes. J'ai envoyé au ministère de l'agriculture, du commerce et des travaux publics une toison entière en suint. Elle pourra servir de type comme une des plus belles de l'île; elle pèse 2 oeques (c'est-à-dire près de 5 kilogrammes). Les laines sont exportées à l'état de suint; elles doivent être soigneusement nettoyées avant d'être embarquées sur les navires, car elles s'échauffent et on en a vu se consumer entièrement pendant le temps de la traversée.

Les moutons passent toute l'année dans les champs ; même durant les chaleurs brûlantes de l'été, ceux qui habitent la Messaorée ne quittent pas cette plaine pour aller se rafraîchir dans les montagnes. Les tontes ont été très-productives cette année (1853), parce que l'hiver précédent (1852) a été pluvieux et qu'ainsi les brebis ont pu se nourrir de plantes nombreuses et variées ; mais en général la quantité de laine n'est pas assez abondante pour que l'on doive penser à acclimater en France les moutons de Chypre. On coupe les laines une fois par an, en mars et en avril ; la tonte de chaque animal produit en moyenne un kilogramme et demi de laine. La laine s'exporte en grande partie dans le royaume de Sardaigne.

On égorge de bonne heure les moutons pour s'en nourrir. Les brebis seules sont tondues ; elles sont conservées à cause de leur lait dont on fait des fromages ; on les tue lorsqu'elles sont vieilles ; leur chair n'est mangée que par les pauvres gens.

On n'exporte presque pas de peaux de moutons ; on les tanne dans le pays. Les peaux d'agneaux ne sont pas comme les peaux de chevreaux envoyées à Marseille ; toutes sont dirigées sur Trieste. On en exporte annuellement quinze mille en moyenne ; cette année le nombre en est monté à vingt mille.

L'île ne renferme qu'une seule espèce de moutons. A la vérité on en voit qui ont une queue semblable à celle de nos moutons ordinaires, et d'autres dont la queue prend un développement monstrueux. Mais les uns et les autres naissent des mêmes mères ; ce développement de la queue est, en partie, le résultat du mode d'éducation des animaux. On choisit ceux dont la queue est plus grosse, et ils sont engraissés avec du son et de l'orge; on les fait paître avec les autres bestiaux; la nuit on les parque. Ces moutons, malgré la chaleur extrême du climat, se chargent de graisse d'une manière singulière; leur queue se développe tellement qu'elle recouvre une partie de leur train de derrière, elle pèse souvent 6 ou 7 kilogrammes. « Les moutôs de Cypre, écrivait en 1572 Estienne de Lusignan, ont la quenë longue et large et sôt si grosses, q'vne seule remplirait biē vn vaisseau de la grādeur d'vn seau. »

Les moutons à grosse queue sont nommés *beslis*, ce qui, dit-on, signifie en langage turc mis à l'engrais. On a prétendu que dans plusieurs localités de Chypre les moutons avaient des queues assez grosses pour que les agriculteurs sentissent la nécessité de les soutenir au moyen d'un petit char à deux roues attaché au train de derrière. Il est certain que nous avons plusieurs fois rencontré dans le Levant des moutons ayant des queues si lourdes qu'ils semblaient fatigués de leur poids. En Chypre, l'usage des petits chars n'est pas connu, mais on dit qu'on en voit quelquefois dans l'intérieur de la Caramanie.

La chair du mouton a fréquemment une odeur de bouc. Elle n'est pas formée de fibres si tendres que celle de nos moutons de France, d'Angleterre et d'Allemagne; et je suis loin d'admettre avec Mariti que, dans l'île de Chypre, la chair de ces animaux soit fine et succulente. On a prétendu que la viande des beslis avait une odeur de bouc plus forte que celle des autres moutons. En Chypre, au moins, cette opinion est complétement dénuée de fondement. La chair des beslis est plus tendre; elle a rarement un goût

désagréable : la queue de ces animaux produit de grandes
quantités de graisse qui se fait fondre et s'emploie en guise
de saindoux.

L'île nourrit un assez grand nombre de porcs; on n'en
forme pas de troupeaux, mais chaque famille élève ceux qui
sont nécessaires pour sa consommation. Les cochons de lait
sont très-estimés. On sait que les Turcs ne peuvent manger
de porcs; par cette raison, ils n'en élèvent pas, et la vue
de ces animaux indique nécessairement un village où habitent des Grecs.

Les chiens de Constantinople, amis inséparables du musulman, se retrouvent dans chaque ville ou village de l'île de Chypre. Ces animaux ne représenteraient-ils pas le type primitif
de l'espèce chien (*Canis familiaris* Lin.)? Ils se rapprochent
du chacal. Leurs oreilles sont droites comme celles des chiens
de la Nouvelle-Hollande, qui sont retournés à l'état de nature;
leur peau est fauve ainsi que celle des animaux sauvages.

La Messaorée possède une espèce de lévriers qui abondent
dans tous ses villages. Soigneusement élevés, ces animaux
pourraient constituer une très-belle race.

Les poules sont fort abondantes à Chypre; elles forment
une grande partie de l'alimentation des voyageurs. Celles de
Voni (district de Kythræa) sont très-hautes sur pattes. Les
œufs se vendent à bas prix.

Les dindes de l'île sont estimées.

Les oies et les canards sont presque inconnus; leur absence
résulte de la rareté de l'eau.

GIBIER.

Les collines couvertes d'arbres ou d'arbrisseaux qui dominent les deux extrémités de l'île, la pointe du Carpas et la pointe Acamas, renferment des animaux domestiques rendus à la vie sauvage. Les gens des pays voisins leur font la chasse. Nous avons rencontré auprès de Fontana Amorosa, à l'extrémité de la pointe Acamantide, trois chasseurs ramenant une génisse sauvage dont ils s'étaient emparés.

Il paraît que depuis longtemps des animaux domestiques se sont réfugiés dans le pays d'Acamas, car je trouve le texte suivant dans l'histoire de Lusignan, datée de 1572 : « On dit qu'au promontoire d'Aechamante il y a des bœufs, asnes et pourceaux sauvages. »

Chypre ne nourrit pas de lapins, mais les lièvres sont très-nombreux.

Les bois de pins du Troodos servent de refuge à des moufflons. Il est question de ces animaux dans une vieille relation d'Oger, seigneur d'Anglure, qui visita l'île de 1395 à 1396. Oger s'exprime en ces termes :

« Le dimenche ensuivant, ix° jour de janvier, nous renvoya le roy présents : c'est assavoir cent perdriz, ix lièvres et v moustons sauvages, qui estoit moult belle chose à veoir. C'estoit ung prince qui moult aimoit la chasse et avoit une petite beste non mye si grande comme un regnart. Icelle beste est appelée carable, et n'y a beste sauvage que icelle petite beste ne preigne, espicialement des bestes dessus dictes [1]. »

Les moufflons de Chypre appartiennent peut-être à une espèce nouvelle ; j'en ai rapporté un individu au Jardin des Plantes. Ils vivent par compagnies de trois ou quatre ; les

[1] Extrait de l'*Histoire de Chypre au temps des Lusignans*, par Louis de Mas-Latrie, vol. 1er, p. 431.

chasseurs les attendent sur le bord des ruisseaux. Ces animaux deviennent de plus en plus rares; on les appelle dans
le pays *agrinoi*.

Estienne de Lusignan a dit que « l'isle nourrit encor
des daims. » Je n'ai vu aucun vestige de ces animaux.

Les tourterelles, les perdrix rouges et les francolins sont
fort abondants. Outre les oiseaux que l'on chasse avec des
armes à feu, il en est une quantité très-grande que l'on
prend au moyen de la glu. Les petits oiseaux arrivent en
septembre dans les jardins, et on leur fait une chasse active.
On dispose les gluaux sur les toits plats des maisons.

Les plus renommés d'entre les petits oiseaux de Chypre
sont les becs-figues; ces animaux sont excessivement gras;
ils forment un mets exquis, très-renommé. Non-seulement
on les mange à l'état frais, mais encore on les confit dans le
vin de commanderie; ainsi conservés, ils perdent en qualité; cependant, ils sont encore estimés d'un grand nombre
de connaisseurs. Avant de confire les oiseaux, on leur enlève
la tête et les pattes, puis on les fait bouillir.

Le commerce d'exportation des becs-figues est considérable; il semble fort ancien. On lit dans de Lusignan : « On
prend dans les vignes de petits oiseaux, gros comme passereaux, en grāde quātité; aussi les appelle-t-on oiseaux
de vignes et sont fort gras et de bon goust. Ils se vendoient
neuf écus le millier : et les enuoyoit-on à Venise et Rome
pour faire présens. Mesmes, qui est vne chose difficile à
croire, en la nauire où l'estois la dernière fois que ie suis
passé en Italie, y en auoit octante mille. Considérez côbien
on en amene dans les autres; car on en apportoit mesme
à Rome dedās des vaisseaux auec du vinaigre. Vray est

qu'ils sont de meilleur goust, quand on les mange nouvelle-
ment prins, que quand ils ont esté dedans le vinaigre[1]. »

Les figues de Lefcara attirent beaucoup de becs-figues,
mais les plus grandes chasses s'en font à Hagia Napa, village
du littoral S. E.; les gluaux sont posés vers le 10 septembre.

On prend à Chiti, littoral S. de l'île, un oiseau remarquable par la beauté de son plumage vert : c'est la sirène.

POISSONS.

Dans un travail d'agriculture, je n'ai pas à m'occuper
d'autre poisson que du poisson d'eau douce; celui-là est
très-rare; on le pêche seulement dans l'étang de Paralimni.

Cet étang présente un phénomène curieux chaque année
de grande sécheresse. A la suite des étés très-chauds, ses
eaux s'évaporent entièrement, et cependant, quelques mois
après le retour des pluies, il se trouve de nouveau rempli
de poissons.

Les ruisseaux renferment des crabes d'eau douce qui se
cachent sous les pierres. Les gens du pays s'en nourrissent
rarement.

[1] Estienne de Lusignan, *Opus citatum.*

§ III.

ÉNUMÉRATION DES PRODUITS AGRICOLES DE CHYPRE,
CLASSÉS SUIVANT L'ORDRE DES DIVISIONS POLITIQUES.

On a vu dans le chapitre précédent que les régions incultes de Chypre sont beaucoup plus étendues que les parties cultivées.

Les premières sont loin d'être sans profit ; l'homme y jouit de l'avantage de récolter sans avoir la peine de planter ou de semer. Ces régions fournissent du bois à brûler, du bois de construction, de la résine, du mastic, de la térébenthine, du ladanum, du miel.

Les pays cultivés donnent en abondance du blé, de l'orge, du coton, des alizaris (racine de garance), des vesces, des olives, de la soie, du vin de différentes sortes, des eaux-de-vie, du sésame, du tabac, des coloquintes, très-peu de chanvre, des colocasses, des haricots, des ognons et divers autres légumes ; des pastèques, des concombres, des melons, des oranges, des citrons, des grenades et d'autres fruits. Les plaines nourrissent des troupeaux de brebis et de chèvres, qui fournissent du lait et du fromage. La volaille et le gibier sont abondants ; les lièvres, les francolins, les tourterelles, les perdrix rouges, les petits oiseaux (becs-figues et sirènes) sont d'un grand secours pour l'alimentation.

Pour compléter l'histoire des divers produits que j'ai cités, je vais indiquer leur répartition dans les districts de l'île.

En dehors de Nicosie, la capitale, qui forme une circonscription à part, Chypre est divisée administrativement en seize districts, dont on verra la position sur mes cartes. Ces districts sont ceux de Chrysocou, Paphos, Couclia, Avdi-

mou, Kilani, Épiscopi, Limassol, Larnaca, Messaorée, Famagouste, Carpas, Kythræa, Orini, Morphou, Leſéa et Cérines.

Pour dresser la liste des produits de ces districts, je me
servirai en grande partie de documents qui m'ont été transmis par M. Georges Bernard, agriculteur distingué de Larnaca. Les notes que M. Bernard a bien voulu me procurer
lui ont été communiquées par l'administration turque de l'île.

1° DISTRICT DE CHRYSOCOU

C'est le district le plus montagneux de l'île. Il est principalement composé de roches pyrogènes (ophitones et
euphotides). Le plus grand nombre des bois de construction et des bois à brûler en provient. Ce district est riche
en blé, en orge, soie, tabac, huile: il donne peu de coton.
Poli tou Chrusocou est le point le plus productif; cette
ville, Lisso et Dginhoussa ont été l'objet de grandes exploitations métalliques, aujourd'hui abandonnées. Cathiga produit de bons vins rosés.

2° DISTRICT DE PAPHOS (BAFFA).

Après le district de Chrysocou, celui de Paphos est le
plus montagneux de l'île. Son sol est composé principalement de roches plutoniques (euphotides et ophitones), de
macignos, de calcaires crayeux et de calcaires grossiers.
Les produits de ce district passent pour les meilleurs de
toute l'île ; je citerai le blé et l'orge (premières qualités de
Chypre), les soies (les plus estimées de l'île, remarquables
principalement par le nerf, la solidité de leur fil), le tabac,
les fruits secs, le bois servant à brûler et à faire des roues
de chariots, la résine noire (poix) extraite des pins; l'huile,

le mastic, très-peu de térébenthine, peu de raisins, les colocasses, les caroubes, le miel, les laines, les fromages. Le
principal centre du commerce agricole est la ville de Ctima.
Les meilleurs mûriers croissent dans les montagnes. Les
champs d'orge et de blé ne forment pas de vastes plaines,
mais sont disséminés à travers les lieux incultes et les taillis.
Les paysans brûlent çà et là les arbres; la cendre forme un
engrais sur lequel ils sèment les céréales. Les montagnes
des environs de Drimon portent de bons arbres fruitiers.

3ᵉ DISTRICT DE COUCLIA.

Ce district offre des montagnes moins élevées que les
deux précédents. Son sol est principalement composé d'euphotides, d'ophitones, de calcaires crayeux, de calcaires
grossiers. Il donne du blé, de l'orge, de la soie, du coton,
du sésame, du lin, de l'huile. On y cultive un peu de
chanvre, on y fait des fromages et on y recueille du miel.

4ᵉ DISTRICT D'AVDIMOU.

Ce district est en partie formé de collines dénudées formées de calcaire crayeux blanc. On en retire de la soie,
du tabac, de l'huile, du blé, de l'orge, des caroubes, du
miel, un peu de bois. La culture la plus importante est celle
des vignobles et spécialement celle des vignobles donnant
les vins noirs; Omodos, Vassa et Arsos produisent les meilleurs vins noirs de l'île. On obtient aussi du muscat et un
vin blanc nommé *morocanilla*. On prépare à Vassa des raisins
secs. Omodos distille de l'eau-de-vie. Bons porcs, jambons
estimés.

5° DISTRICT DE KILANI.

Le sol de ce district présente la même composition et la même configuration que celui du district précédent. Les denrées sont semblables : vins plus communs que ceux d'Omodos, beaucoup d'eaux-de-vie, raisin sec, blé, orge, tabac, caroubes, huile, fromages, un peu de miel, cotons et mûriers. On fabrique des étoffes de soie inférieures en qualité à celles de Nicosie.

6° DISTRICT D'ÉPISCOPI.

Ce district est moins montagneux que les districts précédents ; il est en grande partie composé de plaines sablonneuses et de collines de calcaire crayeux. Les fruits, les citrons surtout, sont de bonne qualité ; les soies sont estimées ; blé, orge, coton, huile, caroubes, très-peu d'alizaris, vignes, ognons.

7° DISTRICT DE LIMASSOL.

Le nord de ce district est composé de collines de calcaire crayeux ; le sud est formé de plaines sablonneuses. Grande saline auprès de Limassol ; elle est d'un produit considérable. Esprit de vin, eaux-de-vie, vins noirs, vin muscat, vin de commanderie, raisins secs. Ces articles sont presque entièrement étrangers au district ; ils sont apportés des pays voisins. Les plantes propres au sol sont les oliviers et surtout les caroubiers ; ces arbres couvrent une partie du territoire. Blé, orge, miel, fromages, légumes.

8° DISTRICT DE LARNACA.

Collines de calcaire crayeux principalement vers le N. O.

Grandes plaines sans aucun ombrage. Dans le N. O. du district, beaucoup de blé, d'orge et de vesces; herbages, cotons, huile, caroubes, raisin sec, vins noirs et vins de commanderie. Dans la région du S. E., alizaris, soie, tabac, ognons, pommes de terre, fèves, fruits, pastèques.

On retire de grandes quantités de sel des salines placées entre Chiti et la Scala. Les points principaux du district sont : Larnaca et la Scala ou la marine servant d'échelle à Larnaca, entrepôts de la plus grande partie du commerce d'importation et d'exportation. Pyla, arrosé par une source abondante, fertile en mûriers, cotons, céréales. Chiti, avec des jardins nombreux renommés pour leurs pastèques, leurs colocasses et leurs légumes.

9° DISTRICT DE LA MESSAORÉE.

Le district de la Messaorée ou Messargha est le plus riche de l'île; son sol est formé de calcaire crayeux, de calcaire grossier et de sable. Le limon amené des montagnes par les torrents recouvre toutes les parties basses. Selon l'expression de M. Bernard, la Messaorée est le grenier de l'île; elle forme des plaines couvertes à perte de vue par des champs de blé, d'orge, de vesces, de cotons; on y récolte des fèves, des lentilles, des haricots, du tabac, du sésame, des alizaris, des olives. Des herbages s'y rencontrent. Grands troupeaux de moutons. Vers les confins du district s'élèvent quelques taillis. On recueille du miel.

M. Bernard a bien voulu me dresser le tableau suivant qui renferme la liste des villages de la Messaorée avec l'indication de leurs principaux produits. J'ai supprimé les villages dont je ne connaissais pas les cultures dominantes.

DISTRICT DE LA MESSAORÉE.

VILLAGES.	PRODUCTIONS.	HABITANTS.
Yvatili.	Cotons et céréales.	Grecs et Turcs.
Lissi.	Cotons de 1re qualité.	Grecs.
Athienou.	Céréales, miel (thym).	Tous Grecs.
Sirnalhis.	Exploitation de terre d'ombre.	Idem.
Calopsida.	Beurre, laine, coton, céréales.	Grecs (religion grecque) et Turcs.
Acna.	Cotons, céréales, laines.	Peu de Turcs.
Gioublia.	Jardins de citronniers et de grenadiers.	Grecs.
Hagia Napa.	Bois-figues.	Idem.
Sotira.	Grenades, soies.	Idem.
Avgorou.	Laines, beurre, céréales.	Grecs (religion latine), Turcs.
Stilhous.	Cotons, céréales.	Grecs, avec quelques Turcs.
Spatarica.	Haricots de 1re qualité.	Idem.
Paralisi.	Haricots, céréales.	Grecs.
Arnadhi.	Idem.	Grecs, quelques Turcs.
Singrasi.	Cotons, céréales.	Turcs et Grecs.
Lapathos.	Céréales.	Idem.
Mandres.	Bois, planches, charbons.	Grecs.
Agathou.	Fromages, blés, huiles.	Grecs, peu de Turcs.
Lettonico.	Blé, coton.	Idem.
Milia.	Céréales.	Grecs, deux maisons turques.
Pighi.	Céréales, coton.	Idem.
Peristerona.	Idem.	Grecs et Turcs.
Hypsus.	Céréales, cotons.	Grecs.
Sinbilari.	Cotons, céréales.	Grecs et Turcs.
Prastio tou Sigouri.	Beurre, blés, cotons, fèves.	Grecs et deux maisons turques.
Pirga.	Cotons, céréales.	Idem.
OEnoera.	Céréales, cotons.	Turcs et Grecs.
Afandia.	Idem.	Idem.
Gaidura.	Troupeaux de brebis.	Grecs.
Berzada.	Céréales.	Turcs.
Caodara.	Idem.	Idem.
Gonphés.	Idem.	Turcs, peu de Grecs.
Hagios Nicolas.	Idem.	Grecs.
Trypimeni.	Idem.	Idem.
Angastina.	Idem.	Turcs et Grecs.
Auchiu.	Sésame, cotons, céréales.	Idem.
Mansolia.	Cotons, melons, céréales.	Turcs et peu de Grecs.
Stronghylo.	Céréales.	Turcs.
Aya.	Idem.	Idem.
Mora.	Idem.	Idem.
Saint-Jean.	Idem.	Idem.
Marutho.	Idem.	Idem.
Aloda.	Idem.	Idem.
Bita.	Idem.	Idem.

DISTRICT DE LA MESSAORÉE.		
VILLAGES.	PRODUCTIONS.	HABITANTS.
Psilato	Céréales	Turcs
Artemi	Idem	Idem
Ziados	Idem	Idem
Coriokipos	Idem	Idem
Condia	Cotons, soies, céréales	Idem
Pergamo	Huile, céréales	Idem
Oranthi	Cotons, céréales, sésames	Idem
Sinta	Cotons et céréales	Idem
Platani	Céréales	Idem
Hagios Georgios	Idem	Idem
Timbouda	Fruits, céréales, cotons	Grecs
Melounda	Céréales	Turcs
Petrophani	Idem	Idem

10° DISTRICT DE FAMAGOUSTE.

Sol sablonneux dans les plaines, collines de calcaire crayeux, dunes sur le bord de la mer. Soie, alizaris, blé, orge, vesces, cotons, fèves, lentilles, oranges, caïchas, pastèques de grande taille et très-abondantes, miel, laines, etc. Les alizaris, les mûriers et les arbres fruitiers constituent les plus importantes cultures de ce district.

11° DISTRICT DU CARPAS.

Collines et monticules de calcaire grossier et de calcaire crayeux. Bouquets de bois à l'extrémité orientale; taillis de genévriers, de cyprès et de lentisques; champs de céréales et de coton coupés par des haies, mûriers autour des habitations; oliviers et quelques caroubiers; bois à brûler, charbon, colocasses, légumes, fruits, fromages, miel.

Je présente ici le tableau des villages du Carpas, avec la

désignation de leurs produits respectifs et de leur constitution géologique. J'ai cru devoir donner ces détails, parce que
n'ayant pas fait de relevés barométriques dans le Carpas,
je n'ai indiqué aucun point de ce district dans mon tableau
des pays classés suivant leur élévation au-dessus du niveau
de la mer.

LOCALITÉS	COMPOSITION GÉOLOGIQUE DU SOL.	PRODUCTIONS
Trikomo	Calcaire crayeux et calcaire grossier.	Céréales, coton, alizaris, pastèques, légumes et mûriers.
Monarga	Idem.	Céréales.
Lamaspee	Gypse.	Céréales, coton, bois taillis et peu de dictame.
Gastria	Calcaire crayeux.	Céréales.
Hagios Theodoros	Calcaire crayeux et sables.	Idem.
Hagios Andronicos	Marnes et calcaire crayeux.	Céréales, cotons.
Orgonos		Céréales, beurre et laines.
Hagios Elias		Céréales, cotons.
Critou		Céréales.
Argelis		Idem.
Patriki	Calcaire crayeux et sables.	Céréales, cotons.
Lioudia	Calcaire crayeux.	Idem.
Genus Christie	Gypse.	Idem.
Hepta Comi	Macignos.	Céréales.
Platanisso	Wackes et calcaire grossier.	Idem.
Galatia	Calcaire crayeux.	Céréales, cotons.
Vouchds	Gypse.	Céréales.
Coma tou Yalou	Calcaire crayeux.	Céréales, cotons, soies.
Thavlou	Macignos.	Céréales.
Leonarisso	Calcaire crayeux.	Céréales, soies, cotons.
Vasili	Idem.	Céréales, cotons.
Nela	Idem.	Idem.
Hai Simeon	Gypse, calcaire crayeux et grossier.	Idem.
Cotrona	Calcaire crayeux.	Céréales.
Haute Carpasso	Idem.	Céréales, cotons, soies, tabac.
Yaliousa	Calcaire crayeux et calcaire sableux.	Céréales.
Ghilanemo	Calcaire crayeux.	Idem.
Melanagra	Idem.	Idem.
Hagios Andreas	Calcaire grossier.	Petits ânes (bestiaux retournés à l'état sauvage).

12ᵉ DISTRICT DE KYTHRÆA.

Ce district est situé en bas du versant S. de la chaîne de Cérines; il repose principalement sur un fond de calcaire crayeux interrompu par des collines de sables tertiaires. Il donne de l'huile, du coton de bonne qualité, des quantités considérables de soie, des céréales, du sésame, des haricots, etc. Une source importante fait mouvoir les moulins chargés de fournir la farine nécessaire à Nicosie et à Larnaca. Les bœufs et les poules sont les meilleurs de l'île.

On peut répartir les produits du district de la manière suivante :

LOCALITÉS.	PRODUITS.
Kythræa	Coton, soie, huile, céréales.
Psimolopho	Céréales, huile, betteraves.
Mia	Céréales, huile, cotons.
Alambra	Raisins.
Cornio	Huile, vin.
Mospileti	Huile, céréales.
Olympos	Huile, raisin.
Delichpes	Vin, huile, céréales.
Lourgina	Céréales, raisin.
Petania	Cotons, céréales, huile, sésame.
Pyroghi	Coton, sésame.
Dali	Coton de 1ʳᵉ qualité, céréales, etc.
Ivi	Coloquinte.
Strovilia	Cotons, céréales.
Caimach	Céréales.
Palliodiopsa	Huile, céréales.
Margo	Coton, céréales, huile.
Timbo	Coton, céréales, soit sésame, fèves.
Palæokythro	Coton, céréales.

13ᵉ DISTRICT D'ORINI.

Ce district, situé au centre de l'île, constitue le contrefort oriental du système des monts Olympes. Il est formé de roches plutoniques sur lesquelles viennent s'appuyer les calcaires crayeux souvent recouverts par des sables tertiaires. Il donne des vins de commanderie, des vins ordinaires, de la soie, des raisins frais, des fruits secs, de l'huile, des caroubes, un peu de coton, de sésame, de blé et d'orge, des légumes (ognons, ails, haricots, lentilles, pommes de terre), des jambons, des fromages, du miel. Je citerai :

LOCALITÉS	PRODUITS
Deftera	Cotons, soie et semis de mûriers pour plantation
Pera	Vin de commanderie de 1re qualité
Lithrodonda	Vin de commanderie et huile
Capedès	Vin et huile
Odou	Idem
Phornaes	Huile et fruits
Hagia Varvara	Raisins
Kacatamis	Huile, cotons, céréales

14e DISTRICT DE MORPHOU ET DE PENTAGIA.

Ce district forme la région occidentale des plaines de l'île ; il est établi principalement sur des calcaires crayeux et sur des sables tertiaires. A l'O., il est borné par la mer qui repousse chaque année ses dunes dans l'intérieur des terres ; le sable des dunes a envahi une partie des campagnes de la plaine de Morphou. Ce district est renommé pour la culture des alizaris qui sont les plus beaux de l'île. Il produit, en outre, un peu de soie, beaucoup de blé, d'orge, de vesces, du coton, du sésame, du lin, très-peu de chanvre, un peu d'huile, des colocasses, des fèves, des haricots, des ails, des ognons. Je citerai :

LOCALITÉS	PRODUITS
Morphou, capitale du district, situé au centre de la plaine de Morphou).	Céréales, lins, alizaris, cotons, sésame.
Lembo Singhiano Choreria	Alizaris.
Petro	Coton, huile, céréales.
Hago Irini	Alizaris de 1re qualité.
Acacia	Ognons.

15ᵉ DISTRICT DE CÉRINES.

Il est situé sur la côte septentrionale. C'est un des plus riches districts de l'île, et c'est sans contredit le plus beau. J'ai déjà vanté l'abondance des oliviers et des caroubiers dont les plantations s'étendent en bas du versant septentrional de la chaîne de Cérines, et se prolongent au delà de Bella Paése vers l'E., au delà de Lapithos vers l'O. Les caroubes de la côte de Cérines sont peu estimées, mais les olives sont parfaites : le pays produit encore du coton de très-belle qualité, du tabac de qualité inférieure, de l'orge, du blé, des colocasses, des fromages, du miel. On y fait de la fleur d'oranger. Depuis une haute antiquité, il s'y fabrique des plats et des assiettes de terre vernie qui sont employés dans toutes les parties de l'île. Une formation de calcaire compacte forme l'arête de la chaîne de Cérines; au S. et au N. s'étendent des macignos, et sur les macignos reposent des calcaires crayeux et des calcaires grossiers.

Je citerai dans le district :

LOCALITÉS.	PRODUITS.
Kerinia ou Cérines	Caroubiers, céréales.
Vasilia	Oliviers, caroubiers.
Cormacbiti	Céréales.
Lapithos	Mûriers, oliviers, fruits, eau de fleur d'oranger.
Acheropilhos	Coton d'excellente qualité, céréales, colocasse.
Clépini	Céréales.
Cazaphani	Tabac, très abondant, mais de qualité inférieure.
Dicomo	Céréales.
Coutzoventa	Oliviers.
Bella Paise	Oliviers, caroubiers, belle végétation.

16° DISTRICT DE SOLIA.

Il forme une des régions occidentales de l'île. Il est situé
dans les montagnes, mais se prolonge un peu dans les
plaines vers le N. Fond de roches plutoniques, de calcaire
blanc crayeux et rarement de calcaire grossier ou de sable
tertiaire. Ce district donne la première qualité de coton de
Chypre, du blé, de l'orge, quelques alizaris, des bois de
construction, etc. Je citerai :

LOCALITÉS.	PRODUITS.
Lefca (chef-lieu du district)	Ville turque renfermant des jardins ombragés par une riche végétation.
Solia	Cotons de 1re qualité.
Caravostasia	Entrepôt des produits des monts Olympes.
Pyrgos	Lieu d'embarquement pour les bois de construction.

TROISIÈME PARTIE.

TROISIÈME PARTIE.

DE LA SÉRICICULTURE DANS LES PAYS DU LEVANT.

Parmi les objets d'études si variés que présentent les contrées du Levant, deux se recommandent particulièrement à l'attention d'un agronome français : la sériciculture et la viticulture.

Nulles branches des arts agricoles n'ont transmis à notre pays tant de prospérité et d'honneur! Quelle cité produit des soies comparables à celles de Lyon et de Saint-Étienne? Quels vignobles étrangers surpassent ceux de la Champagne, de la Bourgogne et de la Gironde?

Avant de nous parvenir, l'industrie des soies, importée de l'extrème Orient se développa dans les pays du Levant, et l'art de cultiver la vigne naquit dans ces mêmes parages. Dans quel état y sont-ils aujourd'hui? Telle est la question qui nous occupera.

Je considérerai d'abord l'industrie des soies.

Je l'étudierai :

1° Dans l'empire Ottoman;

2° Dans le royaume de Grèce.

§ Ier.

SÉRICICULTURE DANS L'EMPIRE OTTOMAN.

Longtemps l'industrie des soies s'exerça dans la Chine sans être connue des Occidentaux[1]; les lois du Céleste-Empire s'opposaient à la sortie des produits séricicoles.

En 552, sous le règne de l'empereur Justinien, deux moines grecs passèrent aux frontières des œufs de Bombyx mori cachés dans l'intérieur d'une canne vissée; ils apportèrent ces œufs à Constantinople : de cette époque date en Europe le commencement de la sériciculture.

Plusieurs savants distingués ont disserté sur la question de savoir de quel pays la soie avait été pour la première fois importée en Europe. M. le comte de Gasparin dans ses études approfondies sur cette question[2], a prouvé que la soie avait sans doute été importée de Bactra et non de Sérinde, comme l'a écrit Procope[3].

Quel que soit le lieu de l'Asie d'où la sériciculture nous soit parvenue, Constantinople est le point de l'Europe où elle parut pour la première fois. Longtemps avant que les œufs de Bombyx mori pénétrassent dans cette ville, Justinien avait désiré voir son empire enrichi de l'industrie de la soie et affranchi de la nécessité d'acheter les tissus étrangers[4].

[1] Article *Mûrier*, par M. Duchartre, *Dictionnaire universel d'histoire naturelle*, dirigé par M. Charles d'Orbigny.

[2] *Recueil de mémoires d'agriculture et d'économie rurale*, par M. le comte de Gasparin, 1841, t. III.

[3] Procope, *De bello Vandalico*, lib. III.

[4] L'usage de porter la soie était déjà répandu.

Antérieurement à l'année 552, les fils provenant du Bombyx mori n'avaient encore été recueillis ni dans l'Europe, ni dans les provinces asiatiques de l'empire grec. On s'accorde à admettre que les fils de Cos, dont Pline a parlé dans son *Histoire naturelle*, étaient produits par le Bombyx du pin.

L'importation du mûrier blanc (*Morus alba*) accompagna sans doute celle des vers à soie. On ne voit aucune mention de cet arbre dans les auteurs du temps antérieur à Justinien. Mais le mûrier noir (*Morus nigra*) était répandu; on le connaissait déjà à l'époque de l'empire romain[1].

Sous Justin II, successeur de Justinien, l'industrie de la soie prit un rapide développement. Le luxe qui persista chez les Grecs au milieu de la décadence du Bas-Empire, en favorisa les progrès. Cette industrie dut se propager dans les pays chauds où le mûrier croît plus facilement, c'est-à-dire en Syrie, dans le Péloponèse, et sur une partie des côtes de l'Asie Mineure.

Les désastres successifs des provinces grecques nuisirent aux arts agricoles; cependant les Arabes n'en étaient pas ennemis, et l'histoire nous les montre propageant la culture des mûriers. Ces arbres furent portés jusqu'en Espagne où la sériciculture prit bientôt un grand développement.

« Ebn-Kaldoun, dit M. Michel, nous assure que depuis les califes Ommiades il était d'usage chez les principales dynasties musulmanes d'Orient ou d'Occident, d'entretenir dans le palais royal un hôtel du tiraz ou manufacture de soie[2]. »

[1] Pline, *Histoire naturelle*, lib. XV, § xxvii.

[2] On pourra consulter au sujet des tissus de soie fabriqués au moyen âge

Dans le Levant, Jérusalem devint un entrepôt important pour la vente des soieries. Un rimeur parlant d'un monastère de Sainte-Marie qui avait été fondé dans cette ville par Charlemagne, s'exprime ainsi :

> Li bume de la tere la claiment la Latanie,
> Car li language i venent de trestute la vile;
> Il i vendent lur pailes, lur toiles et lur series, etc. [1]

Les draps d'or et de soie formaient une notable partie du chargement des caravanes qui alimentaient le commerce de la Palestine, et contre lesquelles les croisés dirigeaient fréquemment leurs attaques. « Ainsi il avint une foiz que il (le comte de Brienne, qui fut conte de Jaffe par plusieurs années) desconfit une grant quantité de Sarrazins qui menoient grant foison de dras d'or et de soie, lesquiex il gaaingna touz, etc [2]. »

L'invasion des Turcs porta un coup mortel à toutes les industries : la sériciculture tomba de jour en jour, les tissus fameux de l'époque des croisades ne se fabriquèrent plus, on négligea la culture du mûrier.

Tandis que tout dépérissait en Orient, l'Occident, héritier de la vieille civilisation, voyait chaque jour grandir avec sa puissance morale son industrie et son commerce; la sériciculture reçut l'impulsion générale du xviie siècle.

---

le remarquable ouvrage de M. Francisque Michel, intitulé : *Recherches sur le commerce, la fabrication et l'usage des étoffes de soie, d'or et d'argent et autres tissus précieux en Occident, principalement en France, pendant le moyen âge,* 1854.

[1] *Charlemagne, an Anglo-Norman poem of the twelfth century,* p. 9, l. 208.

[2] *Histoire de saint Louis,* par Jehan, sire de Joinville, édit. du Louvre, pag. 110.

et soutenue par le génie de Colbert, elle devint bientôt une de nos plus belles conquêtes.

L'agriculture marche moins vite que l'industrie; celle-ci ne dépend que de l'homme; la première dépend avant tout de la nature, et la nature pour produire exige un laps de temps que nous sommes impuissants à diminuer; j'ajouterai que la plupart des cultivateurs sont ennemis des innovations : aussi, tandis que la France s'est couverte de filatures et d'ateliers de tissage, les cultures de mûrier et les magnaneries qui en dépendent directement, n'ont pu se développer d'une manière aussi rapide. Cependant le luxe de la soie, privilége autrefois des favoris de la fortune, s'est répandu dans toutes les classes; aujourd'hui, quelle fille des champs est assez pauvre pour ne pouvoir dans les jours de fêtes se parer d'un ruban de soie[1]?

Bientôt les filatures et les fabriques de tissage n'ont plus trouvé assez de matière première pour répondre aux besoins nouveaux des populations : il a fallu chercher en Italie et en Orient des approvisionnements pour notre industrie.

Pendant les guerres de l'Empire, lorsque les escadres ennemies bloquaient la Méditerranée, l'importation des soies par voie de mer eut à souffrir. Heureusement, nous étions alors puissants en Italie, et Naples nous envoyait des fournitures par voie de terre.

Le traité de 1814 changea les positions : les mers s'ouvrirent, et les pays du Levant purent de nouveau verser

---

[1] Consulter, au sujet des développements que la sériciculture est appelée à recevoir, l'*Art d'élever les vers à soie*, par Dandolo, traduction de M. Philibert de Fontaneilles, 2ᵉ édition, page 380 (1825).

leurs produits sur les marchés de la France. M. Perret, chef du bureau de la statistique et des archives commerciales dans l'administration des douanes, a bien voulu me communiquer un document daté de 1814 qui explique encore mieux la facilité du placement des soies étrangères à cette époque. Ce document est une note transmise par l'administration centrale aux employés des frontières, note dans laquelle on leur enjoint *d'apporter la plus grande attention à empêcher la sortie des soies grèges et des cocons, attendu que les Catalans enlèvent à la France ses soies, et que les tisseurs sont sur le point de fermer leurs ateliers faute de matière première*[1].

Par suite de cet état de choses, les pays du Levant se trouvèrent dans la position la plus favorable pour le placement de leurs soies. Il s'agit d'expliquer pourquoi ils furent si lents à en profiter.

Les arts agricoles en Turquie étaient dans le plus complet abandon; les populations laissées à elles-mêmes n'étaient pas éclairées sur leurs intérêts; les cultivateurs musulmans, peu soucieux de l'avenir, calculaient les produits futurs d'après ceux du passé, et n'espéraient pas tirer parti d'une industrie qui ne leur avait pendant longtemps procuré aucun avantage. Dans la plupart des provinces, nonseulement on n'établissait pas de plantations régulières de mûriers, mais la recette des récoltes était si minime que

---

[1] Les règlements de tarif n'ont été pour rien dans les facilités de débouchés que les soies du Levant ont trouvées à Marseille : depuis le 3 frimaire an v, jusqu'en 1834, les tarifs des douanes pour les soies n'ont pas été modifiés. La loi du 28 avril 1816 a confirmé le règlement des tarifs du 3 frimaire an v. Actuellement les soies écrues payent 5 centimes d'entrée par kilogramme et les cocons payent 1 centime. Ainsi le droit d'entrée est presque nul.

les habitants ne prenaient même pas le soin de cueillir toutes les feuilles des arbres.

La conservation des mûriers dans une grande partie de la Turquie peut être attribuée à une circonstance singulière : je veux parler de l'usage établi depuis des siècles de porter des chemises de soie. Les femmes des villes et des campagnes ne peuvent se soustraire à ce luxe ; leur toilette semblerait misérable, si de larges manches de soie ne flottaient sur leurs bras. Aussi, dans la moindre masure où vivaient une femme, une jeune fille, cette femme, cette jeune fille prenaient le soin d'entretenir des vers à soie, et pour nourrir leurs élèves, elles cultivaient des mûriers à l'entour de l'habitation. La charge de recueillir les cocons leur était si exclusivement réservée que, dans les années où les feuilles venaient à manquer, le mari, plutôt que de donner quelque argent pour en acheter, laissait périr les vers. Ainsi, on peut dire que les femmes de plusieurs parties du Levant ont sauvé la première des industries de leur pays. Sans doute, la récolte de la soie se bornait presque uniquement aux besoins des ménages ; la moyenne des chambrées était de 5 à 6 ocques de cocons frais[1], produisant environ une 1/2 ocque de soie filée. Mais il était important que l'habitude de travailler la soie se conservât dans presque toutes les familles ; il eût été très-long et difficile de créer cette industrie ; au contraire, il a été aisé de la développer au sein d'une contrée où la pratique en était déjà connue.

[1] 3 ocques de cocons frais équivalent à 1 ocque de cocons secs et 3 ocques 1/4 ou 4 ocques de cocons secs donnent 1 ocque de soie filée selon l'ancien usage du pays. L'ocque vaut 1,283 grammes.

Sur les points où la soie était un objet de gain, les paysans, après avoir récolté leurs cocons, les portaient pour les faire filer chez quelque habitant des environs, possesseur d'une bassine. Cet usage persiste encore aujourd'hui dans plusieurs pays, notamment dans l'île de Chypre. Comme tous les propriétaires de vers avaient fini leur récolte à la même époque, ils étaient souvent obligés d'attendre plusieurs jours que le tour de filer leur soie fût venu. Lorsqu'ils étaient d'un village éloigné, ce retard devenait une perte de temps préjudiciable aux travaux de la campagne, et cette perte de temps était compensée par un minime bénéfice : aux environs de Smyrne, par exemple, une ocque de cocons frais ne pouvait valoir plus de 9 piastres et descendait souvent à 6 piastres ; or, la récolte de cocons frais ne dépassait guère pour chaque paysan 6, 9 ou 12 ocques[1]. De si faibles gains ne pouvaient encourager les habitants des campagnes à soigner l'industrie des soies. En outre, les éducateurs n'avaient auprès d'eux aucun homme dont l'instruction et les ressources pécuniaires fussent suffisantes pour lui permettre d'entreprendre des améliorations. Ainsi fut amené le dépérissement de la sériciculture. Toute la soie se consommait dans le pays ; elle était d'une qualité très-inférieure ; l'exportation des cocons était complétement négligée.

Ce sont les Européens et non les indigènes qui eurent la gloire de relever l'industrie des soies dans les pays du Levant. Ces hommes furent la plupart des Français et particulièrement des Provençaux.

[1] La piastre turque vaut 29 centimes ; ainsi 9 piastres ne font pas la modique somme de 2 francs.

Les premiers perfectionnements datent de 1825. À cette époque, un Français vint s'établir à Brousse. Il rendit de signalés services à l'industrie des soies, mais il perdit le peu d'argent qu'il avait apporté. Les habitants de Brousse apprirent de lui à rendre leurs fils beaucoup plus fins : la valeur des produits augmenta de plus de 50 p. o/o.

Depuis une vingtaine d'années, on a fondé à Salonique quinze ou vingt petites filatures. Leurs soies sont très-supérieures à celles des indigènes, mais très-inférieures à celles de l'Occident. Les propriétaires n'ont réalisé presque aucun bénéfice. On peut en indiquer deux raisons :

La première, c'est que l'augmentation de leurs frais n'est pas compensée par une différence assez grande entre leurs prix et les prix des gens du pays.

La seconde, c'est que pour obtenir la même quantité de soie que les indigènes, ils sont obligés d'employer une plus grande quantité de cocons.

Ainsi, les filatures de Salonique ont rapporté peu de profit à leurs propriétaires, elles n'ont pas fait augmenter sensiblement le prix des cocons, mais elles ont rendu service au pays par le grand nombre d'ouvriers qu'elles ont employés.

En 1837, deux sériciculteurs se sont établis en Syrie; après dix années de travail, ils ont éprouvé des pertes considérables.

Vers 1842, les filatures de Salonique et de Syrie étaient arrivées à filer de la soie à 40 francs le kilogramme. À cette époque un Français, M. Mathon, débarqua dans la ville de Smyrne. Dès lors commença un changement complet dans l'industrie des soies. La filature de Smyrne obtint la première année des produits qui se vendirent en France 60 francs le kilogramme, et depuis, elle a chaque année pris un développement nouveau.

En Syrie et à Brousse, plusieurs industriels ont monté des établissements qui prospèrent. Ces industriels sont en général des sériciculteurs du midi de la France. En Syrie, le nombre des filateurs est de dix à douze; à Brousse, ce nombre est le même.

D'après les renseignements que m'a fournis M. Mathon, de Smyrne, les quantités de soies filées dans les établissements à l'européenne de l'empire Ottoman, se répartiraient aujourd'hui de la manière suivante :

Filatures de Syrie	30,000 kilog.
Filatures de Brousse	30,000
Filatures de Salonique	30,000
Filature de Smyrne	15,000
Total	105,000

A côté de l'industrie de la soie filée est venu se placer le commerce d'exportation des cocons. Depuis 1842, ce commerce a marché dans une progression toujours croissante. En 1844, un navire uniquement chargé de cocons du Liban a débarqué à Marseille. Depuis 1850, les négociants de Smyrne se sont occupés du commerce d'exportation sur une grande échelle; en Syrie, tous les filateurs ont fait de même, et l'année dernière (1852) le haut prix des cocons en France, en même temps que leur abondance dans l'empire Ottoman, a donné une impulsion nouvelle à ce commerce. La quantité de cocons exportés de cet empire en France, sur la récolte de 1852, doit être évaluée à environ 500,000 kilogrammes. Presque tous les cocons du Levant sont envoyés à Marseille.

En réunissant les divers articles de l'industrie des soies, on peut évaluer les quantités exportées par la Turquie à :

603,000 kilogrammes en 1849;
412,000 ——————— en 1850[1];
538,000 ——————— en 1851.

En outre, on a envoyé de Turquie en France, pendant 1851, 703 kilogrammes d'œufs de Bombyx mori, représentant une valeur de 127,000 francs.

En échange de ses produits naturels, la Turquie reçoit des soies ouvrées. L'importation des tissus de soie dans ses ports a été de :

33,000 kilogrammes en 1849;
36,000 ——————— en 1850;
26,500 ——————— en 1851.

Il est essentiel de faire connaître la quantité des produits séricicoles que la Turquie verse annuellement dans nos ports. Ainsi on appréciera non-seulement les rapports commerciaux de ce pays avec la France, mais encore on se rendra compte de ses progrès en sériciculture. En effet, la presque totalité des soies grèges ou des cocons exportés de cet empire est envoyée en France, de sorte que l'entrée dans

[1] Comme on le verra plus loin, la France seule, en 1850, a reçu en importation de la Turquie une quantité de soie supérieure à celle qui est indiquée aux exportations totales de cet empire; mais il arrive fréquemment que les produits exportés de Turquie n'entrent pas la même année en France; ainsi 1850 paraît chargé par des quantités de 1849.

nos ports des soies et des cocons de Turquie peut représenter assez exactement le commerce d'exportation de cette contrée.

Les chiffres que je vais présenter sont extraits des notes de l'Administration des douanes françaises. Je dois la communication de ces notes à M. l'administrateur Rougelot qui a bien voulu me mettre en rapport avec M. Perret, chef du bureau de la statistique des archives commerciales.

La série des chiffres commence en 1818, époque à partir de laquelle les registres des douanes ont été tenus avec une régularité qui peut donner sur leur exactitude une certitude absolue.

QUANTITÉS DE SOIES IMPORTÉES DE TURQUIE EN FRANCE DE 1818 À 1853.

ANNÉES.	SOIES EN COCONS[1]	SOIES ÉCRUES grèges.	SOIES ÉCRUES moulinées.	ANNÉES.	SOIES EN COCONS.	SOIES ÉCRUES grèges.	SOIES ÉCRUES moulinées.
1818		18,492		1836		194,192	88
1819		18,622		1837	65	80,575	
1820		15,682		1838	193	133,361	30
1821		24,962		1839	98	165,805	132
1822		73,853	152	1840	27	136,314	249
1823	297	54,200		1841	11	232,328	
1824		43,156		1842		308,263	
1825	43	32,162		1843	1,477	222,309	
1826	187	84,335		1844	9,132	266,058	5
1827		62,915		1845	51,070	196,907	
1828		68,296		1846	10,762	209,287	
1829		81,617		1847	15,324	260,658	23
1830		59,852	27	1848	3,699	89,692	150
1831	103	35,152		1849	14,021	295,658	196
1832		53,128		1850	135,575	356,365	462
1833		76,957		1851	130,674	304,538	416
1834		60,027		1852	232,923	603,015	621
1835	119	112,148	45	1853	416,370	503,370	247

[1] Il ne s'agit ici que de cocons secs. Les sériciculteurs ont deux raisons pour n'importer que des cocons secs : la première c'est que les cocons frais payent autant de droit d'entrée ; la deuxième c'est qu'ils occupent sur les navires un volume infiniment plus considérable.

Ce tableau est plus instructif que de longues pages : on voit que les importations de soies moulinées sont peu nombreuses; mais celles de cocons et de soies gréges ont toujours été en voie d'augmentation depuis 1818 jusqu'en 1853. En 1818, la quantité de soie grége importée montait à 18,493; en 1853, elle a atteint le chiffre de 503.170, c'est-à-dire un chiffre vingt-six fois plus fort. Quant aux cocons, leur importation était nulle avant 1818; elle est restée insignifiante jusqu'en 1843, époque où elle est montée à 1,477. En 1853, elle a atteint le chiffre de 410.370, c'est-à-dire un chiffre deux cent soixante-dix-huit fois plus fort[1].

Il ne suffit pas d'étudier un pays en lui-même; pour l'apprécier à sa juste valeur, il faut le comparer aux autres, et c'est ce qui m'a déterminé à placer ici le tableau général de l'importation des soies en France.

M. Perret a bien voulu faire extraire des registres de nos douanes les chiffres qui composent ce tableau.

[1] A partir de 1831, les produits de la Grèce ont cessé d'être attribués à l'empire ottoman, dans les registres de nos douanes. Il n'en résulte pas une diminution sensible pour les chiffres de l'empire ottoman, parce que l'augmentation des importations séricicoles de cet empire s'est manifestée vers cette époque.

TABLEAU DES QUANTITÉS DE …

PAYS	1830.	1831.	1832.	1833.	1834.	1835.	1836.	1837.	1838.	1839.	184…
	kilogr.	kilogr.	kilogr.	kilogr.	kilogr.	kilogr.	kilogr.	kilogr.	kilogr.	kilogr.	kilog.
Autriche	9,125	8,352	378	5,587	6,048	.	.	.	.	.	.
États sardes	2,830	6,048	11,496	10,799	13,990	9,817	14,910	9,957	12,939	8,805	14…
Turquie	.	.	.	.	.	.	.	65	193	98	.
Autres pays	56	103	.	.	.	245	.	79	41	14	.
Total { des quantités	12,011	14,428	11,774	16,386	20,038	10,061	14,910	10,101	13,173	8,916	14…
Total { des valeurs	36,033	43,284	35,382	39,158	60,114	36,183	44,730	38,303	39,519	28,748	44…

S…

PAYS	1830.	1831.	1832.	1833.	1834.	1835.	1836.	1837.	1838.	1839.	184…
Angleterre	1,798	299	351	3,696	31,598	22,553	29,796	98,362	45,050	17,765	43…
Espagne	18,934	28,360	14,063	21,956	39,635	45,825	36,009	5,393	78,861	46,366	23…
Autriche	31	182	808	1	677	1,375	237	669	2,325	47,456	65…
États sardes	83,692	24,531	59,935	115,006	182,950	116,083	115,576	175,342	188,803	83,175	96…
Deux-Siciles	20,512	11,978	49,893	38,092	53,395	28,894	16,772	17,936	34,378	32,548	38…
Toscane	2,679	2,217	4,254	5,211	5,983	1,803	15,305	7,773	16,930	11,318	15…
Suisse	169	52	80	222	485	665	1,362	3,159	1,626	1,116	1…
Grèce	.	.	.	.	.	.	.	1,559	.	73	.
Turquie	59,052	35,152	53,128	76,057	60,027	112,148	104,194	80,474	134,241	165,805	156…
Égypte	.	.	.	.	.	.	.	17	170	207	.
Algérie	.	.	.	.	.	.	.	5	122	130	.
Autres pays	11,579	9,147	16,206	14,877	26,126	4,962	10,299	2,392	49,365	1,139	2…
Total { des quantités	190,390	111,968	198,639	275,029	402,979	316,367	328,541	390,061	511,329	467,125	436…
Total { des valeurs	7,611,394	4,493,558	7,965,232	11,090,800	16,083,160	12,659,286	13,141,640	15,602,450	20,853,160	16,285,009	17,477…

S…

PAYS	1830.	1831.	1832.	1833.	1834.	1835.	1836.	1837.	1838.	1839.	184…
Total { des quantités	327,786	392,252	367,913	525,196	483,008	492,509	364,550	435,778	516,924	416,975	465…
Total { des valeurs	32,906,992	20,444,145	25,685,180	36,763,720	33,840,210	34,468,630	25,518,413	30,505,460	35,764,680	29,189,250	32,595…

...TÉES EN FRANCE DEPUIS 1830.

1841.	1842.	1843.	1844.	1845.	1846.	1847.	1848.	1849.	1850.	1851.	1852.	1853.
kilogr.	kilogr.	kilogr.	kilogr.	kilogr.	kilogr.	kilogr.	kilogr.	kilogr.	kilogr.	kilogr.	kilogr.	kilogr.
0,083	13,731	7,663	4,039	11,060	20,675	43,482	17,161	32,236	31,674	24,646	84,903	72,706
		1,677	9,132	51,470	40,702	14,324	3,699	18,031	133,554	130,674	232,823	410,376
129	89	12	121	50	2,730	3,911		34	15,609	36,229	1,42910	293,112
0,213	13,860	9,154	13,308	62,569	34,106	61,677	28,860	50,301	180,037	191,549	419,155	775,188
0,636	51,520	27,562	39,934	187,767	102,318	185,031	62,580	150,903	560,111	674,657	1,257,568	2,236,564

ES.

1841.	1842.	1843.	1844.	1845.	1846.	1847.	1848.	1849.	1850.	1851.	1852.	1853.
3,597	55,924	50,176	73,525	93,904	97,131	133,135	41,082	167,860	180,200	192,058	247,840	206,031
4,624	14,146	56,193	35,072	63,031	13,536	20,116	8,399	29,609	104,910	48,386	58,774	89,085
	9,397	1,446		2,895	022			6,373				
1,209	72,625	188,331	133,411	182,501	197,010	225,336	92,657	217,264	143,553	150,182	317,613	156,797
7,096	17,831	59,102	63,602	74,683	106,023	78,525	18,235	84,180	129,134	147,605	216,560	227,618
6,799	11,185	22,273	15,870	23,145	35,292	18,378	15,606	62,817	50,500	58,389	92,776	80,782
4,070	3,137	4,253	4,080	4,528	11,068	3,058	2,325	31,566	12,321	6,384	9,418	20,724
369	938	2,890	1,685	3,180	2,292	2,511	3,560	13,083	13,020	7,116	16,868	18,703
2,328	208,603	222,309	240,050	196,907	299,357	256,048	89,663	293,658	256,985	304,498	665,814	503,170
21	1,509	86	3,346	3,379	2,480	4,570	352	446	919	71	7,793	11,436
366	452	344	513		120		736					
1,256	4,521	3,967	5,557	6,149	1,784	5,117	1,091	2,972	3,292	4,356	11,331	13,310
8,945	833,567	610,463	557,801	638,207	768,915	742,601	269,306	894,767	996,173	918,935	1,583,767	1,309,672
7,800	15,743,680	24,406,520	22,312,050	26,328,280	30,756,600	29,984,960	10,772,250	35,670,680	39,846,920	36,737,400	63,350,680	52,380,880

...INÉES.

1841.	1842.	1843.	1844.	1845.	1846.	1847.	1848.	1849.	1850.	1851.	1852.	1853.
7,627	452,188	443,439	484,411	465,509	559,957	575,263	346,691	725,061	631,312	681,564	836,400	902,176
0,920	24,653,160	31,019,730	43,908,770	32,585,560	39,194,996	40,268,510	24,968,370	50,786,270	44,191,840	44,216,550	58,548,000	63,154,390

Dans le tableau précédent, je n'ai donné que les totaux des soies moulinées importées en France; car la Turquie en fournit des quantités si insignifiantes, qu'il n'y a pas d'intérêt à les comparer avec les quantités expédiées par les autres pays.

On voit avec quelle rapidité le Levant a dépassé les divers États dans la fourniture des cocons et des soies gréges. Avant 1839, la plus grande partie de ces soies nous venait des États sardes. A partir de cette époque, la Turquie a pris le dessus, et, si ce n'est en 1848, où la récolte a été très-mauvaise, cet empire a toujours conservé sa supériorité. Même, depuis 1850, il expédie en France des quantités doubles de celles qu'importe la Sardaigne. L'Angleterre marche de pair avec ce dernier État pour les importations de soies gréges; mais le développement de ses expéditions date seulement de 1839.

Quant aux cocons, la Lombardie et la Sardaigne en approvisionnaient la France presque exclusivement jusqu'en 1837. A cette époque, la Turquie commença à nous en expédier quelques-uns; et la Lombardie diminua ses importations; la Sardaigne, jusqu'en 1850, fournit de plus grandes quantités que la Turquie; mais, à partir de cette année, ce dernier État entreprit des expéditions sur une vaste échelle. Il a dépassé de beaucoup la Sardaigne: aujourd'hui il importe en France plus de cocons que tous les autres pays réunis.

Je dois placer ici des réflexions d'une haute gravité:

On estime que le filage de la soie revient environ au quart du prix de la soie grége. En effet, la soie grége coûte de 40 à 45 francs le kilogramme; or, pour obtenir un kilogramme de cette soie il faut employer 3 kilogrammes au moins de cocons secs et chaque kilogramme de cocons secs coûte près de 4 francs, tout compris, pour le filage[1]. D'après ce calcul, une quantité de soie valant 100 francs, le quart de ces 100 francs (25 francs) proviendrait du prix de main-d'œuvre nécessaire pour changer les cocons en soie propre à être tissée. En jetant les yeux sur le tableau précédent, on voit que la France, malgré le nombre de ses magnaneries, achète annuellement, depuis ces derniers temps, 100 millions environ de soies, sur lesquelles 1 million en moyenne est à l'état de cocons. Si la soie étrangère, représentant une somme de 100 millions, était entièrement filée en France, nos ouvriers gagneraient près du quart de ces 100 millions, c'est-à-dire 25 millions. En outre, nos bâtiments réaliseraient quelques bénéfices, parce que les cocons sont beaucoup plus lourds que la soie grége. En admettant que des circonstances diverses diminuent la somme des 25 millions, il reste encore un notable profit pour nos ouvriers.

Comme on a pu le juger d'après les considérations précédentes, l'action que les soies et les cocons du Levant sont appelés à exercer sur l'industrie séricicole de l'Europe s'accroît avec une rapidité digne de fixer l'attention de nos économistes.

Dans les pays musulmans, la sériciculture a déjà imprimé de notables changements. Autrefois, les habitants de ces contrées trouvaient dans l'élève des vers à soie un bénéfice minime; aujourd'hui ils en tirent un profit consi-

---

[1] Ce qui fait 12 francs de main-d'œuvre par kilogramme, c'est-à-dire plus du quart de la valeur.

dérable qui les détermine à y donner des soins plus atten-
tifs et plus intelligents. Ils voulaient filer eux-mêmes leurs
cocons et ils n'en obtenaient que des soies très-imparfaites;
maintenant ils trouvent plus d'avantage à les vendre aux
Européens, et ceux-ci filent la soie avec une perfection
beaucoup plus grande.

On a envoyé de France à Lataquié (Syrie) des œufs de
vers; ils se sont échauffés et ont manqué. Mais c'est là un
accident, qui, avec des précautions, ne se renouvellera
plus, et l'on doit apporter de nouveaux œufs à Lataquié.
Il y a tout lieu de penser qu'il en résultera de très-beaux
cocons; on dit que les œufs de vers à soie, comme les graines
de beaucoup de végétaux, gagnent à être transportés. On
a reconnu qu'en moyenne il y a trois chances sur quatre
pour que des œufs de Bombyx déplacés du pays où ils furent
pondus puissent éclore.

Ainsi, d'une part, la qualité des soies pourrait fortement
gagner; d'autre part, leur quantité est en voie de s'accroître
dans une très-grande proportion. Nous devons chercher
quels sont, dans le Levant, les résultats de ce développement si rapide déterminé par les filateurs européens et
plus spécialement par les filateurs français :

1° L'exportation des cocons ne tardera pas à devenir un
des principaux produits des douanes de l'empire ottoman;
il y a donc lieu d'apporter la plus grande attention dans
les questions qui s'y rattachent. A l'époque où je passais à
Smyrne, les négociants se préoccupaient d'une nouvelle
décision de la Sublime-Porte : dorénavant les cocons ne
devaient plus payer les droits de douane tant qu'ils ne
sortiraient pas de l'empire, lors même qu'ils seraient trans-

portés d'un lieu dans un autre, et la soie seule devait payer
là où elle serait filée.

2° J'ai expliqué déjà comment l'importation des cocons
pouvait influer sur notre industrie. La France est loin de
produire assez de soie pour alimenter ses fabriques; elle
dispose d'un nombre de bras suffisant pour utiliser tous les
cocons expédiés à bon compte. Ainsi l'importation de cette
marchandise lui est d'un grand secours.

Quant aux soies grèges du Levant, elles nous sont profi-
tables également; on les emploie surtout pour les étoffes
communes, la passementerie et les galons. Entre les mains
de nos habiles sériciculteurs, fixés en Turquie, peut-être un
jour pourront-elles rivaliser avec celles de nos pays; jusqu'à
présent, elles sont restées inférieures aux bonnes qualités
de France et d'Italie. Autrefois, elles passaient pour être
lourdes, inégales et chargées de gomme.

J'ai entendu des hommes compétents assurer que les
soies de pays aussi chauds que la Syrie égaleraient difficilement en finesse les soies des pays tempérés. La qualité,
me disait-on, est en raison inverse de la quantité: si les
vers à soie de Syrie, bien portants, pleins de vie, rarement
atteints de maladie, donnent une soie abondante, les vers
du centre de l'Europe, moins bien portants et délicats,
donneront une soie plus fine, par suite même de leur faiblesse. J'expose ces observations aux savants sériciculteurs
dignes de les apprécier; elles ne sont pas de moi, je ne
prétends pas les juger.

3° Le mouvement industriel communiqué par les filateurs européens change l'aspect des pays où ils s'établissent.
En parlant des Cévennes, M. Aimé Martin a dit ces mots:

« A l'ombre du mûrier est née une génération nouvelle; une belle culture a remplacé les friches des montagnes, l'aisance s'est substituée à l'indigence et à la barbarie. » Avec quelle vérité ne devrons-nous pas appliquer ces lignes aux pays du Levant: entre les ruines des monuments antiques, les mûriers s'élèvent et pourront abriter une génération nouvelle qui, suivant l'exemple du temps, deviendra plus active et plus industrieuse. Déjà, dans plusieurs contrées, les populations s'arrachent à l'inertie pour cultiver les arts séricicoles qui vont leur rendre quelque bien-être. Non-seulement, les jeunes garçons et les jeunes filles trouvent un emploi dans les filatures, mais leurs familles plus expérimentées dans la culture des mûriers, dans l'élève des vers, obtiennent une quantité de cocons double en moyenne de celles qu'elles récoltaient autrefois; elles vendent leurs produits à un prix deux fois plus élevé, de manière qu'elles réalisent des bénéfices dont la proportion est de 1 à 4.

4° Enfin, aux points de vue de la nationalité et de la morale, les filateurs européens ont une influence d'une grande portée. Ils sont naturellement les hommes les plus haut placés dans les pays qu'ils habitent; les enfants des indigènes dépendent d'eux, puisqu'ils les font travailler; les familles sont en rapport avec eux pour la vente de leurs produits. Nos sériciculteurs français emploient noblement leur autorité; les filatures sont tenues avec moralité; on voit diminuer la défiance conçue dans plusieurs régions contre le catholicisme, et par là même contre notre pays, qui, aux yeux de tous les Orientaux, représente cette religion et fait cause commune avec elle. Nos compatriotes fixés

dans les monts Libans contribuent, on n'en peut douter,
à conserver le prestige dont le nom français est entouré.

DE L'ÉTAT DE LA SÉRICICULTURE A SMYRNE.

Après avoir présenté l'esquisse de l'état de la sériciculture dans les pays du Levant, je vais entrer dans quelques
détails sur les localités qui méritent un intérêt spécial :

Smyrne.

Chypre.

La Syrie.

Brousse.

Salonique.

Je commence par la ville de Smyrne.

Avant l'année 1842, les regards des sériciculteurs européens s'étaient déjà portés vers les pays du Levant. Mais
les établissements fondés à Brousse et à Smyrne étaient
rapidement tombés; à Salonique et en Syrie, leur état
était loin d'être prospère.

La filature établie dans la ville de Smyrne en 1842 par
M. Mathon ouvrit une ère nouvelle. Depuis cette époque,
l'industrie des soies a pris son essor, et ses progrès dans
le Levant sont assez rapides pour mériter aujourd'hui l'attention la plus sérieuse de la part de l'Europe et particulièrement de la France, le pays le plus intéressé dans la question.

Le hasard donna naissance à la filature de Smyrne.

M. Mathon, sériciculteur de nos provinces du Midi,
quitta le port de Marseille en mai 1842. Son but était
d'aller rechercher en Syrie les moyens de tirer parti des
cocons, soit pour le filage, soit pour l'exportation. Il débarqua en juin dans la ville de Smyrne où il dut attendre

vingt jours le départ du paquebot de Syrie. Il employa
ce temps à se rendre compte des avantages que la ville
pourrait offrir à une filature. Ces avantages le frappèrent;
après les vingt jours, quand le paquebot leva l'ancre, il
avait pris une décision nouvelle : il restait à Smyrne.

Dès la première année, il commença ses acquisitions; à
la vérité ces acquisitions eurent peu d'importance, elles se
bornèrent à 1,200 ocques de cocons [1]. Il en expédia la
moitié à Marseille; il monta deux tours avec lesquels il
fila l'autre moitié. D'après les promesses des gens du pays,
il comptait pour l'année suivante sur plusieurs centaines
de mille francs d'achats, et le prix de chaque ocque devait
être de 9 à 10 piastres. Son attente fut trompée : les gens
de la campagne ne pouvaient comprendre comment il leur
serait plus avantageux de vendre leurs cocons que de les
filer eux-mêmes; d'ailleurs, ils retiraient de si faibles gains
de l'élève des vers, que ces vers étaient négligés et peu nombreux. Les paysans fournirent seulement dix mille ocques
de cocons frais, et ils les firent payer 18 à 20 piastres
l'ocque au lieu de 9 à 10 piastres. Le nouveau filateur de
Smyrne prit patience; pendant chacune des trois années
suivantes, le nombre des achats doubla et peu à peu les
paysans ouvrirent les yeux sur leurs intérêts. Aujourd'hui,
ils livrent tous leurs produits; sur quelques points encore
ils filent eux-mêmes leurs cocons, mais la raison en est
dans la mauvaise qualité de ces cocons dont le commerce
ne veut à aucun prix.

Ainsi, la filature de Smyrne est fournie de matière pre-

---

[1] Nous rappelons que l'ocque vaut 1,282 grammes.

mière autant et plus qu'elle n'en peut consommer. La soie travaillée par un homme expérimenté a pris une qualité toute nouvelle, et, sans égaler encore celle de France, elle surpasse infiniment l'ancienne soie du pays. Le modeste atelier où l'on comptait 2 bassines il y a dix ans s'est transformé en une vaste et élégante filature riche de 252 bassines. Les bassines sont disposées sur deux rangs à l'intérieur de bâtiments allongés; elles sont tenues par des ouvrières âgées de douze à vingt ans. On sait quelle est la beauté de la population de Smyrne. C'est un spectacle singulièrement remarquable que la réunion de ces jeunes filles, toutes grecques d'origine. Par leur élégant costume, par la régularité de leurs traits, par le luxe de leur chevelure, elles présentent la réalisation parfaite du type grec tel qu'il est conservé dans les monuments anciens. En dehors de la filature, elles trouveraient difficilement une occupation dans une ville où l'ouvrage est très-rare surtout pour les femmes; elles quittent l'établissement au moment de se marier. Trois cents personnes travaillent toute l'année dans les ateliers; en outre, cinquante agents sont chargés pendant deux mois de parcourir les campagnes et d'acheter les cocons dans les cabanes des paysans. M. Mathon ne s'adonne pas à la culture des mûriers ni à l'élève des vers.

Tel est le tableau de la première filature importante des Français et des Européens dans le Levant. Son histoire domine celle du développement de l'industrie séricicole dans cette contrée. Je vais montrer quelle a été son influence sur la quantité, la qualité et le prix des cocons fournis par les pays des environs.

Le tableau suivant renferme l'énumération des cocons

produits l'année dernière (1852) aux environs de Smyrne. Les numéros d'ordre indiquent les qualités; le n° 1 correspond à la plus parfaite.

LOCALITÉS	PRODUIT EN OCQUES BRUTES.
1. Cassa-Ba	2,000 ocques.
2. Chio	16,000
3. Smyrne, Bournabat, etc.	6,000
4. Magnésie	2,000
5. Latcheta	3,000
6. Parsa et Stanbol	4,000
7. Guru-Beyraou	1,000
8. Bergame	3,000
9. Ourlac	6,000
10. Odemich	20,000
11. Aïdin[1]	15,000
Petites localités	20,000
Total	97,000

[1] Pour Aïdin le chiffre de 15,000 est très-hasardé.

Comme on le voit, d'après le tableau précédent, les qualités des cocons sont loin d'être en proportion avec leurs quantités; on peut même avancer que les localités, fournissant les plus grandes quantités de cocons, donnent les plus mauvaises qualités. Ainsi Cassa-Ba, dont les cocons sont les plus beaux, produit annuellement 2,000 ocques. Au contraire, les cocons d'Aïdin dont le chiffre atteint 15,000 ocques sont d'une qualité si imparfaite, que le commerce jusqu'à cette année n'avait voulu les recevoir à aucun prix; les paysans avaient continué à les filer eux-mêmes. Cette année, la rareté des cocons en France a déterminé l'acquisition de quelques échantillons d'Aïdin.

La supériorité des produits de Cassa-Ba semble provenir

de l'excellence des œufs de vers à soie; sans doute, si les producteurs voulaient transporter les œufs de Cassa-Ba à Ourlac, à Odemich, à Aïdin, les cocons de ces localités pourraient beaucoup gagner en qualité. A la vérité, plusieurs variétés de vers s'acclimatent difficilement, mais cependant la semence transportée d'un lieu à un autre semble en moyenne réussir trois fois sur quatre.

D'après les nouveaux avantages obtenus par les agriculteurs, on doit espérer que les pays donnant de belles qualités fourniront quelque jour des quantités considérables. Depuis dix années, ces quantités ont déjà singulièrement augmenté; dans certains pays, l'accroissement de la production a été de 3 pour 1 en moyenne; il a été de 2 pour 1 dans les pays où la culture du mûrier a pris une grande extension.

Chio présente un exemple remarquable du rapide développement de la sériciculture. Il y a encore dix années, Chio, une des plus belles îles de l'Asie Mineure, nourrissait à peine quelques vers à soie. Sur son sol merveilleusement fertile, les mûriers croissaient presque sans culture. Ils étaient pour la plupart de stériles ornements rassemblés à l'entour des habitations; on recueillait seulement les feuilles sur le tiers ou la moitié d'entre eux. Cependant, les cocons de Chio avaient une grande supériorité sur ceux des pays avoisinants; bientôt cette supériorité se révéla, et les habitants des campagnes entrevoyant dans les mûriers une source de richesses leur donnèrent tous leurs soins. Il en est résulté les changements suivants:

Vers 1843, Chio fournissait annuellement 5 à 6,000 orques de cocons secs; elle en produit aujourd'hui 16 à

18.000. Leur vente donnait chaque année aux cultivateurs une somme de 150.000 piastres; depuis trois années, la valeur annuelle est de 1.200,000 piastres. La soie rapportait à la douane 400 ou 500 piastres; elle était presque entièrement emportée par contrebande ou elle était employée dans le pays; cette année, la douane a retiré de la sortie des cocons plus de 60,000 piastres. Le trésor recevait 20,000 piastres pour la dîme; il perçoit aujourd'hui 80,000 piastres.

Non-seulement à Chio la quantité des produits a singulièrement augmenté, mais leur prix s'est élevé simultanément. Ainsi, l'ocque de soie filée par les habitants du pays se vendait autrefois 100 piastres. Le paysan sur ces 100 piastres avait à débourser environ 25 p. 0/0, en frais de dîme et frais de filature: restaient 75 piastres, qui, tous frais payés, se réduisaient environ à 7 piastres pour chaque ocque. C'était un bien petit bénéfice pour tant de peine auquel astreint l'élève des vers.

Lorsque M. Mathon commença ses acquisitions dans l'île de Chio, il paya 40 piastres l'ocque de cocons secs rendus à bord. En 1850 et 1851, les cocons ont été vendus 60 piastres, et cette année leur prix est monté à 90 ou 100 piastres. Ceux d'Ourlac et de Bergame sont de qualité inférieure; ils ont été vendus de 70 à 85 piastres. Ceux d'Aïdin, exclus jusqu'à présent du commerce par suite de leur mauvaise qualité, ont été payés 60 piastres. Enfin, on peut dire que si les environs de Smyrne eussent produit dix fois plus de cocons, tous ces cocons auraient certainement été vendus à un très-haut prix.

Ces chiffres sont un témoignage des services rendus par

les industriels français aux populations, parmi lesquelles ils importent la science séricicole de notre pays.

Du reste, les quantités de cocons recueillies dans les environs de Smyrne ne sont pas toutes employées sur place pour le filage. Il n'existe à Smyrne d'autre filature que celle de M. Mathon, et, malgré son importance, cet établissement ne peut à lui seul consommer qu'une quantité bornée de produits. Avant l'arrivée de cet habile industriel, quelques essais avaient été tentés pour établir des filatures; nous avons dit qu'ils avaient été infructueux; après lui, un essai a été renouvelé, et de même il est resté sans résultats. L'exportation des cocons a pris un grand développement. Dès la première année de son arrivée, M. Mathon avait exporté en France une partie de ses cocons; chaque année il renouvela cette exportation, et son exemple fut bientôt suivi par plusieurs négociants de Smyrne.

L'exportation des soies, cocons et bourres en 1851 a été :

Pour la France....................	de 481,222ᶠ
Pour l'Autriche...................	55,933
Pour la Grande-Bretagne..........	47,821
Total......................	584,976

En 1852, elle a été :

Pour la France....................	de 916,800ᶠ
Pour l'Autriche...................	106,750
Pour la Grande-Bretagne..........	105,600
Total......................	1,129,150ᶠ, représen-

tant 151,300 kilogrammes.

La plus grande partie des cocons est portée en France;

ce commerce prend un si grand développement qu'il mérite une sérieuse attention de la part de nos négociants.

DE LA SÉRICICULTURE DANS L'ILE DE CHYPRE

M. le Directeur général de l'agriculture et du commerce m'avait commandé de porter spécialement mon attention sur la sériciculture de Chypre : la soie de cette île, très-intéressante par des qualités qui lui sont spéciales, n'a pas encore à ma connaissance été l'objet d'une étude particulière.

Je me suis arrêté dans les localités où l'industrie séricicole présente un plus grand développement; j'ai soumis les mûriers à un soigneux examen; je me suis fait montrer dans les cabanes des éducateurs les instruments employés pour l'élève des vers, j'ai assisté au filage. Enfin, le consul de France, M. Doazan, et les principaux négociants français de la Scala, MM. Tardieu, Farkoa, Georges Bernard, m'ont donné de précieux renseignements.

A l'appui des observations qui vont suivre, j'ai envoyé au ministère de l'agriculture, du commerce et des travaux publics une série d'échantillons de sériciculture : plusieurs variétés de mûriers et de cocons, de la graine de vers, des fuseaux, de la soie filée et quelques tissus de soie fabriqués dans le pays.

IMPÔTS ÉTABLIS SUR LA SOIE DE CHYPRE.

Comme les diverses industries et les cultures de l'île, la sériciculture est longtemps restée dans un état de souffrance. Cette souffrance était le résultat de la pression exercée sur les habitants : les Turcs traitaient Chypre avec toute la sévérité dont un peuple peut user vis-à-vis d'un pays conquis. J'ai déjà dit qu'avant la suppression du fermage de l'île, la dîme était perçue non sur la soie filée, mais sur les vers à soie. Personne n'ignore combien de causes diverses peuvent amener la perte des vers ; souvent l'éducateur, après avoir payé la dîme, voyait périr tous ses élèves. De plus, comme il est difficile d'estimer exactement une quantité donnée de vers, les fermiers de l'État décidaient très-arbitrairement la quotité des sommes à percevoir. Cet état de choses avait déterminé l'abandon d'un grand nombre de mûriers, et chaque jour voyait tomber davantage l'industrie des soies.

Dans mon chapitre spécial sur Chypre, j'ai dit que la suppression du fermage général de l'île fut accompagnée de salutaires réformes. A partir de cette époque, on cessa de prélever l'impôt sur les vers, et la soie filée fut seule taxée. Actuellement la dîme est de 10 piastres par ocque de soie ; elle est perçue de la manière suivante : dans chacun des 16 districts de l'île, le pacha met aux enchères le fermage des soies. Le plus fort enchérisseur se constitue vis-à-vis du gouvernement débiteur de la somme pour laquelle le fermage lui a été adjugé ; il se charge lui-même de percevoir le revenu des dîmes. Si ce revenu dépasse la somme d'enchère, il peut réaliser de grands bénéfices ; mais il court les chances de perte qui seraient inévitables dans le cas où le revenu n'atteindrait pas le prix d'enchère.

Le fermage actuel des soies n'a rien de vexatoire pour les populations ; il est très-différent de ce fermage donné autrefois aux pachas de l'empire ottoman, fermage par lequel les pachas ayant loué une province à l'État obtenaient le pouvoir de la pressurer selon leur gré.

Les appariteurs de la dîme prélèvent les droits sur la soie dans le lieu même où elle est filée. Lorsque les éducateurs ont fini la récolte des cocons, ils la portent chez un propriétaire de moulin (c'est le nom donné aux quindres). Au moulin, ils trouvent un appariteur; pour chaque ocque de soie filée sortant de la roue, ils lui remettent la somme fixée; en cas de discussion, ils payent souvent en nature.

En dehors des frais de dîme, la soie doit supporter encore des frais de douane. En général, dans l'île, les articles payent des droits plus considérables pour la sortie que pour l'entrée : la douane perçoit 1 2 p. o/o sur les produits sortants; elle perçoit 5 p. o/o sur les produits entrants. Ces sommes sont des moyennes; chaque article a un prix spécial qui varie. Le prix de la soie à la sortie se trouve être en ce moment de 7 piastres 2 paras 1/2 par ocque.

En résumé, le gouvernement turc, sur chaque ocque de soie filée sortant de Chypre, prélève actuellement un droit de 10 piastres payées par le fileur aux appariteurs de la dîme, 7 piastres 2 paras 1/2 payées par l'acheteur à la douane; total 17 piastres 2 paras 1/2.

J'ai dû commencer par rendre compte des impôts établis sur la soie; car la marche de ces impôts a dominé le développement de la sériciculture. Lorsqu'ils ont été trop onéreux, cette industrie a décliné et marché vers sa perte. Au contraire, ont-ils diminué, les hommes des campagnes ont

repris courage; ils ont apporté de nouveaux soins à l'industrie la plus facile et la plus naturelle des pays du Levant.

MÛRIERS.

Depuis dix-huit ou vingt ans, des mûriers ont été plantés
dans toutes les parties de l'île. Avec les caroubiers et les
oliviers, ils forment presque les seuls ombrages des pays
situés hors de la zone des montagnes les plus élevées.

Les femmes chypriotes, pour lesquelles les étoffes de
soie sont un luxe indispensable, font planter des mûriers
autour de leurs habitations : la seule condition qui semble
nécessaire pour la croissance de ces arbres est l'arrosage;
aussi, dans toutes les plantations, des rigoles amènent
l'eau jusqu'à leurs pieds. M. Foureade pense que l'on peut
évaluer à 250,000 le nombre des mûriers en rapport.
Ces arbres sont l'objet de la culture principale dans quelques localités, à Kythræa (au N. de Chypre), à Varoschia
(sur le littoral oriental) et dans le district de Paphos
(S. O. de l'île).

Kythræa est établie sur des macignos composés de puissantes assises, tantôt meubles, tantôt endurcies, à strati-
fication très-marquée. Ces assises se prolongent au loin à
l'E. et à l'O.; mais du nord au midi, elles ont au plus un
parcours de deux heures de marche; au sud, elles abou-
tissent à la plaine de la Messaorée; au nord, elles forment
la base de la vaste muraille de calcaire dur et compacte qui
constitue la chaîne de Cérines. Les roches de cette localité
sont très-variées; ce sont des brèches à larges fragments,
des roches d'épanchement, des wackes ou des marbres. La
plupart des mûriers de Kythræa reposent sur les assises de

grès. Ces grès, tour à tour tendres et solides, composent
un sol d'une perméabilité variable. Leurs couches inclinées
vers le midi sont exposées à un soleil brûlant. Les mûriers
de Kythræa donnent les pires cocons de l'île; ces cocons
sont d'une extrême mollesse, ils cèdent sous le doigt; leur
soie est peu abondante et peu solide; elle est d'un jaune
blanchâtre.

Varoschia, village voisin de la célèbre Famagouste, est
assis sur les bords d'une plaine dont la constitution est
différente de celle de Kythræa : le sous-sol est un calcaire
grossier, poreux. Les dunes de la mer l'envahissent et les
mûriers y sont peu à peu enterrés par le sable; on sup-
plée à l'absence des cours d'eau par des alakatis. Les alakatis sont des puits profonds desquels on tire l'eau au
moyen de manéges. On regarde les mûriers de Varoschia
comme de mauvaise qualité; ces arbres ne peuvent vieil-
lir. Quelques habitants attribuent cette particularité au
sable qui les envahit; selon d'autres commentaires, leurs
racines se pourriraient rapidement. On assimile les mûriers du Carpas à ceux de Varoschia; ils leur sont assez
semblables.

Il ne faut pas rechercher auprès de Paphos (impropre-
ment nommé Baffa en dehors de l'île) les mûriers renommés
sous le nom de *mûriers de Baffa*; il en est des mûriers
comme des diamants de Paphos, les uns et les autres
ne se trouvent pas contre le village, mais dans le district
de ce nom. Paphos et la ville de Ctima, qui en est voisine,
sont établis sur le même sol que Varoschia, c'est-à-dire
sur un calcaire grossier, poreux. Mais dans le pays environnant les montagnes sont formées de roches plutoniques.

de serpentines, d'euphotides, de diorites. Ces roches ont, en général, une grande compacité mais peu de dureté; elles se décomposent facilement à la surface et forment un sol très-chaud. Dans ce sol, les mûriers parviennent à une grande vieillesse: M. Tardieu considère les feuilles des vieux arbres comme beaucoup plus nourrissantes pour les vers que celles des jeunes; d'après son opinion, la supériorité des soies de Baffa pourrait provenir de la vieillesse des mûriers. Cette observation s'accorderait avec ce principe posé depuis longtemps en France par Olivier de Serres :

« L'experience monstre, la fueille des vieux meuriers est plus profitable et saine aux vers que celle des jeunes : pouruen qu'ils ne soient tumbez en extreme décadence, ains que retenans de leur ancienne vigueur, aient encores quelques restes de force : communiquans telle qualité avec la vigne, qui meilleur vin rend, vieille que jeune [1]. »

Il est essentiel d'ajouter que le district de Paphos est composé de montagnes : or, on sait que les mûriers préfèrent les lieux élevés aux régions basses. « Dans les pays éminemment serigènes, les soies de montagne sont toujours plus estimées que les soies de plaines et de vallons [2]. »

La plupart des meilleures productions de l'île sont réunies dans le district de Paphos; on dit même, coïncidence singulière! que les Chypriotes distingués ont presque tous reçu

[1] Olivier de Serres, *La cveillette de la soye*, *Echantillo du Theatre d'agriculture*, 1599.

[2] De Chavannes de la Giraudière, *Comment on peut cultiver avec succès le mûrier dans le centre de la France*, 1842.

le jour dans cette contrée. Les montagnes de Paphos retiennent une fraîcheur inconnue aux autres parties de l'île; dans cet éternel oasis, les plantes ont pu davantage conserver leur force et les hommes leur énergie.

Les mûriers de Chypre employés pour la nourriture des vers sont tous des mûriers blancs; des mûriers noirs sont plantés contre quelques habitations: leurs fruits servent d'aliment, mais leurs feuilles ne sont jamais cueillies.

On compte deux sortes de mûrier blanc : l'une naturelle à l'île venant très-facilement par semis; l'autre s'obtenant seulement par la greffe. La première se divise elle-même en deux catégories : les mûriers à feuilles très-fortement découpées (voir fig. 2), les mûriers à feuilles entières (voir fig. 3). Presque toujours les feuilles de ces derniers présentent quelque échancrure, et sur l'arbre qui les porte on trouve même des feuilles profondément découpées. Ces feuilles les rattachent à la première variété. Les mûriers greffés ont toujours des feuilles larges non découpées (voir fig. 4).

Dans une grande partie de l'île, on cultive quelques arbres non greffés pour les jeunes vers; car, en Chypre comme en France, leurs feuilles sont regardées comme plus tendres et plus saines : « La feuille du mûrier sauvage, dit M. Bonafous, plus précoce et plus tendre, doit être préférée pour les jeunes vers à celle du mûrier greffé[1]. »

La feuille des mûriers greffés est réservée pour les vers sortis du premier âge; on sait que ces arbres donnent

[1] Mathieu Bonafous, *Annotations à la cueillette de la soie d'Olivier de Serres*, 1843.

beaucoup plus de feuilles. Dans le district de Paphos, on emploie principalement le mûrier non greffé; cet usage, selon M. Georges Bernard, agriculteur français établi en Chypre, serait une des principales causes auxquelles la soie de Baffa devrait sa supériorité.

Cette manière de voir est une confirmation de l'opinion qui m'a été exprimée par M. de Monny de Mornay, lorsqu'au moment de mon départ pour l'Orient j'allai prendre ses instructions. M. de Monny de Mornay m'avait chargé spécialement de vérifier si, dans le Levant, le mûrier sauvage ne présentait pas une nourriture préférable pour les vers à celle du mûrier greffé, que l'abondance de son produit a fait adopter en Europe. En effet, le comte Dandolo a depuis longtemps signalé la supériorité du mûrier sauvage sur le mûrier greffé : « Le premier, dit-il, donne moins de feuilles, mais il en donne de plus riches en substances alimentaires et en résine[1]. »

Les paysans ne font pas eux-mêmes leurs semis. L'art des semis est réservé à trois pays : à Deftera, dans le centre de l'île; à Lapithos, sur la côte septentrionale; et à Ctima, près du rivage méridional.

Deux années après que l'on a confié à la terre les semences de mûriers, on espace les jeunes plants. Les pépiniéristes les gardent encore pendant deux années, et, à partir de cette époque, ils les mettent en vente : leur croissance est extrêmement rapide. Les habitants des diverses parties de l'île les achètent dans une des trois localités que j'ai nommées.

En Europe, on connaît trois modes principaux de plan-

---

[1] *De l'art d'élever les vers à soie*, par le comte Dandolo, traduit par Philibert Fontaneilles. 2ᵉ édition. 1825.

tation ; on établit : 1° des mûriers hautes tiges ; 2° des mûriers mi-tiges ; 3° des mûriers nains. Dans l'île de Chypre, les
mûriers hautes tiges sont presque exclusivement adoptés :
ces arbres viennent à la vérité plus lentement que les
autres, mais ils donnent pendant longtemps d'excellents
produits, et ils présentent l'avantage capital que leurs
feuilles sont moins exposées que les autres à être dévorées
par les sauterelles.

Les mûriers ne sont presque jamais fumés ; deux fois
par an, on doit donner une façon au sol qui les entoure.
Il est rare que l'on entreprenne quelque culture sur les
terrains où ils sont établis, et l'on a même le soin d'en enlever les mauvaises herbes.

Ils sont plantés, en général, très-rapprochés les uns des
autres, afin sans doute que leur ombrage les défende contre
la violence des rayons solaires. Ils sont toujours voisins de
quelque cours d'eau artificiel ou naturel ; on les arrose au
moins deux fois la semaine par le moyen de rigoles qui
amènent l'eau jusqu'à leur pied.

La récolte ne se pratique pas comme en France ; au
lieu de faire sur l'arbre la cueillette des feuilles, on coupe
les branches entières. Dans les plantations où les ouvriers
chargés de la récolte n'ont pas coupé les rameaux à leur
base, les cultivateurs achèvent de les tailler de manière à
laisser uniquement le tronc et les très-grosses branches :
« Le mûrier, dit le paysan chypriote, dont on a coupé toute
branche, présente en sa pousse plus de vigueur. »

Il est difficile de voir un système de taille plus opposé
au système pratiqué dans les belles plantations du midi de
la France. Autant nos mûriers provoquent l'admiration par

la régularité de leurs innombrables rameaux, autant les
mûriers de Chypre choquent le regard par leurs formes con-
tournées, bizarres, irrégulières. Souvent trois ou quatre
énormes branches partent du tronc principal et semblent
absorber toute la sève. Souvent aussi, après la taille, il reste
un tronc unique, dépouillé de tout ornement et semblable
au tronc d'un saule étêté.

La récolte des feuilles d'un mûrier de quinze ans vaut
environ 4 francs. M. Fourcade [1] a vu des mûriers se louer
jusqu'à 25 francs. Ces arbres étaient plantés isolément et
n'avaient jamais été gênés dans leur développement.

DES VERS À SOIE.

On n'obtient en Chypre qu'une seule récolte de cocons.
Lorsque les papillons arrivent au temps de la ponte, on
les place sur des toiles blanches. Les œufs sont rassemblés dans des sacs et conservés dans l'intérieur des habitations; on n'a pas, comme en Syrie, la coutume de les
garder pendant l'hiver dans les églises.

Aucun essai n'a encore été tenté pour substituer des
graines d'Europe aux graines de Chypre. La soie de cette
île a des qualités spéciales, qui sont précieuses pour le
commerce; cependant ses nombreux défauts lui donnent une
infériorité sur la plupart des soies connues; aussi, les éducateurs en retirent un faible produit. La qualité gagnerait
sans doute au changement de graine. Il serait en particulier
intéressant d'apporter à Paphos des graines étrangères;
d'après les modifications provenant de ces graines, on

---

[1] Fourcade, *Mémoire sur l'état présent de l'île de Chypre*, 1844.

apprendrait si la spécialité de la soie, dite de Baffa, est due au sol du district ou à la nature des œufs employés. Depuis une dizaine d'années, on a importé à la Scala des œufs de Syrie; il en est résulté des cocons de petite taille, arrondis, fournis et très-lourds. Au premier coup d'œil, ils se distinguent des cocons indigènes de l'île (voir fig. 5). Malheureusement la semence de Syrie a été répandue sur une échelle très-restreinte.

Lorsque l'époque de l'éclosion approche, les femmes portent les sacs de graine sur leur poitrine : cette singulière habitude de couver les œufs est loin d'être spéciale aux provinces d'Europe; nous l'avons retrouvée dans toutes les contrées du Levant. Cependant on sait qu'elle est préjudiciable aux vers : « Couver ceste graine sous les aisselles ou entre les mammelles des femmes, n'est chose profitable ; non tant pour crainte de leurs fleurs, comme aucuns pensent que pour l'agitation : ne se pouuant faire que portant la graine sur la personne, l'on ne la tracasse et meslinge[1]. »

Au moment où les vers sortent de leur coque, on les place sur des nappes blanches; ensuite on les dépose dans des tabahs semblables à ceux de la Syrie. En Chypre, l'usage des tabahs est peu répandu; les paniers, les tamis et les vases de toute sorte employés dans les ménages sont appelés à recevoir les nouveaux-nés.

Lorsque les vers ont grandi, on les porte sur des claies. La plupart des claies sont établies dans des hangars attenant à l'habitation des paysans. Elles sont formées par la réunion

---

[1] Olivier de Serres, seigneur du Radel, 1589. *Opus citatum.*

de ces longs roseaux, qui partagent avec le laurier-rose le
privilége de border les rares ruisseaux de l'île. En général
(voir fig. 7), elles sont suspendues par des cordes de telle
sorte qu'elles ne touchent ni au mur ni au plancher. Lorsqu'on ne prend pas la précaution d'isoler les vers, les rats
les attaquent et en détruisent un grand nombre.

Les chambres où se font les éducations sont tenues avec
autant de propreté que peuvent en avoir des Orientaux.
Les Chypriotes n'ont pas à cet égard la négligence d'un
grand nombre des habitants de la Syrie; on ne fume jamais
le chibouk dans la chambre où sont les vers à soie; c'est
là une grande gêne pour des hommes dont la plus fréquente
occupation est celle de fumer.

Comme nous l'avons déjà dit, dans le district de Paphos,
on nourrit uniquement les vers avec des feuilles de mûrier
non greffé. Dans les autres districts, on les nourrit avec
ces mêmes feuilles pendant le premier âge, pendant les
autres âges on leur donne des feuilles de mûrier greffé.

Les vers de Chypre sont soumis à diverses maladies
comme les vers de tous les pays; mais le terrible fléau de
nos magnaneries, la muscardine, ne les a pas encore envahis.

Je ne dirai rien des métamorphoses qui sont, en Orient,
les mêmes qu'en Europe; j'arrive à la description des
cocons.

DES COCONS.

J'ai représenté, figure 6, les trois variétés de cocons les
plus abondantes en Chypre.

Les cocons de l'île sont en général très-pointus; c'est là
un grand vice dans leur conformation; il arrive souvent

qu'en se dévidant, le fil se rompt à la pointe. La plupart
des cocons sont irréguliers, peu fournis et de grande taille.
On sait que les races de cocons de grande taille sont en
général peu estimées; en Europe, on leur préfère les races
de petite et de moyenne dimension [1].

La couleur habituelle des cocons de Chypre est la couleur jaune: les cocons blanc vert et les cocons blancs, se
vendent moins avantageusement sur la place de Marseille,
et, pour cette raison, ils ont été presque complétement
abandonnés. Mariti a dit que la soie de Chypre la plus
estimée en Europe est la soie blanche. « Quelquefois, ajoute-
t-il, on mêle dans les balles de soie blanche de la soie
couleur de soufre et de citron: mais ces deux espèces
entrent en très-petite quantité dans les expéditions qui s'en
font en Angleterre, en Hollande et en France. Venise et
Livourne reçoivent indistinctement les unes et les autres,
et bien que la soie blanche ait là comme partout ailleurs
la préférence, on n'y est cependant pas aussi difficile que
dans les pays ultramontains (c'est un Italien qui parle)[2]. »
Comme je viens de le dire, les négociants européens, et en
particulier les négociants français, placent la soie jaune
orangé de Paphos beaucoup plus facilement que la soie blanchâtre de Kythræa. D'ailleurs, Mariti déclare que la soie
jaune orangé coûte une piastre de plus, ce qui sans doute
n'aurait pas lieu, si elle était de qualité inférieure. « Les
Turcs, dit-il, achètent la plus grande partie des soies

[1] Consulter à ce sujet Robinet, *Manuel de l'éducateur de vers à soie*,
1848, p. 309.

[2] Mariti, *Voyages dans l'île de Chypre, la Syrie et la Palestine*, 1791,
tome Ier.

orangées (de Chypre); elles leur coûtent une piastre de plus, ils les font passer au Caire; ces peuples en aiment singulièrement la couleur; le fil en est aussi plus fin et plus délicat. »

A l'appui de ce que je viens d'avancer, je citerai le passage suivant, extrait du rapport de M. Fourcade, sur Chypre, 1844 : « Les soies jaunes de Baffa sont les plus estimées et se paient 10 p. o/o de plus que les soies blanches de Varoschia et du Carpas. »

Les cocons de Varoschia sont de qualité très-ordinaire; il en faut 8 oeques pour composer 1 ocque de soie filée.

Les cocons de Larnaca sont trop peu nombreux pour jouer quelque rôle dans le commerce; 8 oeques de cocons frais donnent 1 ocque de soie filée. Des œufs apportés de Syrie ont produit une très-bonne variété (voir fig. 5).

Les cocons de Kythræa sont de mauvaise qualité. Leur poids est minime et la faiblesse de leurs fils est extrême.

Les cocons de Marathassa sont remarquables par leur brillant; ils donnent la soie de l'île la plus séduisante pour les yeux.

On sait que les cocons de Paphos ou Baffa possèdent des qualités très-spéciales. Dans le commerce, on a le tort de désigner toute la soie de Chypre sous le nom de soie de Baffa. Celle-ci est très-supérieure en qualité aux diverses soies de l'île; voici les propriétés qui la caractérisent :

Les cocons de Paphos sont moins pointus que les autres cocons de l'île; ils sont plus réguliers, plus épais. Sous le même volume, ils pèsent au moins un quart de plus que ceux de Kythræa. 6 oeques de cocons frais suffisent pour former une ocque de soie filée.

Les fils se séparent plus facilement de la bourre que dans les autres cocons; ils sont plus droits, plus unis, moins crépus; il en résulte qu'ils se dévident plus facilement. Ils sont d'une force remarquable; nuls fils de soie ne pourraient supporter des poids aussi lourds. A la vérité ils sont tirés grossièrement et sont peu brillants. Mais ces défauts passent inaperçus, les fils étant employés pour l'industrie des galons et en général recouverts de fils d'or ou d'argent. Le nerf de la soie de Paphos, sa solidité et son bas prix la rendent pour l'industrie une ressource très-précieuse.

DE FILAGE.

Lorsque les Chypriotes ont recueilli leurs cocons, ils ne les étouffent pas au moyen d'appareils spéciaux, ils se contentent de les exposer au soleil. Malgré la chaleur du climat, cette précaution est insuffisante; car les vers ne périssent que par une température prolongée de 76 à 78 degrés. Pour prévenir le jour où les papillons couperont leur enveloppe, afin de s'échapper, les paysans se hâtent de porter leurs cocons à un propriétaire de moulin. Au moulin affluent les éducateurs chargés de leur récolte. On travaille nuit et jour. Malgré la précipitation, de nombreux papillons ont le temps d'attaquer les murs de leur prison; ils détruisent ainsi une petite partie de l'avoir qu'avait espéré le pauvre éducateur.

Les cocons percés ne sont pas entièrement perdus. Il n'est guère de cabane en Chypre où parmi les provisions de ménage n'apparaisse un long chapelet de cocons percés, qui peu à peu devront se transformer en vêtements à l'usage de la famille; toutes les femmes de Chypre sont fileuses. Comme elles travaillent à la main, peu leur importe si les fils de leurs cocons sont coupés : les doigts industrieux opèrent ce qu'une roue inintelligente ne saurait faire.

On verra (fig. 7) un dessin des fuseaux dont on se sert pour dévider la soie. La fileuse laisse pendre quelques brins. Ces brins se réunissent en un seul fil qui s'attache à un crochet placé au sommet du fuseau. La femme chypriote, en pressant rapidement contre elle le petit instrument, lui communique un mouvement de rotation : le fuseau dans sa marche rotatoire imprime à son tour une torsion aux brins de soie; en même temps, les doigts de la fileuse mettent ces brins en ordre et les disposent à s'enrouler régulièrement. Lorsque le mouvement rotatoire a cessé, un peu de fil se trouve formé; on le roule autour du fuseau. Ce petit travail ne manque pas d'élégance et de pittoresque : aujourd'hui les pauvres fileuses animent seules les ruines de Paphos; leurs lambeaux de soie sont le luxe unique subsistant sur une terre si longtemps célèbre par sa richesse; encore ce luxe n'est-il qu'un misérable souvenir des temps poétiques où ces lieux étaient le séjour de la mollesse et de la volupté.

Les cocons non percés sont filés sur les moulins. Ces moulins ou guindres ont souvent 6 pieds de diamètre et plus. Il en résulte des flottes de trop grandes dimensions; les fabricants s'en sont déjà plaints, et sur la place de Marseille le manque de proportions voulues fait perdre à la soie de Chypre 1 franc de valeur par kilogramme[1] : on a tenté de

---

[1] On sait que le guindrage habituel est de 190 centimètres. Les flottes doivent peser 50 ou 60 grammes au plus. Suivant la qualité des cocons, deux

vains efforts pour diminuer la taille des guindres. Il y a environ quarante années, vivait en Chypre un homme puissant, du nom de Yorgatchi Drogmanou. Yorgatchi était démogéronte grec; par sa haute intelligence et par sa fortune, il avait joué un grand rôle dans les événements politiques. Animé d'un esprit réformateur, il voulut supprimer les anciens moulins et en fit venir de Brousse qui étaient d'une moindre taille. Les paysans s'ameutèrent; ils brisèrent les nouveaux guindres. A Marathassa, où la plupart avaient été apportés, quelques-uns échappèrent au sac; on peut encore les voir. Cet acte de violence chez un peuple tranquille, comme le peuple chypriote, ne me semble pas une marque d'aveugle fanatisme pour la routine. Mais lorsqu'une roue est d'un petit diamètre, elle enroule à chacun de ses tours moins de soie qu'une roue plus grande; il faut donc plus de tours pour produire une quantité donnée. Or, en Chypre, la roue de tout moulin se meut à bras d'homme; ainsi l'ouvrier avait plus de fatigue; or la fatigue matérielle est le plus grand des maux que puisse endurer un Oriental.

Comme jamais les moulins de Chypre ne sont mus par la vapeur ou par une machine hydraulique, mais sont tournés à la main, ils nécessitent au moins deux ouvriers : l'un qui file la soie, l'autre qui tourne la roue. Mon compagnon de voyage, M. Amédée Damour, a bien voulu me prendre le croquis d'un moulin (fig. 8). On voit en A la bassine, en B les bobines, en D la manivelle qui fait tourner la roue, en C la soie telle qu'elle est posée dans la marche

ou trois battues suffisent pour obtenir ce poids. On pourra consulter à ce sujet : *Les conseils aux nouveaux éducateurs de vers à soie*, par Frédéric de Boutlenois, 1851, 2ᵉ édition, p. 206.

de l'opération. Les flèches indiquent la direction suivant laquelle les fils sont entraînés.

L'eau des bassines est une infusion de résidus de cocons; elle est rarement renouvelée : dans un pays où la chaleur détermine de promptes décompositions, il en résulte une odeur nauséabonde. En Europe, on s'est fortement élevé contre l'habitude de mettre des cocons pilés dans l'eau des bassines : on prétend qu'une eau bourbeuse est nuisible à la netteté de la soie. Les Chypriotes, et en général tous les Levantins, croiraient ne pouvoir bien filer, s'ils se servaient d'eau pure.

On lit dans l'*Encyclopédie*, dans le *Dictionnaire universel du commerce, de la banque et des manufactures*, et dans le *Dictionnaire de l'Académie des sciences*, qu'en Orient on file les soies à l'eau froide [1]. Je peux assurer qu'en Chypre et dans les autres pays que j'ai visités, on ne file pas à l'eau froide. Ce qui peut être vrai, c'est que les fileurs, souvent indolents et paresseux, laissent tomber leur feu, lorsque les cocons ont été pendant quelque temps plongés dans une eau d'une température élevée.

On chauffe les bassines au moyen de poêles. Ces poêles sont disposés de telle sorte que la porte par laquelle on introduit le bois soit placée dans une chambre séparée de celle où est la bassine : on garantit ainsi la soie de la fumée et des étincelles [2]. La figure 9, dessinée comme la précédente par M. Amédée Damour, représente la coupe d'un poêle ou

---

[1] Voir la réfutation de cette assertion dans l'ouvrage de M. Teste intitulé : *Commerce des soies et des soieries*, 1830, p. 66.

[2] Il se pourrait que cette disposition eût été la cause de l'opinion qui s'est propagée au sujet du mode de filage en Orient; lorsqu'on entre dans la

four employé à chauffer une bassine. On voit qu'un mur A
sépare la chambre renfermant la bassine B et le moulin
qui en dépend de la chambre où est la porte C du four D.
Le four passe sous le mur. E représente le conduit de la
fumée.

Ce mode de chauffage est fort imparfait. On sait combien il est important de régler la température de l'eau des
bassines ; avec un four il est difficile d'y parvenir : si l'eau
est très-chaude, non-seulement elle dissout la gomme des
cocons, mais encore elle attaque le nerf du brin et rend la
soie cassante et bouchonneuse ; si elle n'a pas assez de chaleur, elle ne peut dissoudre complétement la gomme, et
sur les points où le fil restera collé, il se cassera inévitable-
ment.

La plupart des paysans obtiennent en moyenne 5 à 6 ocques
de soie filée ; à Paphos et à Varoschia, quelques riches propriétaires récoltent dans les bonnes années, 40, 50 et jusqu'à 60 ocques de soie.

EXPORTATION DES COCONS.

L'exportation des cocons est nulle.

Quelques entreprises ont été tentées par des hommes
bien posés dans les affaires ; elles ont été abandonnées.

En 1846, M. Tardieu fit un essai. Comme les éducateurs
n'étouffent jamais les vers, M. Tardieu fut obligé d'établir
un étouffoir. Cet étouffoir était un four. Il lui fallut aussi
faire un séchoir. Il réussit assez bien, mais ce fut au prix

chambre de filage, le foyer ne peut s'apercevoir. D'ailleurs on sait combien
d'erreurs ont souvent leur source dans des explications données dans une
langue que l'on comprend mal.

de grandes peines : si la chaleur du four où s'étouffent les cocons est trop forte, le brin de la soie est altéré ; si la température est trop faible, les chrysalides ne meurent pas et plus tard les papillons percent les cocons et leur enlèvent une grande partie de leur valeur. Le bénéfice ne parut pas compenser suffisamment la main-d'œuvre, et M. Tardieu ne donna pas suite à son entreprise.

En 1852, un essai fut renouvelé par un Français. M. Cauva, associé de M. Figon, sériciculteur du Liban, conduisit en Chypre des ouvriers arabes, et se fit envoyer un étouffoir à la vapeur : la difficulté de se procurer des cocons auprès des paysans habitués de temps immémorial à filer leur soie, la qualité inférieure de ces cocons firent sans doute désister M. Cauva de son entreprise : car il retourna à sa filature de Tsaël Ahme, en Syrie, remportant une assez grande quantité de cocons, mais l'année suivante, il ne revint pas.

EXPORTATION DES SOIES FILÉES.

Toute la soie filée de Chypre, consommée dans le pays ou exportée se monte en moyenne à 25,000 kilogrammes, constituant une somme de 475,000 francs[1]. Ce chiffre m'a été donné par les principaux négociants de l'île.

[1] Il me semble difficile de croire que Mariti n'ait pas été induit en erreur dans son évaluation des soies de Chypre; d'après lui, l'île produirait annuellement 25,000 balles de soie de 300 livres chacune. Il en résulterait un total de 3,750,000 kilogrammes, total énorme comparé au produit actuel. Il n'y a pas eu, depuis 1791, de causes qui aient pu amener une diminution si excessive dans la sériciculture. Au temps de Mariti, Chypre était dans un état de grand dépérissement, et même sous la domination des Vénitiens et des Lusignans, il est bien douteux que l'on ait obtenu jamais de si importants produits

Voici quelques notes sur l'exportation des soies filées : j'ai eu de grandes difficultés pour les rassembler; car toute statistique précise manque à Chypre, comme dans les autres provinces de l'empire ottoman.

On a exporté de l'île des soies filées pour les sommes suivantes, exprimées en francs, savoir :

ANNÉES.	DESTINATIONS.	VALEURS.		TOTAUX.
1826...				200,000f
1836...	France...		660,000f	
	Toscane...	118,000f	125,700	
	Autriche...	7,700		
			TOTAL...	785,700
1837...	France...		172,000f	
	Livourne...	10,000f	11,700	
	Syrie...	1,000		
	Alexandrie...	700		
			TOTAL...	183,700
1838...	France...		287,500f	
	Gênes et Livourne...		32,500	
			TOTAL...	320,000
1839...	France...		297,000f	
	Trieste et Venise...	10,000f	29,800	
	Gênes et Livourne...	19,800		
			TOTAL...	326,800
1849...	France...		366,000f	
	Empire ottoman...	73,400f	80,400	
	Toscane...	7,000		
			TOTAL...	446,400
1852...	France...		675,000f	
	Égypte...		67,500	
			TOTAL...	742,500

Les années, dont la statistique précède, ont été prises au hasard; je les ai choisies uniquement parce que des renseignements certains m'ont été donnés à leur égard. Elles peuvent servir à vérifier les faits suivants :

L'exportation des soies s'est fortement accrue en Chypre depuis plusieurs années :

Si on fait la somme des produits exportés en France et des produits exportés dans les autres pays, on verra que les envois faits dans tous ces pays réunis ont très-peu d'importance comparativement aux envois faits à la France.

Cette année (1853), la récolte a été très-mauvaise : d'après les probabilités, on n'enverra pas en France huit mille kilogrammes. L'année dernière avait été très-belle ; elle avait donné pour l'exportation en France 25,000 kilogrammes, dont le produit, comme je l'ai dit, est monté à près de 675,000 francs.

L'exportation totale de Chypre, dans les plus belles années, a pu atteindre jusqu'à 32,000 kilogrammes ; le district de Paphos fournit à lui seul la moitié de toute la soie de l'île.

Le prix de la soie a augmenté : le kilogramme valait autrefois 22 à 24 francs ; l'année dernière, il est monté à 28 francs et, cette année, il vaudra sans doute davantage. Je parle ici du prix de la soie rendue à bord.

Tous les envois faits en France passent par Marseille.

On exporte de Chypre non-seulement de la soie filée, mais encore de la bourre. Les soies de Baffa ont toujours donné 6 ou 7 p. o/o de bourre. Celles de Varoschia et du Carpas en fournissaient, il y a quelques années, 30 ou 40 p. o/o ; depuis, elles en ont donné 20 p. o/o, puis 15 p. o/o, et aujourd'hui elles en produisent seulement 12 p. o/o. Les soies de Kythræa et de Lapithos en donnent 12 à 15 p. o/o. La bourre est vendue à des marchands arabes qui la portent dans le mont Liban : on en fabrique

de grands manteaux de voyage qui portent le nom de
maschelahs.

CONSOMMATION DE LA SOIE DANS L'INTÉRIEUR DE L'ÎLE.

Au moyen âge, Chypre a fabriqué plusieurs étoffes d'une
grande beauté, parmi lesquelles on doit compter les samits,
tissus de soie mêlés d'or. Au XIIIe et au XIVe siècles, sous
les Lusignans, l'île en fournissait de grandes quantités; ses
marchés étaient renommés en Orient pour ces étoffes. M. de
Mas Latrie a rencontré des preuves certaines que l'on fabriquait encore des samits en Chypre à la fin du règne des
princes français, sous Jacques le Bâtard, et du temps des
Vénitiens.

Aujourd'hui l'île continue à tisser quelques soieries; elle
consomme près du dixième de la soie qu'elle recueille. Ainsi,
pour connaître la production totale du pays, on devra
ajouter un dixième aux quantités de soies exportées dont
nous avons donné le tableau.

En Chypre, les pauvres comme les riches sont vêtus de
soie. Il n'est, pour ainsi dire, aucune femme qui, au jour
de ses noces, n'ait possédé une chemisette de soie; la robe
s'ouvre sur le devant de la poitrine, pour laisser paraître
le tissu précieux, objet du luxe des Chypriotes; et elle s'arrête encore à la hauteur des aisselles pour montrer les
manches de soie, pendant négligemment par-dessus les
bras.

Les femmes ne se contentent pas de filer la soie nécessaire à leurs vêtements, elles la tissent elles-mêmes;
un grand nombre de ménages renferment des métiers à
main.

En dehors des tissus travaillés dans l'intérieur des cabanes pour l'usage des familles, on a, depuis quelques années, entrepris à Nicosie la fabrication d'étoffes de soie à carreaux. Ces étoffes sont employées pour robes et pour moustiquières; elles ont fait doubler la quantité de la soie consommée dans l'intérieur de l'île.

Nicosie produit encore des foulards à bordure rouge et des foulards blancs. Ces derniers sont d'un prix assez élevé, ils valent dans l'île 5 fr. 50 cent.; mais ils rivalisent avec nos plus beaux foulards de France.

Je dois ajouter qu'au milieu des montagnes de la partie occidentale, dans le village de Drimou, j'ai rencontré une fabrication presque inconnue des habitants mêmes de l'île: des femmes brodent avec des soies de diverses couleurs des serviettes et des nappes. Ces broderies ont un cachet remarquable d'originalité et d'élégance; si l'industrie des femmes de Drimou était connue hors de la région sauvage qu'elles habitent, nul doute que leurs produits ne trouvassent des placements avantageux.

QUESTION D'ENSEMBLE SUR LA SÉRICICULTURE EN CHYPRE.

L'histoire de la sériciculture en Chypre peut être résumée par cet adage : « Mon père a fait ainsi et je fais de même. » La population de l'île, inquiète de la domination ottomane, insouciante du progrès comme toute population levantine, semble se soutenir seulement par quelque souffle de son ancienne vie; elle recule devant la peine qui pourrait embellir, aux dépens du présent, un avenir incertain pour elle. Ainsi, tant que l'état actuel n'aura pas changé, en sériciculture comme en tout ordre de chose, on devra peu attendre des indigènes; le progrès viendra des étrangers.

En voyant très-arriérée l'industrie des soies naturellement si belles de Paphos, en considérant d'autre part les rapides développements de la sériciculture dans les pays voisins, l'Anatolie et la Syrie, une pensée se présente spontanément : il faut appeler des filateurs français.

Pyla, village très-voisin de la Scala, le port européen de l'île, serait une localité bien choisie. M. Cauva, sériculteur du Liban, avait, dit-on, pensé à y fonder une filature. Ce village est arrosé par un ruisseau, qui ne se dessèche jamais; les environs possèdent un grand nombre d'ouvriers et d'ouvrières; les communications y sont faciles.

Au jardin du Pacha, près de Larnaca, dans la direction de Chiti, on trouverait encore un endroit favorable : les eaux y sont intarissables.

Le voisinage de Limassol, le premier port de l'île après la Scala, serait avantageux; à deux heures de la ville coulent des eaux abondantes.

Varoschia renferme un grand nombre de mûriers, mais son entourage est malsain et l'on n'obtient l'eau que par le moyen des alakatis : ces alakatis augmenteraient la dépense.

Paphos est au centre du pays qui donne les meilleures soies; les communications y sont faciles, puisque les navires peuvent mouiller contre son ancien port; les eaux sont abondantes, mais un sériciculteur s'y trouverait perdu dans la région la plus sauvage de l'île, éloigné de Larnaca, le rendez-vous des Européens, et de Nicosie, le centre administratif.

J'ai indiqué les localités où des filatures offriraient le plus d'avantages; mais il s'agit de discuter si l'opportunité de créer ces établissements n'est pas plus apparente que réelle.

Plaçons-nous au point de vue des populations de l'île. Ces populations gagneraient à l'amélioration des soies. On estime que les soies de Chypre par leur travail imparfait perdent 3o p. o/o; nous avons vu que, dans les campagnes où s'approvisionne la filature de Smyrne, la production de la soie a doublé et le prix a doublé également.

Comme les revenus de l'État sont proportionnés à la quantité de soie filée et de soie exportée, ces revenus ont de même augmenté en Anatolie sur une vaste échelle. Je ne sais si le bénéfice serait tel en Chypre, mais il serait très-sensible : on n'en peut douter.

Plaçons-nous au point de vue des intérêts de la France.

Dans les localités telles que Brousse, Smyrne, la Syrie, la soie n'a pas le cachet spécial de celle de Baffa. Sur les points de ces parages, où manquent encore les industriels français, il serait essentiel de les appeler; ils rendraient service aux populations et ils rencontreraient de grandes probabilités de succès. Sans doute des filateurs arrivant en Chypre réaliseraient également des bénéfices; mais le commerce français gagnerait-il au perfectionnement de la soie?

D'après l'avis d'un négociant très-éclairé de Chypre, M. Tardieu, c'est là un point plus que douteux; si la soie de Baffa est filée selon les perfectionnements européens, son prix augmentera, comme il a augmenté dans tout le Levant; et, comme aussi dans tout le Levant, sa qualité

restera sans doute inférieure à la qualité des soies françaises.

La soie de Baffa étant spécialement employée pour l'industrie des galons, quels seront les avantages des perfectionnements? La soie ne pourra sans doute devenir plus
forte : elle est de toutes les soies connues, celle dont le fil
a le plus de nerf. Elle sera plus fine ; cette qualité pour
les galons présentera peu d'utilité. Elle aura plus de brillant ; peu importe ce brillant, car, dans les galons, elle est
recouverte de fils d'or ou d'argent. Ainsi ses nouvelles
qualités la rendront plus coûteuse sans la rendre sensiblement plus avantageuse ; le commerce français y perdra
donc.

Ce qui serait essentiel pour nos intérêts, ce ne serait pas
de détruire la spécialité de la soie de Baffa, en la faisant
rentrer par des perfectionnements dans la série des diverses
soies levantines ; ce serait au contraire d'augmenter sa quantité en multipliant les mûriers dans le district et dans les
pays environnants qui présentent des conditions identiques.

Je doute que l'on puisse jamais transmettre ses qualités à
la soie de toute l'île ; le sol des plaines et des collines de
Chypre offre en général une composition très-différente
de celui des montagnes de Paphos et des districts voisins :
on pourra s'en convaincre en se reportant à mon chapitre
spécial sur l'île de Chypre. Or l'influence du sol est sans
doute une influence de premier ordre ; ainsi la soie de
Paphos et des pays d'alentour conservera sans doute des
qualités spéciales que les autres contrées pourront difficilement partager.

DE LA SÉRICICULTURE EN SYRIE.

Nous sortons de Chypre, pays où l'industrie des soies est abandonnée entre les mains des indigènes. En Syrie, la culture des mûriers et l'élève des vers sont plus négligées encore, mais le filage s'est perfectionné entre les mains d'habiles industriels venus d'Europe. Les cocons sont remis aux filateurs et sont travaillés avec les mêmes soins que dans nos pays, parfois même, j'oserai le dire, avec des soins plus grands. Quel courage, en effet, ne doivent pas déployer dans leur industrie des hommes qui n'ont pas craint de quitter nos belles campagnes de France pour les gorges désertes des monts Libans? D'ailleurs, l'établissement des filages européens est très-récent dans les contrées du Levant; et l'on poursuit leur perfectionnement avec l'ardeur qu'entraîne le prestige de la nouveauté.

La Syrie, comme on le verra par les pages suivantes, est un pays essentiellement favorable au développement de la sériciculture; elle est appelée sans doute à jouer un rôle important dans notre commerce séricicole.

Je donnerai quelques détails sur la culture des mûriers, l'élève des vers, le filage, l'exportation des cocons, le tissage.

CULTURE DU MÛRIER.

La position géographique de la Syrie explique la grande extension de la culture du mûrier. Cet arbre est dans les pays chauds moins vigoureux que dans nos climats, mais sa feuille en compensation est moins aqueuse, plus nourrissante et plus saine. La Syrie est soumise à une chaleur intense, moindre cependant que la température de l'Égypte, qui est peut-être trop élevée et surtout trop sèche pour le mûrier; car les excès de la chaleur rendent trop grêle le feuillage de cet arbre.

La constitution orographique du pays vient en aide au climat. Tandis que l'Égypte est essentiellement le pays des plaines, la Syrie est essentiellement celui des collines. Or le mûrier et les vignes se plaisent habituellement sur les collines, elles aiment les versants sur lesquels l'eau ne peut séjourner, et où cependant elles profitent momentanément des pluies d'hiver [1] nécessaires à leur croissance. « Là sera plus assurée, dit Olivier de Serres [2], la nourriture des meuriers que meilleurs croistrôt les vins. »

Les cultivateurs du Levant savent que, dans les montagnes, les récoltes de cocons sont plus belles que dans les régions basses; la soie y présente plus de nerf, plus de résistance.

La culture du mûrier en Syrie n'a pas encore été perfectionnée par les sériciculteurs européens: elle est semblable à la culture de Chypre [3]. On emploie exclusivement

[1] On sait qu'en Égypte il ne pleut presque jamais.

[2] *Opus citatum.*

[3] Longtemps avant que l'on eût constaté en Asie l'excellence des mûriers dans les pays de montagnes, les sériciculteurs l'avaient reconnue en Europe: «Le mûrier de la montagne, dit M. de Gasparin, a des avantages évidents sur celui de la plaine, soit à cause de l'évaporation plus considérable qui augmente la rapidité de la circulation de la sève..... soit par la bonne réussite du ver à soie, qui, dans un air plus élastique, dégagé des miasmes des plaines à l'abri des touffes qui lui sont si funestes, file une soie plus fine, ce qui élève de plus d'un tiers le prix de la feuille du mûrier comparé aux prix de celui de la plaine.»

le mûrier blanc et presque toujours le mûrier greffé. Pour la cueille on n'enlève pas les feuilles comme en France, mais, au lieu d'effeuiller les branches, on les coupe entières : on a vu que l'on suivait en Chypre le même procédé.

Comme les sériciculteurs européens du Liban sont uniquement filateurs et achètent les cocons dont ils se servent, ils ne sont pas directement intéressés à la bonne culture des mûriers; d'ailleurs, le temps leur manque pour s'en occuper sur une vaste échelle.

Aussi, en dehors de points isolés où les filateurs ont donné quelques modèles de culture, les paysans taillent leurs arbres, pour ainsi dire, selon leur caprice, s'inquiétant peu de cette opération, et les abandonnant à la nature si généreuse dans leur beau climat. Ils ne cherchent pas à les diriger de manière à en obtenir des baguettes bien feuillées, et souvent le voyageur reconnaît avec peine dans les mûriers de Syrie les arbres qui parent nos campagnes du midi de la France.

Le nombre des mûriers de Syrie est restreint en proportion de la quantité immense que l'on pourrait en planter dans des lieux très-favorables. Ces arbres seraient pour la population une ressource puissante : ils diminueraient la misère de tant de contrées qui aujourd'hui restent incultes.

Il est très-rare que des retours de froids tardifs fassent souffrir les plantes; cette année pourtant un pareil accident est arrivé, les chaleurs du printemps ont été d'abord assez fortes pour déterminer la germination des feuilles de mûriers et l'éclosion des vers à soie; puis, des froids tardifs

sont survenus, la germination a été arrêtée, et les feuilles
ont cessé de se développer ou même la gelée les a frappées.
Les éducateurs ont voulu suppléer aux feuilles de mûriers par des feuilles de mauve et de laitue. Cette nourriture a rendu les vers malades; aussi, on n'a pas eu en
Syrie le quart de la récolte de l'année dernière, et en
Chypre on n'en a pas obtenu le tiers. A Smyrne, à Brousse,
à Andrinople et en Grèce, la récolte a également beaucoup
souffert.

En France, dans les années où la récolte des feuilles de
mûrier a été insuffisante, on a essayé des feuilles de scorsonère et d'autres plantes. Mais, comme on l'a très-judi-
cieusement observé, le Bombyx mori est l'insecte du mûrier, comme la chenille du chou est celui du chou, comme
la chenille du pommier est celui du pommier; enlevez-les
à la plante qui leur est spéciale, ils s'affaiblissent et finissent
par mourir. Voilà pourquoi la mauve et la laitue n'ont pas
mieux réussi en Orient pour la nourriture des vers à soie
que la scorsonère en Occident.

ÉLÈVE DES VERS.

La Syrie entière y compris Suédie peut produire a millions de kilogrammes de cocons frais. Pendant l'hiver, les
œufs de vers sont enfermés dans des sacs cousus de distance en distance; on les dispose ainsi de peur qu'étant
réunis en trop grand nombre ils ne s'échauffent. On suspend habituellement les sacs dans les églises où ils rencontrent une température uniforme.

Lorsque l'époque de l'éclosion est venue, les femmes

portent sur leur poitrine les œufs enfermés dans des sachets; puis, ces œufs sont étalés sur un drap, et, à mesure qu'un vers vient à naître, on le transporte sur les tabahs.

Les tabahs (voir fig. 11) sont des plateaux circulaires ayant
un fond ou disque d'environ 1 mètre de diamètre et des
rebords de 8 centimètres. Ces proportions varient suivant
les localités. Les tabahs sont formés de bouse de vache
très-sèche; ils sont établis sur des planches disposées en
étagères dans l'intérieur des cabanes.

À Hammana (Liban), j'ai vu élever des vers dans les
chambres les plus enfumées. M. Ferrier, filateur à Hammana, me disait que la plupart des cabanes de ses environs
étaient ainsi enfumées; il n'en est pas de même dans toutes
les localités de la Syrie. Dans un grand nombre de pays,
en Chypre même, où la sériciculture est si arriérée, on
regarde le manque de propreté, la fumée et la mauvaise
odeur comme très-préjudiciables à la santé des vers; j'ai
même dit qu'un Chypriote ne se permettrait jamais de
fumer dans la chambre où sont élevés ces précieux insectes.

Une partie des habitations du Liban sont construites de
manière à laisser un jour entre le toit et les murs d'appui;
le toit ne repose pas directement sur les murs, mais il en
est séparé par des poutres qui sont placées de distance en
distance. Par suite de cette disposition, les salles où vivent
les vers sont si constamment et si complétement aérées,
que ces insectes sont dans une atmosphère presque identique avec l'atmosphère de la campagne. Je ne sais si les
paysans du Liban ont adopté le système d'aérage venant du

haut dans l'intérêt de leurs vers; mais cet aérage est préférable à celui qui est donné par des fenêtres latérales : 1° parce que les miasmes montent toujours dans la partie la plus élevée d'une chambre; 2° parce que le renouvellement d'air a lieu dans une région plus élevée que le niveau auquel sont établis les vers, de telle sorte que l'on évite les courants si préjudiciables des chambres aérées par le système des fenêtres latérales et surtout par celui des soufflets.

Quand les vers sont très-jeunes, on leur coupe les feuilles de mûrier, afin qu'ils puissent les attaquer plus facilement. On a soin de les tenir chaudement (à 18 ou 20 degrés Réaumur).

A mesure qu'ils grandissent, on transporte une partie d'entre eux dans d'autres tabahs; par ce moyen on leur donne plus de place. « C'est chose bien expérimentée que peu de magniaux nourris au large rendent plus de soie que grand nombre serrez à l'estroit[1]. »

Après la troisième maladie, on les enlève de l'intérieur des cabanes et on les range sur des claies exposées en plein air. La chaleur fait quelquefois périr les vers; mais, à partir de la troisième maladie, le froid ne leur nuit jamais. Ils restent exposés à la fraîcheur des nuits sans paraître en souffrir. Un habile sériciculteur du Liban, M. Mourgue, m'a dit avoir vu ses vers supporter très-facilement une température de 10 degrés.

Les vers à soie sont rarement malades; la muscardine, qui enlève annuellement à la France le 5° ou le 6° de ses récoltes de soie, c'est-à-dire une somme d'au moins 20 millions de francs, est complétement inconnue dans la Syrie.

[1] Olivier de Serres, seigneur de Pradel. 1599.

Ce fait prouve combien le climat de cette contrée est favorable à la sériciculture.

Il est bien peu de parties de l'Europe où les vers puissent être exposés jour et nuit en plein air; et pourtant, subsistant comme tous les êtres organisés, en partie aux dépens de l'atmosphère, ils doivent mieux se trouver de la vie en plein air que de la vie renfermée et artificielle, à laquelle nous sommes obligés en Europe de les condamner. Lorsqu'ils sont réunis dans les magnaneries, où l'aérage ne peut jamais égaler celui des champs, la muscardine propage ses ravages.

Dandolo[1] et Camille Beauvais ont fait de très-curieuses expériences sur les températures qui conviennent le mieux aux vers à soie. Il ne suffit pas de savoir si les vers supporteraient sans périr telle ou telle température, mais il faut connaître quelle mesure de chaleur peut déterminer la production de la soie la meilleure et la plus abondante. Or, d'après une lettre de M. Camille Beauvais à M. le comte de Gasparin, la température de 22 à 25 degrés serait la plus favorable à la santé des vers à soie. M. le comte de Gasparin conclut judicieusement qu'en Europe, où l'on ne rencontre pas cette température, on ne peut abandonner les vers à la chaleur naturelle de l'atmosphère. Au contraire, en Syrie, la température de l'atmosphère ambiante est convenable à la santé des vers; car, à l'époque où ces précieux insectes naissent et font leurs cocons, la température moyenne des journées atteint au moins 22 ou 25 degrés[2]. Quant à la température des nuits,

---

[1] Dandolo, *Histoire des vers à soie*, 1818.

[2] L'Algérie renferme des régions assez chaudes pour que les vers puissent être soumis au même traitement qu'en Syrie.

elle est plus basse. Mais les alternatives de la chaleur du jour
et de la fraîcheur des nuits doivent être salutaires aux vers
à soie; car ces alternatives sont une des plus belles harmo-
nies de la nature qui veut que les animaux, s'animant en
s'engourdissant en proportion de l'intensité de l'action exercée sur eux par la lumière et la chaleur du soleil, passent
tour à tour de l'état de veille à l'état de sommeil.

En Syrie, les passages de la chaleur au froid ne sont pas
subits et violents; non-seulement le climat offre une température plus élevée que celui de l'Europe, mais ce qui est
peut-être plus important pour la santé des vers, il est d'une
régularité beaucoup plus grande.

L'élève des vers, comme la culture du mûrier, est restée
jusqu'à présent presque complétement abandonnée entre
les mains des indigènes. Si l'on excepte M. Mourgue qui
poursuit dans un but scientifique des éducations de vers à
soie, aucun industriel, à ma connaissance, ne s'en occupe
et ne possède une magnanerie de quelque importance. Il
semble aujourd'hui reconnu que les magnaneries, pour prospérer, doivent être en général de petits établissements, et
qu'un industriel ne peut être à la fois éducateur et filateur.
« Si l'on examine, dit M. de la Giraudière [1], la marche des
nations dans les voies industrielles, que voit-on? La production et les industries..... réunies d'abord dans la même
main; mais, à mesure que la civilisation s'avance, on remarque que la production et la fabrication tendent à se
séparer. » Malgré la vérité de ces mots, il est à regretter

<hr>

[1] *Sur l'industrie séricicole en Touraine.* Discours prononcé par M. de Chavannes de la Giraudière, dans une séance solennelle de la Société d'agriculture de Tours.

sans doute que quelques filateurs d'Europe n'aient pas le
... ablir en Orient des magnaneries ou des planta-
... mûriers servant de modèles aux indigènes; pour
... mêmes ils auraient peut-être peu de profits directs dans
... établissements, mais les éducateurs des pays environnants en retireraient des renseignements utiles.

Le consul de France à Lataquié, M. Geofroy, a compris
l'importance de donner une impulsion à la sériciculture. Il
a fait venir de la Provence des œufs de vers; il voulait les
substituer aux œufs de très-mauvaise qualité de Lataquié.
M. Geofroy a rencontré de grandes difficultés chez les éducateurs toujours ennemis des inventions. Il est arrivé que
les œufs de France ont été échauffés pendant le voyage
et ont manqué: quelques vers seulement sont éclos et ils
ont péri de suite après leur naissance, avant même d'avoir
mangé. Cet accident est un véritable malheur; les éducateurs ont été découragés, et M. Geofroy aura de grandes
peines à faire changer les œufs une seconde fois.

J'ai dit qu'un habile sériciculteur du midi de la France,
M. Dalgue Mourgue, a établi une magnanerie où il entreprend des études suivies sur les vers à soie.

Il cherche à obtenir deux récoltes dans une même année.
Il avait préparé une seconde récolte de cocons pour 1853;
ses graines ayant été trop chauffées ont été perdues. Il
recommencera son essai l'année prochaine et il a de sérieuses espérances de réussite.

Il s'est occupé très-longuement d'essais sur les croisements des races. «Il en serait, me disait-il, des vers à soie
comme des chevaux et des autres animaux domestiques.
Ce serait seulement par les croisements que l'on pour-

rait former de belles variétés. » Il pense qu'en Algérie
particulièrement, avant d'adopter une race de vers, on
doit essayer de nombreux croisements. Il a fait diverses ten-
tatives, et, après de longs tâtonnements, il est arrivé à
produire des cocons supérieurs, selon lui, à ceux de la
France et plus riches en soie. Ces cocons sont très-différents de ceux qu'il emploie journellement dans sa filature; ceux-là il les reconnaît comme inférieurs à ceux de
notre pays. Actuellement, il ne possède qu'un très-petit
nombre d'œufs obtenus par croisements; il m'en a remis un
sac que j'ai déposé au Ministère de l'agriculture, du commerce et des travaux publics. Selon le désir de M. Mourgue,
ces œufs ont été répandus dans les établissements modèles
du Gouvernement où l'on pourra constater leur mérite.

M. Mourgue n'a pas borné ses utiles expériences aux
points que je viens d'indiquer. Il a fait des essais sur la
muscardine. Comme je l'ai déjà dit, la muscardine, qui
enlève annuellement à la France plus de 20 millions de
francs, est complétement inconnue en Orient. M. Mourgue
a réussi à muscardiniser cinq vers à soie en les plaçant
dans un local mal aéré : il m'a montré ces vers. Il regarde
l'aérage imparfait d'un grand nombre de magnaneries européennes comme une des principales causes du développement de la maladie.

Je rappellerai ici ce fait remarquable que la muscardine,
si désastreuse dans les départements du midi de la France,
n'existe pas dans les départements du Centre et du Nord.
Ainsi, on ne peut expliquer son absence dans les pays du
Levant par un excès de chaleur qui, plaçant les vers dans
des conditions plus voisines de l'état de nature, les rendrait

moins sujets aux maladies. M. Frédéric de Boullenois, secrétaire de la société séricicole, a fait sur les vers à soie du nord de la France des expériences semblables à celles que M. Dalgue Mourgue a entreprises sur les vers à soie de la Syrie. M. de Boullenois, en 1850[1], est parvenu à muscardiniser 200 ou 300 de ces insectes; mais, pour y réussir, il a, comme M. Mourgue, vicié complétement l'air de la chambre où ils vivaient, et il les a tenus continuellement sur un fumier chaud et humide. Ces expériences faites à Paris d'une part, en Syrie d'autre part, c'est-à-dire dans les conditions de climat les plus différentes et par des hommes habiles autant que consciencieux, confirment ce qui a été dit des dangers du mauvais aérage dans les magnaneries.

Les beaux travaux de M. Guérin-Méneville et de M. Eugène Robert ont jeté récemment un grand jour sur l'histoire de la muscardine. On sait que d'après M. Guérin-Méneville le petit cryptogame qui détermine la maladie, le Botrytis bassiana, se montrerait en germe dans le Bombyx mori, lorsque ce papillon a terminé sa ponte. Mais il en serait de ce cryptogame comme de toutes les plantes qui se développent seulement lorsqu'elles rencontrent des circonstances favorables. La plupart des champignons exigent une certaine chaleur accompagnée d'humidité; il en est ainsi pour le Botrytis bassiana; il lui faut en outre un air vicié. On devra donc placer dans une atmosphère pure les Bombyx exposés à l'envahissement du Botrytis bassiana; il faudra surtout cher-

[1] Frédéric de Boullenois, *Conseils aux nouveaux éducateurs de vers à soie, ou résumé des méthodes à suivre pour planter des mûriers, construire des magnaneries, élever les vers à soie et filer les cocons*, 1851, 2e édition, p. 214.

cher à les séparer des individus portant des semences de
ce cryptogame; car on ne croit plus guère à la génération
spontanée, et, si dans le corps des Bombyx se développent
des Botrytis, c'est que leurs semences y ont été déposées.
M. Mourgue pense qu'en remplaçant des œufs de France par
des œufs de Syrie, qui sont exempts de toute semence de
Botrytis, on pourrait obtenir des générations saines, bien
moins exposées à l'envahissement de la muscardine. On sait
d'ailleurs qu'il est utile de changer de temps à autre la
graine de vers à soie.

DES FILATURES.

C'est un aspect étrange que celui d'une filature dans le
Liban. Le voyageur a traversé des montagnes désertes, des
roches arides; au tournant d'une gorge se présente à sa
vue une vaste maison blanche : c'est une filature. Contre
ses murs croissent des fleurs d'Europe. Il entre, il entend
la langue de son pays, il reçoit une franche hospitalité et
trouvant rassemblés tous les produits de la France, il admire
le contraste de notre civilisation et de la barbarie des contrées dont il est environné.

Les agents des filatures se mettent en campagne, aussitôt que les éducateurs ont achevé la récolte des cocons; ils
vont de cabanes en cabanes faire les achats. Les paysans
n'étouffent pas eux-mêmes les chrysalides; ce soin est réservé aux filateurs qui possèdent pour la plupart des
étouffoirs à la vapeur. Les chrysalides étant mortes, on
retire les cocons des tiroirs dans lesquels ils avaient été
placés pour recevoir la vapeur, on les étend sur des étagères

afin de les sécher, et enfin on les range dans le magasin. Les uns sont destinés à l'exportation, les autres seront travaillés sur place.

Parmi les filatures de Syrie, une seule emploie des filles; les ouvrières sont âgées de dix à vingt ans; après leur mariage elles cessent de travailler. En hiver, elles passent la nuit à la filature; en été, elles retournent chaque soir dans leurs familles et reviennent le lendemain matin.

Dans les autres établissements, on emploie des garçons âgés de dix à vingt ans. Les garçons, comme les filles, sont faciles à diriger et montrent de la docilité. Dans l'atelier d'Aïn-Hamadé (Liban), le prix d'une journée de filage est d'une piastre et demie (environ 35 centimes), mais dans la plupart des autres établissements, la paye monte à près de 4 piastres (90 centimes).

Les ouvriers ont la coutume de battre, purger et filer tout à la fois. Pouvant suivre les mêmes cocons, ils leur portent un intérêt plus grand, et se reposent d'une opération par l'autre. Une case placée devant chaque fileur renferme la provision de la journée; ainsi les surveillants apprécient facilement le travail de chacun. On sait d'ailleurs qu'il est fâcheux de trop presser les ouvriers, car pour aller plus vite ils filent gros, et la qualité souffre de la quantité; il est essentiel de tirer des cocons toute la bonne soie : le succès de l'établissement est là. « Quand on est étranger à la filature, dit M. Frédéric de Boullenois[1], on ne se fait pas une idée de ce que la négligence des ouvrières fait perdre de soie, et de la facilité avec laquelle elles pren-

---

[1] Frédéric de Boullenois. *Opus citatum*, p. 204.

nent de mauvaises habitudes de filature, dont la funeste influence se fait sentir aussitôt sur la régularité et le nerf de la soie. » L'eau des bassines est une infusion de cocons pilés ; on prétend que dans cette eau la soie prend du brillant et de la souplesse. Lorsqu'on garde longtemps le même liquide, il dégage une forte odeur, *sui generis*. On comprend qu'une telle eau ne peut en général être claire ; elle est jaune sale. Il est reconnu en Europe que plus l'eau des bassines est limpide, plus la soie que l'on y file a de netteté ; mais pour la soie jaune, presque uniquement employée en Syrie, cette netteté a moins d'importance. Au moment de la battue, l'eau doit avoir 80 ou 90 degrés ; quand l'ouvrier après avoir battu et purgé ses cocons, va commencer le filage, il ramène l'eau à 58 ou 60 degrés au moyen des robinets d'eau froide.

En général, les tours sont mus à bras d'hommes ; un seul ouvrier en fait marcher un grand nombre avec facilité. Ce système est plus économique que celui de la vapeur dans des établissements où le nombre des tours est peu considérable, où le combustible est rare et la main-d'œuvre faiblement indemnisée.

En calculant les quantités de soie filée exportée ou consommée dans le pays, on peut évaluer à 200,000 kilogrammes la production totale de la soie filée. Malgré les soins intelligents des filateurs du Liban, leurs produits n'ont pas encore la même finesse, la même souplesse que nos belles soies de France et d'Italie. La teinture leur enlève une partie de leur brillant. Presque toutes les soies exportées sont dirigées sur Marseille ; nous les utilisons spécialement pour la passementerie. Une grande quantité

de soie filée reste dans le pays; elle alimente les marchés
d'Alep, de Damas et de Bagdad. Chaque jour les filatures
européennes prennent une importance nouvelle, et si on
réfléchit que leur création ne date pas encore de vingt
années, on se rendra compte de l'action qu'elles pourront
avoir dans peu de temps sur le commerce français.

Il existe actuellement onze filatures en Syrie : une en
voie de construction à Jérusalem, une à Suédie, près d'Antioche, neuf dans le Liban.

FILATURE DE JÉRUSALEM.

La filature qui s'élève en ce moment près de Jérusalem
est un vaste établissement: elle sera conduite par des
hommes du pays. Elle ne pourra marcher promptement,
car la plupart des collines environnantes sont depuis longtemps sans culture; les mûriers y sont peu nombreux; il
faudra en planter. En même temps, on devra établir des
magnaneries, car l'industrie des soies est inconnue aux
peuplades de la Palestine. La nouvelle filature rendra de
grands services à ce malheureux pays, dont le sol autrefois si célèbre par sa fertilité est aujourd'hui presque désert. Mais l'expérience a prouvé combien il est difficile
d'entreprendre sur une grande échelle des éducations de
vers à soie; l'on peut concevoir quelques craintes sur la
réussite de l'établissement de Jérusalem.

FILATURE DE SUÉDIE, PRÈS D'ANTAKIÉ (ANTIOCHE).

Les ateliers de Suédie appartiennent à un Anglais,
M. Barker; ils renferment 40 tours. M. Barker ne les dirige
pas lui-même; il les loue chaque année à quelque filateur.

FILATURES DU LIBAN.

Les neuf filatures du Liban sont les suivantes :

Filature de Gazir. Elle a 40 tours : un Français, M. Rostand, l'a fondée; après des pertes considérables, il s'est vu contraint de la céder à son associé.

Deux filatures à Beyrouth. L'une renferme 20 tours : elle appartient à un Arabe du pays. L'autre a 70 tours; elle est anglaise aujourd'hui, mais elle a été entre les mains de deux Français, MM. de Lémont et de la Ferté.

Une filature à Schemlain. Elle possède 72 tours : elle est entre les mains de M. Scott, de la ville de Glascow.

Deux filatures au Krey. L'une, de 40 tours, dépend de l'une de nos plus puissantes maisons, la maison Palluat de Lyon. L'autre de 60 tours, est louée à M. de Champanet par M. Delières, de Privas. Ces deux filatures ont été créées par M. Figon. M. Figon et son associé M. Cauva ne se sont pas bornés à donner des soins matériels aux populations qui les entourent : ils ont fait construire au Krey une église spacieuse et très-ornée, desservie par un prêtre maronite qu'ils se chargent eux-mêmes d'entretenir.

Une filature à Ptéter (Ptéter est à une heure de marche de la route entre Beyrouth et Damas). La filature renferme 80 tours, mais 60 seulement sont en activité. Elle est louée à M. Portalis par une des premières maisons de France, la maison Cuchet d'Aubenas : M. de Michaux est associé et représentant de la maison Cuchet.

Une filature à Hammana. Elle a 40 tours : elle est administrée par M. Ferrier, jeune Français de Valence, représentant la maison Louis Blanchon et compagnie.

La filature de M. Ferrier est dans une position pittoresque, que M. de Lamartine a célébrée en termes pompeux :

« Un des plus beaux coups d'œil qu'il soit donné à l'homme de jeter sur l'œuvre de Dieu, c'est la vallée d'Hammana... Elle commence par une gorge noire et profonde..., etc[1]. »

Dans l'établissement, le magasin des cocons m'a semblé particulièrement remarquable.

Une filature à Aïn-Hamadé, localité située à six heures de Beyrouth. La filature possède 90 bassines. Elle est dirigée par M. Dalgue Mourgue, qui a pour associés un Arabe du pays, M. Fargialla, résidant à Beyrouth, et MM. Crozet et Schlæsing, établis tous deux à Marseille. M. Mourgue a commencé avec 20 bassines; aujourd'hui son établissement est dans une grande prospérité. Il fait filer par des filles de dix à vingt ans. On les paye une piastre et demie (environ 35 centimes) par jour. Elles sont maronites, grecques catholiques ou grecques schismatiques. Les Druzes sont nombreux dans le pays; leurs femmes refusent encore de travailler chez des chrétiens. Les fileuses sont soumises à un règlement disciplinaire, signé par le consul général de France et par l'évêque maronite de Beyrouth; ces signatures lui donnent une grande autorité, et il est rarement transgressé.

Je ne m'étendrai pas sur les avantages matériels que les habitants des campagnes ont retirés de l'établissement des filatures européennes, pas plus que sur les profits dont ces filatures deviennent la source pour le trésor de la Sublime-

[1] De Lamartine. *Souvenirs, impressions, pensées et paysages pendant un voyage en Orient, 1832-1833*, vol. II, p. 7.

Porte. Ces avantages sont les mêmes qu'en Anatolie ; pour les apprécier, il suffira de se reporter à mon chapitre sur la sériciculture de Smyrne. Je m'arrêterai seulement ici sur l'influence spéciale dont nos filateurs jouissent dans le Liban.

La sériciculture dans cette montagne est une industrie véritablement française. Comme on a pu le voir par l'énumération qui précède, sur neuf filatures, cinq sont actuellement dirigées par nos compatriotes. Sur les quatre autres, deux ont été fondées par des Français : de mauvaises affaires les ont engagés à céder leurs établissements. J'ajouterai que la presque totalité des soies du Liban est envoyée à Marseille à l'état de cocons ou de soies filées.

En dehors de leur influence comme industriels, les filateurs français jouissent d'une influence morale. Pour s'en rendre compte, il faut jeter les yeux sur la position exceptionnelle des peuplades du Liban.

Le système des monts Libans détermine, comme je l'ai dit, la forme orographique de la Syrie. Dans le Levant, on le surnomme la montagne : c'est la montagne par excellence ; le mot de Liban est rarement prononcé.

Dirigé du S. S. O. à l'E. N. E., ce système a deux vastes versants : l'un situé à l'E. S. E. regardant la plaine de Baalbek, l'autre faisant face à l'O. N. O. et s'inclinant jusqu'aux flots de la Méditerranée. Les filatures sont groupées sur ce dernier versant, dans la région située derrière Beyrouth.

Les accès du pays sont difficiles ; les chemins sont étroits, escarpés, pierreux.

Fiers de la position presque imprenable de leurs vil-

lages, les indigènes ont toujours bravé la puissance turque.
Les armées qui firent trembler l'Occident et s'emparèrent
de l'ancienne Byzance n'ont pu maîtriser les pauvres habitants de la montagne. Ceux-ci, entourés au N., au S. et à
l'E. par des populations musulmanes, ont gardé presque
tous les priviléges de l'indépendance : c'est grâce à leur
courage et à l'escarpement de leur contrée, qu'ils présentent ce fait étrange d'un lambeau de peuple resté libre dans
sa religion et ses mœurs, au milieu du vaste domaine[1]
conquis par les disciples de Mahomet.

Les habitants de la montagne dans la région rapprochée
de Beyrouth appartiennent à deux classes : les uns sont
Druzes; ceux-là, selon leur caprice, ont emprunté ou rejeté les dogmes religieux des mahométans. Les autres sont
des Maronites, c'est-à-dire des catholiques qui ont conservé les formes extérieures du culte des premiers chrétiens.

Les Maronites composent un peuple nombreux: on a
quelquefois dénigré leur caractère. Ils sont braves à la
guerre, et en temps de paix hospitaliers, honnêtes, souvent
industrieux. Ils vénèrent le nom de la France, comme le
nom de la nation catholique par excellence; tout voyageur
de notre pays est pour eux un frère. Ils attendent de nous
la délivrance de la Syrie, et si jamais nos armées avaient
à combattre près de leurs montagnes, ils seraient pour
nous de chauds auxiliaires.

Ainsi s'explique l'influence que nos filateurs ont prise
rapidement dans le Liban. Les Maronites les ont accueillis

---

[1] On ne doit pas oublier que les Perses sont mahométans, de telle sorte
que les sectateurs du prophète couvrent une immense étendue de pays depuis
le levant jusqu'au couchant, aussi bien que du nord au midi.

avec empressement et leurs bonnes dispositions ont été entretenues par la vue des avantages matériels que leur ont
présentés les nouveaux établissements. Les Druzes mêmes,
reconnaissant ces avantages, considèrent les Européens d'un
œil favorable.

DU FILAGE SUIVANT LES ANCIENS PROCÉDÉS.

Sur plusieurs points de la Syrie, la soie est encore filée
par les indigènes, suivant les anciens usages. A mesure
que les cocons sont prêts, on les jette dans des bassines
chauffées au moyen d'un petit fourneau placé au-dessous
de chacune d'elles; un homme tourne la manivelle du
guindre sur lequel viennent s'enrouler les fils que dispose
un autre ouvrier.

La soie ainsi obtenue est, en général, grosse et très-
chargée de bourre.

Parmi les pays où le filage est resté entre les mains des
indigènes, je citerai Lataquié, ville célèbre par ses plantations de tabac et autour de laquelle le mûrier prospère.
Les fileurs sont livrés à eux-mêmes, et l'ignorance réunie à
l'indolence orientale a produit les plus tristes résultats.

Il serait à désirer que quelqu'un de nos habiles industriels de France vînt se fixer à Lataquié. Cette ville est
l'échelle d'Alep; elle est desservie par les paquebots de la
Méditerranée et présente ainsi une position avantageuse.
Un fondateur de filature y trouverait pour modèles les établissements des autres contrées du Levant. Arrivant le premier dans une localité encore neuve, il rencontrerait de
grandes probabilités de réussite. En même temps, il procu-

rerait aux populations de Lataquié les bienfaits répandus
déjà dans les pays qui ont reçu les sériciculteurs européens.

EXPORTATION DES COCONS.

Avant M. Mourgue, les exportations des cocons de Syrie
étaient très-restreintes. Le premier, il a fait conduire en
France un navire entièrement chargé de cocons : le capitaine Harris (bâtiment *Gilbert Jamaison*) débarqua à Marseille en 1844. On n'avait pas encore l'expérience de transporter ces produits; aussi, pendant la traversée, on fut
effrayé de la chaleur qu'ils développèrent. Un instant on
craignit de les voir se consumer; cependant tout le chargement arriva à bon port. Une difficulté s'opposa au débarquement sur la place de Marseille. Comme la marchandise
était étrangère au sol de l'Angleterre, et était portée sur
un navire anglais, elle se trouva prohibée. M. Mourgue
écrivit au ministère : il insista dans sa lettre sur l'utilité
que la France devrait retirer de l'importation des cocons
sur une vaste échelle; il obtint bientôt la permission de
débarquer son chargement.

Depuis cette époque, l'exportation des cocons de Syrie
s'est accrue constamment; non-seulement la plupart des
filateurs du Liban et plusieurs négociants de Beyrouth
s'adonnent à ce commerce, mais encore des maisons du
midi de la France envoient sur les lieux des agents qui
font directement les achats. Ce concours a produit une
hausse très-notable dans le prix des cocons. En 1848, l'ocque
se vendait 7 à 8 piastres; en 1849, elle valait 12 piastres;
en 1850, 15 piastres; en 1851, 18 piastres. En juin 1852,
beaucoup de cocons ont été payés 22 piastres 1/2 l'ocque.

Les achats de 1852 ont monté à 14 millions de piastres, c'est-à-dire à 3,500,000 francs. Ils ont presque tous été effectués par des Français, et la plus grande partie a été expédiée à Marseille; le reste a été consommé par les filatures du Liban. On a évalué à 200,000 kilogrammes la quantité de cocons secs exportés : c'est là le maximum que puisse atteindre la Syrie dans les circonstances actuelles : la récolte avait été très-belle.

Cette année (1853) a été mauvaise. Comme je l'ai déjà dit, on a très-peu exporté; deux filatures seulement ont expédié des cocons en France : M. Mourgue a envoyé 22,000 kilogrammes de cocons secs; M. Ferrier en a expédié 2 ou 3,000.

Avant d'emballer les cocons, on diminue leur volume au moyen de presses puissantes. Il paraît que leur qualité ne souffre pas de l'aplatissement qu'ils conservent pendant le temps du voyage.

Pour les presser, on opère de la manière suivante : on en jette une petite quantité au fond d'une cavité rectangulaire entourée de la toile qui leur servira d'enveloppe; on leur superpose un couvercle en bois. Ce couvercle est pressé par le moyen d'une vis que tournent cinq ou six hommes. Les cocons étant suffisamment serrés, on enlève le couvercle et la vis, on ajoute une nouvelle quantité, puis on presse. On enlève encore le couvercle, on ajoute d'autres cocons et ainsi de suite jusqu'à ce que le sac soit rempli : par ce procédé, on réduit à un minime volume d'immenses masses de marchandises. L'opération étant terminée, on coud les toiles et le sac se trouve formé.

Afin de donner un exemple de la répartition des produits de sériciculture (tissus, soies gréges et cocons) exportés par l'échelle de Beyrouth, je présente le tableau d'une des dernières années (1851).

	SOIE GRÉGE ET COCONS.		TISSUS DE SOIE.
	en Autriche	225,000ᶠ	196,600ᶠ
	en Égypte	886,000	9,900
	en France	1,125,000	»
Allant	en Grande-Bretagne	225,000	»
	à Jérusalem	18,750	»
	en Sardaigne	8,000	»
	en Turquie	529,000	85,000
	Totaux	2,557,750	290,400
		représentant 70,000 ocques.	représentant 89 balles de tissus.

Voici quelle est en retour pour la même année l'importation des produits de sériciculture à Beyrouth.

SOIES OUVRÉES.

Provenant d'Autriche	545,000ᶠ
——————— d'Égypte	6,400
——————— de France	48,000
——————— de Toscane	2,500
——————— de Turquie	89,400
Total	691,300ᶠ

Représentant 75 caisses.

Comme on le voit, on n'importe à Beyrouth que des soies ouvrées, tandis que cette échelle exporte une beaucoup plus grande quantité de soie brute que de soie ou-

vrée. Il en est de [illegible] des articles de
commerce; car l'Orient, ainsi [illegible], est
plus riche par ses productions [illegible] son industrie.

TISSAGE DE LA SOIE.

Depuis l'époque où s'est développé le commerce [illegible] exportation, les cocons ont augmenté de prix; et, la [illegible]
de la soie tissée de Syrie s'étant accrue en proportion, cette
soie ne peut plus lutter avec celle d'Europe; aussi, les maisons de tissage sont-elles dans un état de souffrance.

On fabrique à Beyrouth de grandes quantités de ces
longues ceintures de soie si universellement en usage chez
les Arabes. On les vend au poids; elles sont de diverses
qualités. Elles figurent le plus souvent des dessins écossais;
de longues franges les terminent; leur brillant est loin
d'égaler celui de nos belles soieries d'Europe, mais leur
couleur brave les coups du soleil le plus ardent. En général, les teintures des Orientaux sont beaucoup plus ré-
sistantes que les nôtres; sous un climat si brûlant, le bon
teint devient la qualité essentielle des étoffes.

J'ai déjà dit que les indigènes consommaient de grandes
quantités de chemises et surtout de chemisettes de soie.
Les étoffes les plus remarquables de Beyrouth sont les
tissus dans lesquels les fils de soie sont entremêlés de fil
d'argent; ils sont d'une rare beauté, tant par leur dessin
et l'agrément des teintes que par le brillant des fils métalliques. On en fait des coussins, des oreillers, des couvertures
de pelotes, des pantoufles arabes, des blagues à tabac, des
bourses, des sacs de diverses sortes. Ces objets sont d'un

prix élevé et destinés presque exclusivement aux gens riches.
On fabrique encore des filets de soie pour bourse, des broderies en soie, etc.

Damas tisse ces beaux foulards rouge vif ou jaune d'or
que les habitants du pays disposent sous leurs tarbouches
quand ils voyagent; ces foulards cachent la figure et le cou;
ils sont bordés par de longues franges qui retombent sur les
épaules.

On tire de Bagdad des cravates de soie et d'autres étoffes
également en soie qui sont employées pour les gilets arabes
et pour les doublures des manches de vestes.

SÉRICICULTURE A BROUSSE.

Brousse et Salonique sont restés en dehors de mon itinéraire; mais, afin de compléter autant que possible le tableau de la sériciculture dans l'empire ottoman, je commu-
niquerai au sujet de ces deux localités quelques renseignements dont je suis particulièrement redevable à M. Mathon,
de Smyrne.

L'établissement de la sériciculture à Brousse remonte,
sans doute, au temps même de son importation dans l'empire grec, c'est-à-dire au temps de Justinien.

Les mûriers et les cocons de cette ville sont les plus estimés du Levant. Ils sont aujourd'hui généralement adoptés
en Grèce; divers essais ont prouvé leur supériorité sur les
autres variétés.

Il y a environ trente ans, toutes les soies de Brousse se
filaient, comme celles de Salonique et des autres contrées
de l'empire ottoman, selon les anciens usages. A cette
époque, un Français établit une filature suivant le système

de notre pays ; il ne réussit pas dans son entreprise ; des
pertes le contraignirent à l'abandonner. Mais les habitants
de Brousse apprirent de lui à filer des soies plus fines et
plus régulières : la plupart laissèrent de côté le tour à grande
dimension pour adopter un tour beaucoup plus petit : de
là vient dans le commerce du Levant la distinction établie entre les soies à long guindre ou à court guindre. Par
ces perfectionnements, plusieurs des filateurs parvinrent à
doubler la valeur de leurs soies, sans augmenter leurs dépenses : la production s'accrut dans une proportion véritablement prodigieuse.

Il est douloureux de penser que le Français, auquel la
ville de Brousse était redevable de ce grand progrès et auquel elle eût dû conférer quelque marque de reconnaissance
publique, soit mort dans la misère. Ce malheureux, dans
les derniers temps de sa vie, était employé à Brousse chez
M. Falkeims, gagnant ce qui est strictement nécessaire pour
ne pas périr de faim.

Il y a sept ou huit ans, des filatures à vapeur ont été
établies ; leur nombre est aujourd'hui de 11 ou 12 ; elles
produisent environ 30,000 kilogrammes de soie par an.
Les soies se vendent à Lyon et à Londres. Leur prix de
vente en 1852 a été de 55 à 68 francs le kilogramme. On
dit que les soies de Brousse donnent 8 à 10 p. o/o de dé-
chet à l'ouvraison ; mais je pense que l'on veut parler seulement des soies filées selon l'ancien système.

SÉRICICULTURE A SALONIQUE.

Salonique, au temps de l'empereur Justinien, était un
des points de l'empire grec les plus rapprochés de Constan-

tinople; aussi dut elle être une des premières villes où se
développa l'industrie des soies.

On a conservé dans ses environs un usage remarquable
et fort différent des habitudes actuelles des magnaneries. Les
éducateurs de vers à soie entrecroisent de grandes branches
de mûriers couvertes de leurs feuilles. A mesure que leurs
élèves dévastent les branches, on en ajoute de nouvelles
que l'on superpose transversalement aux précédentes : ainsi
les vers, pendant leur développement, montent à des rameaux de plus en plus élevés. Ce système d'éducation est
parfaitement simple et dispense des nettoyages habituels.

Il y a environ trente ans, toutes les soies de Salonique
étaient filées selon les anciens usages du Levant; elles
étaient très-grossières. Quelques-unes étaient livrées au
commerce et exportées en Europe, mais la majeure partie
était consommée dans le pays; on les employait principalement à faire des chemises de soies. J'ai déjà expliqué comment l'habitude de porter ces vêtements avait pu sauver
la sériciculture dans plusieurs pays : mais la conservation
d'une telle mode, aujourd'hui que la soie a pris sur les
lieux une valeur qu'elle n'avait pas autrefois, enlève annuellement à Salonique des bénéfices importants. Les pertes
faites par les populations de la Turquie, faute de savoir
tirer parti des produits, sont incalculables.

Il y a environ trente ans, un Piémontais vint établir à Salonique une petite filature de soie; il gagna seulement quelques
milliers de francs; mais les habitants du pays essayèrent de
l'imiter et fondèrent des filatures. Le nombre de ces établissements est aujourd'hui d'une vingtaine qui produisent
environ 30.000 kilogrammes de soie.

Il n'existe pas encore à Salonique de filatures à la vapeur. Elles sont toutes, selon l'expression adoptée en France, à l'ancien système; c'est-à-dire que chaque tour a sa fileuse, sa tourneuse, et que chaque bassine est chauffée isolément.

Jusqu'à ces derniers temps, les produits de Salonique tenaient le milieu pour la perfection entre les belles soies d'Europe et les soies ordinaires du Levant. Les soies dites de *Salonique à la piémontaise* se vendaient 35 à 40 francs le kilogramme, pendant que les soies de France se payaient 60 à 70 francs le kilogramme, et les soies ordinaires du Levant 25 à 28 francs.

Depuis quelques années, les établissements de Salonique ont amélioré leur fabrication; en 1852, des filatures ont fait monter leurs soies au prix de 60 à 64 francs le kilogramme. A la même époque, les soies de France de qualité moyenne se vendaient de 68 à 75 francs le kilogramme.

Parmi les filateurs de Salonique aucun n'est Français; mais l'un d'eux est protégé de notre nation. On dit que la fondation d'une filature française, selon le système moderne, présenterait entre les mains d'un homme habile de grandes probabilités de réussite.

Aucun de nos compatriotes ne s'est encore livré au commerce des articles séricicoles; les Français établis dans la ville se bornent à la vente des denrées. On pourra lire dans des notes écrites par le consul de France à Salonique, que Marseille n'a pas même un agent d'information dans cette ville. Cependant, Salonique, par ses soies et ses autres produits, devrait être d'un haut intérêt pour les négociants français. L'exportation totale de la place s'est élevée, en 1851, à 6,840,000 francs[1]; sur cette somme 1,178,000 francs appartiennent au commerce français. L'exportation des cocons est montée à 175,667 francs, représentant 22,200 ocques de cocons, qui ont été expédiés uniquement en France. La somme de la soie exportée est évaluée à 375,557 francs qui représentent 9,010 ocques. Sur ces 375,557 francs, 46,667 correspondent aux exportations en France; 328,890 aux exportations dans l'empire ottoman.

[1] Notes adressées au ministère des affaires étrangères par le consul de France à Salonique.

§ II.

SÉRICICULTURE DANS LES ÉTATS GRECS.

L'histoire de la sériciculture de la Grèce se rattache à celle de l'empire ottoman; car ces deux États, avant la guerre de l'indépendance, eurent presque toujours une commune destinée.

Lorsque la sériciculture fut importée à Constantinople sous le règne de l'empereur Justinien (en 552), elle dut se propager de préférence dans les régions chaudes, et à ce titre le Péloponèse fut sans doute une des premières contrées enrichies de cet art nouveau.

L'extension de la culture du mûrier (*morus*) fit donner à la Péninsule le nom de Morée[1]. Aujourd'hui, les Grecs, justement désireux de rétablir les noms primitifs consacrés par leurs ancêtres, ont repris celui de Péloponèse.

C'est sans doute le mûrier blanc qui fut généralement adopté, lors de l'établissement des arts séricicoles. Cependant le mûrier noir répandu depuis longtemps en Europe dut aussi jouir de quelque faveur; ainsi que je le dirai plus loin, il est encore uniquement employé pour la nourriture des vers dans les îles de l'Archipel.

A la suite de l'introduction de la sériciculture, des manufactures s'établirent à Athènes, à Corinthe et à Thèbes.

Bien que la Grèce ne soit séparée de l'Italie que par une étroite mer, il s'écoula une longue période de temps avant qu'elle ne lui transmît l'industrie des soies : les relations

[1] L'origine du nom de la Morée a été contestée, mais cependant celle que nous rapportons est considérée comme la plus probable.

des deux pays étaient peu fréquentes. Ainsi, dans les commencements, la sériciculture au lieu de se répandre en Occident, se propagea vers l'Orient dans les États grecs. Plus tard, les Arabes s'y adonnèrent et, comme je l'ai déjà dit, ils la portèrent jusqu'en Espagne, où elle reçut un grand développement, sans sortir toutefois des terres des mahométans.

En l'année 1130, Roger, roi des Deux-Siciles, fit une expédition dans la Grèce; il enleva les ouvriers habiles en sériciculture et les conduisit à Palerme, où il les contraignit d'enseigner leur science :

« Ad interiora Græciæ progressi (Siculi) Corinthum, Thebas, Athenas expugnant; ac maxima ibidem prædâ direptâ, opifices etiam qui sericos pannos texere solent.... captivos deducunt. Quos Rogerius in Palermo, Siciliæ metropoli, collocans, artem illam texendi suos edocere præcepit et exhinc prædicta ars illa, prius à Græcis tantum inter Christianos habita, Romanis patere cœpit ingeniis. » (Citation extraite par M. Michel du recueil intitulé : *Germaniæ historicorum illustrium*, tom. I, pars prior.)

Il n'entre pas dans mon cadre de raconter comment des états siciliens la sériciculture passa en France et dans les diverses parties de l'Italie. On sait combien elle s'est développée depuis deux siècles.

Il y a quelques années, des Italiens ont été appelés pour la régénérer dans le royaume de Grèce. Sortant de la barbarie à laquelle l'avait réduite la domination musulmane, cette contrée tend à imiter les arts, les industries de l'Occident : elle avait donné la sériciculture à l'Italie, l'Italie la lui a rendue perfectionnée.

Voyons quel peut être l'avenir de l'industrie des soies dans le pays qui lui a pour ainsi dire servi de second berceau.

Je jetterai un coup d'œil sur les mûriers de la Grèce, ses principales variétés de cocons, le filage de ses soies, leur exportation, leur tissage.

DES MÛRIERS.

Diverses sortes de mûriers ont été introduites en Grèce; la variété, dite variété de Brousse, a été généralement adoptée. On l'a jugée préférable à celles de Chine et des Philippines dont on avait fait l'essai; les feuilles de la variété de Brousse sont dures et luisantes.

Dans l'Hellade et le Péloponèse, le mûrier blanc greffé est universellement cultivé.

Dans l'Archipel, au contraire, on fait exclusivement usage du mûrier noir : c'est là une coutume que je n'ai trouvée dans aucun autre pays du Levant.

On sait que le mûrier blanc a une feuille mince, délicate, très-recherchée par les vers et qui produit une soie fine. Au contraire la feuille du mûrier noir est rude et épaisse; on a prétendu que la soie des vers nourris avec cette feuille participe à ses défauts.

D'après M. Salien-Berthelot, consul de France aux îles Canaries, le mûrier noir est l'espèce uniquement consommée par les vers à soie de ces îles; la soie des vers qui en sont nourris est très-forte; elle sert à la fabrication de certaines étoffes d'une grande consistance [1]. De pareilles observations

Annales séricicoles, année 1849, vol. XIII, p. 293.

ne me semblent pas devoir s'appliquer aux pays du Levant : car, je n'ai pas entendu dire que la soie des îles de l'Archipel fût plus grosse que celle du reste de la Grèce; au contraire, les soies d'Andros et de Tinos sont les plus estimées de tout le royaume. D'autre part, je rappellerai que la soie de Baffa (Paphos), en Chypre, est plus grosse, plus nerveuse et plus forte que les différentes soies du Levant, et, je crois même, que toutes les soies connues. Or, elle ne provient pas de vers nourris avec des feuilles de mûriers noirs; dans le district de Paphos, on cultive uniquement le mûrier blanc.

Les arbres sont encore dans la plupart des localités de la Grèce très-imparfaitement dirigés; cependant on voit de très-bons modèles de taille parmi les mûriers de la pépinière royale d'Athènes.

On rencontre peu de plantations nouvelles; la sériciculture se développe lentement.

Le royaume de Grèce possède actuellement 700,000 mûriers : j'extrais ce chiffre d'une statistique que M. Spiliotaki, ministre de l'intérieur, lors de mon séjour à Athènes, a bien voulu me communiquer; cette statistique a été faite en 1852.

L'Hellade cultive peu de mûriers, la plupart sont groupés dans la Phtiotide.

Parmi les îles de la Grèce, trois seulement ont donné de l'extension à la culture de ces arbres : l'Eubée, (particulièrement dans sa partie S., près de la ville de Charisto), Andros et Tinos.

Le Péloponèse est la partie du royaume de Grèce la plus riche en mûriers. Ces arbres sont très-nombreux dans les vallées du Nisus et de l'Eurotas; c'est en Laconie, aux alentours de Sparte, que ces plantations sont établies sur la plus grande échelle. Contraste étrange! l'industrie la plus riche et la plus luxueuse a choisi le lieu habité par les hommes les plus sauvages de la Grèce, par des descendants des Spartiates. L'État est propriétaire de la majeure partie des mûriers de la Laconie; il les avait affermés à M. Dourouti, d'Athènes; mais il paraît que M. Dourouti n'a pas été satisfait de ses affaires, car il n'a pas renouvelé son bail.

Si l'on suit l'Eurotas en amont, on voit la vallée qui le borde se resserrer à une lieue au-dessus de Sparte; en ce point sa largeur ne dépasse pas deux kilomètres; les mûriers sont nombreux; ils remontent jusqu'à la source du fleuve. Au-delà ils disparaissent; le haut plateau de Tripolitza n'en renferme plus. En aval de Sparte, la vallée de l'Eurotas s'élargit, mais elle devient marécageuse dans son milieu. Séparée de cette vallée par le prolongement de la chaîne du Taygète qui s'en va au loin former le cap Matapan, la vallée du Nisus est encore plus marécageuse que celle de l'Eurotas. Dans l'une et dans l'autre, les mûriers descendent rarement vers les parties humides; ils s'échelonnent à la base des collines.

A Pyrgos, dans l'Élide, ces arbres donnent d'excellents produits; il est à regretter qu'ils soient peu nombreux.

Aux environs d'Argos, ils prospèrent également; mais les cultures principales de cette ville sont le tabac et le coton herbacé.

DES COCONS.

Vers l'époque de l'éclosion des vers à soie, les femmes,

suivant l'usage universel du Levant, enferment les œufs de vers dans de petits sachets qu'elles réchauffent sur leurs seins. Aussitôt que les vers sont nés, ils sont étendus sur des toiles, puis on les porte sur des claies enduites de bouse de vache : il faut que les bouses soient parfaitement séchées. J'ai déjà parlé de l'emploi de ces substances dans divers pays. On les croit très-favorables à l'hygiène des vers à soie, parce qu'elles conservent la chaleur et gardent une température uniforme. Mais on voit que le mode de les préparer n'est pas, en Grèce, le même qu'en Chypre et en Syrie, où l'on en forme de grands cylindres plats appelés tabahs.

Les claies enduites de bouse sont disposées dans l'intérieur même des maisons des paysans et non dans des cabanes spéciales ou sous des hangars, comme dans plusieurs pays de l'Orient ; cette différence résulte sans doute de ce que la température de la Grèce est moins élevée.

Dans le Péloponèse, les paysans étouffent eux-mêmes les cocons au soleil. C'est là une dérogation à l'usage généralement établi dans les contrées du Levant où les paysans livrent aux sériciculteurs les cocons avec les chrysalides non étouffées ; en effet, bien que les indigènes prétendent les avoir fait périr au soleil, les sériciculteurs de Syrie ne se fient pas à leur déclaration et font eux-mêmes passer les cocons dans des étouffoirs. Dans l'Archipel, il en est de même ; les acheteurs étouffent les cocons. Mais dans le Péloponèse, les paysans parviennent à faire périr les chrysalides par la simple exposition au soleil. Je rappellerai qu'en Chypre, où les paysans filent eux-mêmes les cocons et ne les vendent pas, comme en Syrie, aux filateurs européens, ils en perdent

un grand nombre; bien que la chaleur soit beaucoup plus
intense, ils ne réussissent pas à faire mourir les chrysalides.

Les variétés de cocons du royaume de Grèce sont
très-nombreuses; il existe entre elles des différences de
30 p. o/o de valeur. Les principales variétés sont les suivantes :

Dans les îles........	Variétés d'Andros;
	———— de Tinos;
	———— de Gharisto.
	Variétés de Sparte (Laconie);
	———— de Nisi (Messénie);
	———— d'Acrata (Achaïe);
Dans le Péloponèse...	———— de Zacoli (Corinthie);
	———— de Tricala (Corinthie);
	———— de Tripolitza (Arcadie);
	———— de Vortini près Mantinée (Arcadie);
	———— d'Astros (Cynurie).
Dans l'Hellade.......	Variétés de Lamia (Phtiotide).

La partie méridionale du Péloponèse comprenant les
vallées de la Messénie et de la Laconie est la contrée qui
fournit le plus de cocons : dans les deux vallées que je viens
de nommer, on récolte environ 120.000 ocques de cocons
secs. Ces cocons sont généralement petits et d'une couleur
jaune orangé; ils sont la plupart d'une assez médiocre
qualité, mais des essais faits avec des graines étrangères
ont donné des produits satisfaisants. Les cocons de Lacédé-
mone, les meilleurs du Péloponèse, se sont vendus 16 fr.
le kilogramme à Marseille. Après ceux d'Andros et de
Tinos, ils sont les plus recherchés de la Grèce. Les cocons

de Pyrgos sont estimés, mais fort rares. Argos fournit
6,000 ocques de cocons secs.

L'Hellade donne un très-petit nombre de cocons.

Les trois îles qui s'adonnent à la sériciculture, Eubée, Andros et Tinos, produisent environ 120,000 ocques de cocons frais ou 40,000 ocques de cocons secs.
L'ocque de cocons frais coûte 5 drachmes. Les cocons
de l'Archipel ont le plus grand rapport avec les cocons
nommés *espagnolets;* ils sont petits et rétrécis dans le milieu.
On estime peu ceux de Caristo (au S. de l'Eubée). Autrefois, ceux de Tinos étaient préférés à ceux d'Andros; mais
ces derniers ont été perfectionnés, on les considère actuellement comme les meilleurs du royaume de Grèce.

Les filateurs se procurent les cocons par l'intermédiaire
de correspondants résidant sur les lieux de production.
On paye une commission à ces correspondants, et ceux-ci
ont des agents qui en dépendent directement. Il paraît que
les filateurs, n'habitant pas les pays dans lesquels se font
les achats, courraient le risque d'être trompés s'ils faisaient
directement leurs acquisitions.

DU FILAGE.

Depuis l'importation de la sériciculture dans l'ancien
empire de Byzance, les Grecs ont toujours filé la soie. Mais
les premières filatures à la piémontaise furent fondées
par M. Dourouti, d'Athènes (c'était, je crois, en 1838).
M. Dourouti avait été en Italie pour y faire des études spéciales de sériciculture. Le Gouvernement grec, possesseur
d'une partie des mûriers de la Laconie et de la Messénie,
lui avait accordé le fermage de ces arbres; pour les mettre

à profit, M. Dourouti établit à Sparte et en même temps à
Nisi une filature à la piémontaise; l'une et l'autre renfer-
maient quarante bassines. Il fit venir à grands frais des
ouvriers d'Italie pour monter ces établissements, et dresser
les habitants du pays à l'art du filage. Les Grecs, intelligents et industrieux, firent dans cet art de rapides progrès. Mais ce fut pour le malheur de M. Dourouti : car,
ayant été formés, grâce à de grands sacrifices de sa part,
ils quittèrent la filature, montèrent eux-mêmes des tours
et travaillèrent pour leur propre compte. Ils trouvaient dans
ce changement l'avantage de l'indépendance et tout à la fois
d'un gain plus élevé. Actuellement, parmi ces ouvriers,
les uns filent pour le compte des propriétaires, prenant
leurs cocons et leur rendant la soie filée, moyennant un
salaire; les autres font des achats de cocons et vendent eux-
mêmes la soie qu'ils en retirent; ainsi, ces derniers sont
filateurs dans le sens rigoureux de ce mot. Sur 1,000 hommes
environ qui travaillent habilement, 200 ou 300 filent
pour leur propre compte. Quelquefois, ils se réunissent
une dizaine ensemble, et la salle qu'ils habitent prend
l'aspect d'une véritable filature. Mais c'est là une filature
à l'ancien système, différant essentiellement des établissements modernes, en ce qu'il n'y a pas un moteur unique.
Chaque tour marche isolément : c'est le pied du fileur qui
le met en mouvement. Pendant que ces petites industries
prospèrent, les filatures de M. Dourouti sont tombées :
celle de Sparte a été brûlée l'année dernière; celle de Nisi
est en ruine.

En 1838, une filature a été établie à Andros; elle existe
encore. Sa position a été bien choisie, puisque cette île

produit les meilleurs cocons de la Grèce. Elle a 32 tours.
M. Rhali actuellement filateur au Pirée, l'a conduite pendant trois années.

La filature que M. Rhali dirige au Pirée a été cons-
truite en 1843. Elle est mal située sous le rapport de
la provenance, puisque l'Attique n'est pas un pays de
mûriers; mais sa position contre un port de mer rend faciles ses exportations. D'ailleurs la question des transports
est une question secondaire en sériciculture: car les cocons et les soies travaillées sont d'un poids et d'un volume
peu considérables; il n'en est pas d'une filature de soie
comme d'une forge, où la facilité des provenances et des
écoulements est d'une importance capitale. L'essentiel pour
un sériciculteur est d'avoir de bonnes ouvrières en même
temps qu'une main-d'œuvre peu coûteuse. M. Rhali paye
ses fileuses 85 ou 90 centimes par jour; c'est un prix élevé;
mais les ouvrières sont intelligentes et actives. Elles sont
âgées de douze à vingt ans; comme dans tous les pays grecs,
les femmes mariées refusent de travailler dans les filatures.
M. Rhali est sur le point d'établir une machine à vapeur
pour faire mouvoir ses systèmes de guindre; actuellement,
ils sont tournés à main d'homme; chaque tourneur coûte
2 drachmes par jour.

La filature de M. Rhali est une galerie au rez-de-chaussée de laquelle on voit à droite et à gauche un système
de tours; dans le centre règne une allée où circulent les
surveillants; les bassines sont alignées sur le bord droit et
le bord gauche de cette allée; derrière les bassines sont
assises les fileuses armées de leurs *balais*, et derrière les
fileuses se meuvent les guindres.

Les mauvais cocons, ceux dont les fils rompus doivent être rattachés et demandent par conséquent des interruptions fréquentes, sont confiés à des hommes qui travaillent séparément sur des tours détachés.

M. Rhali file, en général, de la soie jaune, très-rarement de la soie blanche.

Un escalier tournant mène du rez-de-chaussée au premier étage ou grenier servant de magasin. C'est là que les cocons sont conservés en attendant qu'ils soient livrés au filage. Ils sont soigneusement séparés par ordre de pays de provenance. Selon les localités, les fils de soie sont plus ou moins chargés de gomme, ils ont plus ou moins de finesse; aussi doivent-ils être filés avec des soins différents [1].

J'ai déjà dit que les paysans du Péloponèse se chargeaient d'étouffer les chrysalides en les faisant sécher au soleil; les filateurs de ce pays ne se croient pas comme ceux de Syrie obligés de s'occuper de l'étouffage. La suppression de cette opération est une grande diminution de main-d'œuvre, et par conséquent de dépense.

Pour achever la description de la filature de M. Rhali, j'ajouterai que dans une pièce séparée de la salle de filage et lui faisant face, on dispose les flottes et on travaille aux emballages.

En 1845, une filature a été établie à Lamia (Phtiotide); actuellement elle n'est pas en activité.

En 1853, une filature a été fondée à Syra; elle appartient à M. Christopapaianopoulo. La position est bien choisie; car,

[1] Consulter à ce sujet l'ouvrage de M. Léon Teste, intitulé: *De commerce des soies et des soieries en France considéré dans ses rapports avec celui des autres états*, 1830, p. 47.

Syra étant le principal centre commercial de la Grèce, les débouchés y sont faciles; d'autre part, l'apport des matières premières est peu dispendieux, par suite de la proximité de
Tinos, d'Andros et même de l'Eubée. La filature de Syra ne
compte encore que 10 bassines. Elle est en voie de prospérité.

Un Français vient d'établir à Calamata, près du golfe de
Messénie, une filature qui remplacera celles qui sont tombées à Nisi et à Sparte.

On termine à Athènes la construction d'une magnifique
filature. Cet établissement n'est pas encore en activité. A l'é-
poque où nous étions en Grèce, deux négociants français,
bien posés dans les affaires, étaient venus dans le but de
s'en rendre acquéreurs; des difficultés sont survenues : la
filature est restée sans maître et n'a pas encore été mise en
activité. Cet établissement est un des plus beaux que l'on
puisse voir dans ce genre. La principale porte d'entrée est
placée au-dessous des bâtiments d'habitation; presque en
face, est un bassin qui renfermera une grande masse d'eau.
En entrant on voit à droite une vaste galerie dont le rez-
de-chaussée est la salle de filage, et dont le haut sert de
coconière. Tout y est parfaitement régulier, les constructions ayant été faites d'une seule pièce : circonstance rare
dans les établissements industriels, qui, en général, grandissent peu à peu. La salle de filage renferme 240 bassines;
on pourrait encore en ajouter facilement une quarantaine.
Ces bassines sont alignées sur deux rangs : chaque file en
possède donc 120; entre les deux rangs, une longue allée
est consacrée aux surveillantes. Les appareils du filage sont
établis avec luxe; les bassines sont en cuivre, elles sont

placées sur des tables en fonte; sur ces tables passent deux
conduits, l'un distribuant l'eau froide, l'autre la vapeur. Des
robinets permettent de recevoir ou d'arrêter les jets au gré
des ouvrières. Les siéges sont des tabourets tournant sur vis;
ainsi les fileuses de toute taille seront commodément assises
et par là même leurs mouvements auront plus de précision.
Les guindres sont petits comme nos guindres de France et
portent six rayons. Ils doivent être mus par une machine
à vapeur de la force de huit chevaux, placée dans la grande
cour de la filature, en dehors de la salle de filage.

A l'une des extrémités de la galerie que je viens de
décrire, un escalier conduit au magasin des cocons. Ce
magasin est garni d'étagères qui montent jusqu'au plafond et sont composées d'une série de grosses toiles superposées.

Lorsque les guindres établis sur deux rangées dans l'immense galerie de la filature pourront tourner, lorsque les
fils en mouvement enverront leurs reflets jaune d'or, lorsque
l'industrie animera cet ensemble et que l'eau des 240 bassines s'agitera sous les doigts de 240 jeunes Grecques, la
filature d'Athènes ne sera pas une des moindres curiosités
de la ville nouvelle : située en face du Parthénon et du
temple de Thésée, elle montrera le contraste du génie des
arts antiques et du génie de l'industrie moderne.

Une maison, disposant de fonds considérables, pourra
seule mettre en activité l'établissement d'Athènes. Les filatures à la piémontaise, si on en excepte celle de M. Rhali,
n'occupent en Grèce qu'un très-petit nombre de personnes;
on devra donc former des fileuses ou des fileurs, et il est à
craindre qu'après avoir été instruits, ceux-ci, imitant les

ouvriers de Laconie et de Messénie, ne désertent la filature et entreprennent de travailler pour leur propre compte.

En résumé.

On voit que malgré la prospérité des mûriers et des vers à soie, les filatures à la piémontaise n'ont encore qu'un faible développement. Sur 8 filatures existantes : 3 sont hors d'activité; 1 qui serait de la plus grande importance n'a pas encore d'acquéreurs; 1 vient de naître, on ne sait encore quels seront ses résultats; 3 seulement prospèrent.

Le fait le plus digne d'être noté dans l'état actuel de la sériciculture en Grèce est la multiplicité des filages entrepris isolément dans les campagnes de la Laconie et de la Messénie; ces petits établissements révèlent le même esprit industrieux et indépendant qui caractérisa les anciens peuples de ces contrées.

VALEUR DES PRODUITS SÉRICICOLES DE LA GRÈCE.

En 1852, le ministre de l'intérieur de Grèce a ordonné de faire la statistique des principaux produits du royaume.

D'après cette statistique, la quantité moyenne de soie grége qui est annuellement destinée à l'exportation serait de.................................... 50,000 ocques.

Consommée dans le pays serait de   20,000

La production totale serait de....   70,000

La soie filée selon les anciens usages est grossière et coûte de 25 à 30 drachmes l'ocque.

La soie filée, suivant les perfectionnements modernes, est plus fine, plus souple et plus brillante; elle vaut 50 à 60 drachmes l'ocque.

L'administration de nos douanes possède des chiffres de la plus rigoureuse exactitude sur les importations des produits séricicoles de Grèce en France. J'ai obtenu la communication de ces chiffres grâce à la bienveillance de M. l'administrateur Rougelot. Ils ne sont établis qu'à partir de 1831, les produits de la Grèce ayant été jusqu'à cette époque confondus avec ceux de l'empire ottoman.

DÉTAIL DES QUANTITÉS DE SOIE IMPORTÉES DE GRÈCE EN FRANCE DEPUIS L'ÉPOQUE DE LA DÉLIVRANCE DE LA GRÈCE JUSQU'À L'ÉPOQUE ACTUELLE.

ÉVALUATION EN KILOGRAMMES.

ANNÉES	EN COCONS	SOIES GRÈGES	
		grèges	moulinées
1831		270	
1832		45	
1833		98	
1834			
1835	3	1,442	
1836	29	1,193	
1837		1,559	
1838			
1839		73	
1840			
1841		269	
1842		243	
1843		2,890	108
1844	85	1,685	
1845		3,186	
1846		2,292	
1847		2,511	
1848		5,540	
1849		13,083	
1850	13,037	15,020	
1851	17,335	7,116	
1852	31,556	16,868	
1853	306,616	10,798	

Comme on peut le reconnaître dans le tableau ci-contre, l'importation en France des soies moulinées de Grèce est nulle ou presque nulle. Celle des soies grèges a lieu depuis longtemps, mais son développement date seulement de cinq années. Quant à l'importation des cocons, elle n'a commencé d'une manière véritablement sérieuse que depuis quatre années; depuis cette époque, elle a pris une extension rapide qui serait sans doute plus grande encore si la valeur des cocons n'avait pas fortement augmenté depuis quelques années.

J'ai expliqué déjà comment les perfectionnements du filage se sont répandus dans le sud de la Morée. Ces perfectionnements ont fait croître le prix des soies et en même temps celui des cocons. Les cocons depuis deux ans se sont vendus à l'état frais dans Sparte et dans Calamata 5 à 6 drachmes le litre. Or, le litre équivalant à peu près à l'ocque (1,282 grammes), l'ocque de cocons secs pris sur place se trouve être de 15 à 18 drachmes (12 fr. 75 cent. à 15 fr. 50 cent.).

Sur les 120,000 ocques de cocons secs fournies par les vallées de la Messénie et de la Laconie, un tiers est livré à l'exportation.

L'Archipel est la partie de la Grèce qui expédie le plus. Plusieurs négociants de Syra font la commission pour des négociants de Marseille et leur envoient des cocons. Mais il n'y a pas comme dans l'empire ottoman des maisons qui s'occupent spécialement de l'exportation sur une vaste échelle.

Chaque ocque de cocons secs paye à la sortie du royaume de Grèce 60 centimes; outre ces frais de douane, l'État perçoit la dîme en nature, c'est-à-dire le dixième des cocons; il vend ces cocons aux particuliers.

Pour comparer la valeur des importations séricicoles que les Grecs et les autres peuples font en France, on pourra jeter les yeux sur le tableau général que j'ai donné de l'importation des soies étrangères dans notre pays: on y verra que, depuis quatre années, la Grèce est pour les importations de soie grége presque l'égale de la Suisse. Elle est très-supérieure à l'Égypte et surtout à notre colonie d'Afrique où la sériciculture ne fait que de naître.

DU TISSAGE.

J'ai dit que la quantité de soie grége annuellement consommée dans le pays montait à 20,000 ocques environ; un assez grand nombre de tisserands la travaillent sur place. Dans la Laconie et la Messénie la plupart des habitations renferment un métier avec lequel les femmes tissent tantôt le coton, tantôt la soie nécessaires aux usages de la famille.

En dehors de ces fabrications dont la réunion forme un produit important, il existe plusieurs grandes maisons de tissage de soie. On fabrique particulièrement des moustiquières, des foulards, des ceintures, des écharpes et des guètres.

Les moustiquières de Calamata, près du golfe de Messénie, sont renommées : elles sont formées de fils de soie entremêlés de fils d'or. Les moustiquières, en Orient, remplacent nos rideaux de lits; rendues indispensables par la présence des insectes, elles servent encore d'embellissement pour les chambres à coucher. Calamata, outre la maison que je viens de citer, possède un couvent grec où les nonnes

tissent des foulards : ces foulards se vendent 5 drachmes
(4 fr. 25 cent.)

A Kymi, dans l'Eubée, on fabrique comme à Calamata
de très-belles moustiquières.

Dans la ville d'Athènes, M. Stevopoulos dirige une grande
maison de tissage [1].

Hydra renferme une importante fabrique à l'européenne ;
en dehors de cet établissement, il existe dans l'île un monastère grec, le monastère de Saint-Élie, où les moines
tissent d'élégantes ceintures de soie. Les ceintures pesant
60 drachmes (poids) se vendent 18 drachmes (monnaie).

Je dois enfin, pour compléter la liste des soieries de la
Grèce, citer les grandes guêtres de soie que portent tous les
habitants un peu aisés : ces guêtres sont d'un remarquable
travail.

SÉRICICULTURE DANS LES ILES IONIENNES

J'aurai à peine quelques mots à dire sur la sériciculture
des îles Ioniennes.

Dans ces îles, la culture des mûriers et l'élève des vers à
soie ne sont pour ainsi dire qu'exceptionnelles. Les habitants
de la république septinsulaire sont vêtus à l'européenne ; ils
ne portent pas, comme ceux de l'empire ottoman ou du
royaume de Grèce, des écharpes, des guêtres ou des chemises de soie. D'ailleurs, le sol si fertile des îles Ioniennes
peut recevoir des cultures beaucoup plus productives que
celles des mûriers : ces arbres y sont fort rares.

[1] La description de cet établissement se trouve dans *la Pandore*, journal
d'Athènes, 1re livraison de janvier 1853.

Zante fournit 300 livres de soie, Céphalonie une cinquantaine, Corfou une centaine.

Il existe à Zante deux maisons de filage et de tissage de soie; la plus considérable des deux possède 40 ou 50 ouvrières; on y fabrique d'assez belles étoffes, principalement des cravates. Les tisseuses sont payées 1 shelling 1/2 ou 2 shellings. Les îles Ioniennes ne filent pas une quantité de soie suffisante pour alimenter les fabrications du pays; la plus grande partie de la soie filée provient de Brousse et de la Morée.

Les tissus eux-mêmes ne sont pas assez abondants pour la consommation des habitants. On en importe de différents pays :

En 1852, les îles Ioniennes ont reçu pour :

100,000 francs de tissus de soie	de la France.
39,000 ————————	de la Turquie.
30,000 ————————	de l'Angleterre.
30,000 ————————	de l'Autriche.
20,000 ————————	des États romains.
20,000 ————————	de Naples et de la Sicile.
20,000 ————————	de la Toscane.

259,000 francs, qui représentent plus de 25,000 mètres d'étoffe.

QUATRIÈME PARTIE.

QUATRIÈME PARTIE.

DE LA VITICULTURE DANS LES PAYS DE L'ORIENT.

Comme le mûrier, la vigne se plaît dans les contrées de l'Orient; la disposition orographique de ces régions lui est favorable; on sait en effet qu'elle prospère sur les collines basses : or de semblables collines couvrent presque toute la Syrie en deçà du Jourdain, une partie de Chypre et de la Grèce, la plupart des côtes de l'Asie Mineure et des îles méditerranéennes. Le climat de l'Orient n'est pas moins propice à la vigne : la Syrie est à la limite sud des grands vignobles dans l'ancien continent; plus près de l'équateur, le soleil devient trop ardent.

Il est difficile de juger les vins du Levant, parce que les cultivateurs les altèrent par le mélange du gypse qui leur donne de la fadeur, et par celui du goudron ou de la résine qui dissimule presque tout leur parfum. Les vins se divisent en deux catégories : les uns sont destinés à servir de boisson journalière; ceux-là sont en général de détestable qualité : chargés en couleur, chauds, trop alcooliques et trop sucrés; les autres sont les vins d'entremets ou de dessert. Les défauts des premiers deviennent des vertus pour ceux-ci; les vins de Chypre, de Chio et de Samos sont justement rangés parmi les premiers vins du monde.

Les raisins de table que l'Orient produit ont une saveur exquise et sont d'une beauté inconnue à nos contrées.

Les raisins secs, tels que la passoline (raisin de Corinthe) et la sultanine, sont l'objet d'un important commerce d'exportation. Non-seulement dans les climats brûlants des pays orientaux les fruits se sucrent naturellement, mais encore les cultivateurs rencontrent de grandes facilités pour les sécher.

Les pages qui vont suivre renfermeront le compte rendu de mes observations sur quelques-uns des principaux vignobles.

Aux détails de viticulture, je joindrai le résumé de mes études sur la maladie des vignes en Orient.

Je n'aurais pas eu la pensée d'aborder un sujet sur lequel ont discouru tant d'hommes distingués, si je n'y avais été porté par deux considérations que je dois développer.

1° Dans nos climats, les fruits juteux, comme le raisin, ont une tendance à subir la décomposition par voie humide. Après les pluies quelque temps prolongées, on voit les grains plus faibles de constitution que les autres se pourrir et tomber. A peine attaquées par l'Erysiphe Tuckeri, les vignes répandent une odeur de moisi, indice que leur état maladif leur enlève la force de résister à la décomposition par voie humide. Souvent cette décomposition est si prompte, la pourriture des grains se montre si intimement liée à la présence des Erysiphe, qu'il a paru difficile de juger si les cryptogames avaient produit l'altération des grains ou si l'altération n'avait pas amené le développement des cryptogames.

Dans le climat brûlant des pays orientaux, où la vigne parvient à la maturité sans avoir le plus souvent été rafraîchie par une seule goutte de pluie, le raisin n'a plus à lutter contre l'humidité. Attaqué par l'Erysiphe, il ne se

décompose jamais; il se dessèche et la dessiccation est assez
lente pour permettre d'étudier le développement du petit
champignon sur des fruits très-sains au moins en apparence.

2° Une seconde circonstance m'a été favorable dans
mes recherches sur la maladie des vignes : l'Erysiphe a paru
sur les côtes d'Asie à l'époque où je les visitais. J'ai marché,
pour ainsi dire, en même temps que le funeste cryptogame;
j'étais témoin de ses invasions, je voyais quelles actions
météorologiques, quelles expositions, quels terrains, quels
modes de culture favorisaient son développement.

Se livrer aux mêmes études en Europe est aujourd'hui
chose difficile. Les campagnes sont tellement imprégnées
des semences de l'Erysiphe qu'on le rencontre de toute
part, et souvent c'est en vain que l'on cherche à reconnaître
les circonstances qui facilitent sa propagation.

Par suite de faux renseignements, on a cru, en Occident, que la maladie avait envahi les vignes d'Asie Mineure et de Syrie avant 1853. J'arrivai dans ces pays au
printemps de cette année. Mes démarches auprès des consuls, des négociants européens et des indigènes, me prou-
vèrent que la maladie était encore complétement inconnue.
A Smyrne même, l'ignorance de l'épidémie était si grande
que l'on ne pouvait comprendre la cause de mes questions
sur l'état des vignes.

Nous avons rencontré durant notre traversée de Marseille
à Constantinople un botaniste distingué, M. Huet du Pavillon, qui se rendait en Arménie pour en étudier la flore;
j'ai prié M. Huet de vouloir bien prendre dans ce pays des
renseignements nombreux sur la maladie des raisins. Depuis son retour en Europe, il m'a appris que l'Arménie ne

renferme presque aucune vigne. Trébisonde est le seul point
où l'on en cultive. M. Huet du Pavillon n'a découvert nulle
trace d'Erysiphe, et l'épidémie de l'Occident n'est pas moins
inconnue dans l'Arménie qu'elle l'était encore dernièrement
sur le littoral de la Méditerranée.

J'avais presque renoncé à découvrir en Asie l'Erysiphe ;
j'explorais l'île de Chypre et je traversais les ruines de Paphos, accompagné de M. Amédée Damour, qui m'a toujours
prêté un précieux concours dans mes recherches scientifiques.

Tout à coup, M. Amédée Damour m'indique des vignes
qui s'élèvent dans des arbres à de grandes hauteurs; il a
remarqué sur les raisins une poussière blanche. Nous nous
élevons sur nos mules afin de pouvoir atteindre quelques
grappes et nous découvrons l'Erysiphe Tuckeri.

Près de Paphos est la ville turque de Ctima. Le bazar de
cette ville est couvert d'une treille dont les raisins sont
blanchis par la même poussière blanche qu'à Paphos. Notre
drogman rassemble les habitants, et les interroge sur la
cause de cette poussière.

Les Turcs sont peu rieurs de leur nature ; cependant ils
sourirent et, branlant la tête, ils me firent répondre :

« La poudre blanche que tes yeux voient sur nos raisins
est une poudre de la terre ; elle résulte de ce que l'été
est plus brûlant cette année que d'habitude. Le vent qui
amena la poudre sur nos fruits la remportera; reviens
bientôt et tu mangeras avec délices le raisin doré de Ctima. »

Quelques semaines plus tard, nous apprîmes les désastres des vignes du district de Paphos!

L'apparence extérieure des vignes malades et les nombreuses études microscopiques que nous en fîmes ne pou-

vaient nous laisser de doute sur l'invasion de l'Érysiphe. Aussi, en même temps que je l'annonçai à M. le directeur général de l'agriculture et du commerce, j'en fis part aux agents consulaires de la France dans les pays du Levant, les priant de vouloir bien m'indiquer si le fléau ne venait pas également d'apparaître dans leurs circonscriptions.

J'appris bientôt par eux que l'épidémie se déclarait de toute part à la fois : dans l'Asie Mineure, à Chio, dans le nord de la Syrie.

Après un long séjour dans l'île de Chypre, nous avons passé en Syrie, et nous avons rencontré l'Érysiphe dans les gorges du Liban les plus sauvages et les plus éloignées; nous l'avons retrouvé jusqu'à Jérusalem.

En Égypte, en Grèce et dans les îles Ioniennes, je n'ai pu, comme en Asie, assister à l'invasion de l'Érysiphe, car son apparition datait de 1851; mais les circonstances d'humidité toute spéciale des vignobles de Corinthe m'ont fourni des renseignements utiles sur les causes du développement des cryptogames.

Le travail qui va suivre est divisé en deux chapitres.

Le premier renferme les documents que j'ai rassemblés, soit sur les vignes dans leur état normal, soit sur les vignes malades. Je resterai simple observateur, exposant les faits en dehors de toute idée théorique.

Dans un deuxième chapitre, je chercherai à expliquer les causes de la maladie des vignes en Orient.

Les observations qui sont ici présentées ont été adressées au ministère de l'agriculture, du commerce et des travaux publics, pendant l'automne de 1853; mais jusqu'à aujourd'hui elles y sont restées inédites.

§ 1er.

DE L'ÉTAT ACTUEL DES VIGNOBLES DANS LES PAYS DU LEVANT.

Je suivrai dans ce chapitre un ordre géographique.

Je parcourrai successivement l'île de Chypre, la Syrie, l'Asie Mineure, le royaume de Grèce, les îles Ioniennes et l'Égypte.

En visitant ces pays, je porterai mes observations 1° sur les vignes dans leur état normal; 2° sur les vignes malades.

VIGNOBLES DE L'ÎLE DE CHYPRE

La réputation des vignobles de Chypre se perd dans la nuit des temps; après avoir vu disparaître ses temples dédiés à Vénus, ses exploitations de minerais précieux, ses palais élevés par les Lusignans, l'île a conservé ses vignobles, seul et minime débris de son antique richesse.

Philippus Abbas, cap. XII, parle ainsi des vignobles de Chypre :

« Cyprus insula est cæteris circumjacentibus prior potius quam secunda, ut aiunt qui viderunt, vini peroptimi fecunda, ut non solum sibi ejus fecunditas grata et sufficiens habeatur, sed et inde in alias regiones vinum sui merito transvehatur. »

Pline cite une vigne de Chypre d'une telle dimension qu'elle avait à elle seule fourni les degrés par lesquels on montait au toit du temple de Diane à Éphèse : « Etiam nunc scalis tectum Ephesiæ Dianæ scanditur ex vite una Cypria[1]. »

[1] Pline, lib. XV, cap. 1.

Dioscoride[1], parle d'un vin de Chypre que l'on appelait *catorchites* ou *sykites* :

Καὶ ὁ (οἶνος) κατορχίτης δὲ, ὃν ἔνιοι συκίτην καλοῦσιν, ἐν Κύπρῳ σκευάζεται ὁμοίως τῷ Φοινικίτῃ[2].

Les vignobles de Chypre produisent différents vins et particulièrement deux espèces très-abondantes : le vin noir ou vin ordinaire de table et le vin sucré nommé *commanderie*. Bien que les vins constituent une branche de commerce essentielle pour la consommation intérieure et pour l'exportation, les vignobles s'étendent seulement sur une faible partie de l'île. Quelques-uns sont disséminés dans le voisinage de l'Idalie ou vers la base de la chaîne septentrionale ; des ceps grimpent contre les habitations des divers villages ; ils s'élancent jusqu'au sommet des arbres de quelques jardins, ils se recourbent en berceaux au-dessus des puits ou alakatis ; mais la grande culture est confinée autour des monts Olympes.

Les monts Olympes sont constitués par deux groupes de roches essentiellement différents, sur l'un et l'autre desquels se cultive la vigne : le groupe des roches plutoniques (diorites, serpentines, euphotides, wackes) et celui des calcaires blancs crayeux. Le premier compose d'immenses chaînes, souvent désordonnées, s'étendant indéfiniment dans la profondeur du sol et s'élevant pour former toutes les sommités de l'île. Les roches du second groupe sont le résultat d'un dépôt tranquille opéré au sein des mers. Elles

---

[1] Lib. V, cap. xii.

[2] « On obtient en Chypre un vin appelé *catorchites* ou *sykites* que l'on prépare comme le vin de palmier. »

entourent d'une bande continue la base des massifs plutoniques (voir ma Carte géologique de Chypre).

Dans ma carte agricole, j'ai cherché à faire connaître
approximativement la position des plus importants vignobles; la teinte violette les représente.

Ils sont en général au contact des roches pyrogènes et
des calcaires crayeux. Les cultivateurs les établissent de préférence sur ces dernières roches. Ainsi, à Omodos, s'étend
un immense coteau de vignes qui donnent du vin noir; ce
coteau commence exactement au point où le calcaire crayeux
succède aux roches pyrogènes. Lefcara et Péra, où s'obtient
plus spécialement le vin de commanderie, sont à la limite
du même calcaire et des roches pyrogènes. Leurs principaux vignobles sont assis sur le calcaire crayeux.

Les roches pyrogènes doivent à leurs couleurs foncées la
faculté de s'échauffer plus que les calcaires blancs crayeux.
Aussi, donnent-elles une commanderie[1] très-supérieure;
mais on m'a dit que les ceps y durent trois fois moins de
temps que sur les calcaires. Sans doute, pour avoir de bonnes
qualités, les chevaliers, maîtres des crus de commanderie,
aimèrent mieux faire le sacrifice de renouveler souvent leurs
vignes; ils les établirent sur les roches pyrogènes. Par la suite,
les Chypriotes, contraints par la pauvreté à éviter toute dépense
de culture, ont sans doute peu à peu déplacé les vignobles de
leurs prédécesseurs en les amenant sur les calcaires crayeux.

On pourra se demander pourquoi les anciens avaient
planté presque toutes les vignes sur la partie des roches

[1] Nous avons l'habitude de dire *le* champagne, *le* bourgogne, en sous-
entendant les mots *vin de*; nous préférons cependant suivre ici le langage des
Chypriotes, qui nomment ce produit de leur pays *la* commanderie.

pyrogènes qui est voisine des calcaires crayeux : la raison probable en est que les calcaires viennent recouvrir les massifs pyrogènes sur les points où ils sont peu élevés, et que la commanderie perdant en qualité sur les grandes hauteurs, on a dû l'établir de préférence sur les parties les plus basses des roches pyrogènes.

L'examen de la figure 12 prouvera l'exactitude de notre supposition.

Cette figure est la représentation des modes, suivant lesquels les vignobles sont groupés dans les monts Olympes, par rapport aux formations géologiques et aux zones agricoles de l'île. La teinte brune indique les roches pyrogènes ou plutoniques; la teinte verte, l'étage des calcaires crayeux; la teinte grise, les terrains tertiaires supérieurs; les hachures représentent les vignobles. On y retrouve la division en cinq zones agricoles, dont j'ai parlé dans mon chapitre spécial sur l'île de Chypre. Les vignes sont cultivées pour la plupart dans la zone des hauteurs moyennes caractérisée par nos arbres d'Europe.

Je n'ai pas trouvé de vignes établies sur les sables tertiaires, qui sont cependant très-développés en Chypre. On sait que les vignes prospèrent rarement sur les terrains de sable. « Le sol sablonneux, dit M. Cavoleau, est généralement le moins favorable à la qualité du vin [1]. »

Près du village de Péra, les vignes sortent un peu des calcaires crayeux pour s'étendre sur les roches de conglomérat : il est très-rare que ces roches portent des vignobles.

Je regarde la commanderie comme un produit qui devra

[1] Cavoleau, *OEnologie française ou Statistique de tous les vignobles et de toutes les boissons vineuses et spiritueuses de la France*, 1827. p. 357.

rester spécial à Chypre. On pourra, comme dans le Liban, en obtenir quelques reproductions; mais il sera difficile de se rapprocher exactement des crus types des monts Olympes.

Il existe en France peu de pays qui renferment des roches pyrogènes (diorites, serpentines, aphanites, euphotides) semblables à celles de Chypre. A la vérité, les porphyres et même certains granites doivent constituer un sol peu différent; cependant, je ferai remarquer que ces roches sont en général moins noires, et que la couleur foncée est essentielle pour l'échauffement régulier du sol. D'ailleurs, le climat de Chypre est un des plus brûlants du Levant, et la bonne commanderie se recueille sur des montagnes assez peu élevées pour que la concentration des rayons solaires ait toute sa force. Lorsque l'on touche la terre des vignobles, elle est fréquemment assez chaude pour qu'il soit impossible d'y laisser la main; ainsi, il est à craindre que les essais d'importation de commanderie en France ne soient infructueux.

On lit dans Sonnini[1] le passage suivant : « François Ier avait fait venir de Chypre une assez grande quantité de plants de vigne pour en couvrir cinquante arpents à Fontainebleau. On ignore ce que sont devenues ces vignes plantées à si grands frais, et l'on se tromperait beaucoup si on leur attribuait la bonne qualité et la réputation que les chasselas de Fontainebleau ne doivent qu'à la manière de les planter et de les cultiver. »

Suivant Simon Roxas Clemente[2], les Portugais trans-

[1] Sonnini, *Voyage en Grèce et en Turquie fait par ordre de Louis XVI*, 1801, t. Ier, p. 99.

[2] Simon Roxas Clemente, *Essai sur les variétés de la vigne qui végètent en Andalousie*, 1814, p. 9.

portèrent avec grand succès dans l'île de Madère les espèces de cépages cultivées en Chypre.

Les vignobles, d'après M. Fourcade, recouvrent une surface égale à 8,000 hectares. Ils produisent chaque année en moyenne plus de 140,000 hectolitres de vin, c'est-à-dire 17 hectolitres 1/2 par hectare. En les évaluant à 10 francs l'hectolitre, on trouve un rendement annuel de 1,400,000 francs (le sixième de la production totale de l'île).

Aidé par les renseignements que m'a fournis M. Georges Bernard, de Larnaca, j'ai dressé une liste des villages qui fournissent la meilleure commanderie. Ces villages sont classés par ordre de qualité, le premier du tableau donnant les produits les plus parfaits.

VILLAGES	DISTRICTS.	PRODUCTIONS.
Ora.	Larnaca.	Vin de qualité supérieure, de couleur foncée, presque noire; très-doux.
Laroudonta.	Delai.	Vin léger, peu spiritueux, de couleur claire, très-limpide.
Pano.	Dilai.	Vin sujet à se gâter avant le mois d'août. Passé cette époque, il n'y a généralement plus de risques pour cette qualité de vin de commanderie.
Laroska.	Larnaca.	Vin de qualité inférieure, parce que depuis une quinzaine d'années on y ajoute du plâtre afin de le conserver; ce mélange lui donne une couleur foncée. Larnaca fournit à lui seul plus de vin que tous les villages du district de Larnaca.
Canker.	Larnaca.	Vin de couleur très-claire et limpide.
Vata loca.	Dipui.	Vin de couleur presque noire.
Obor.	Dessi.	Vin de commanderie très foncé en couleur.
Avanca.	Delai.	Couleur foncée presque noire.
Massaroa.	Larnaca.	Même couleur.
Samos.	Larnacal.	Vin rouge, un peu âpre, de couleur très-claire.

Suivant M. Fourcade, on n'évalue qu'à une moyenne

de 8 à 9 hectolitres le produit annuel d'un hectare planté en bonnes vignes de commanderie, tandis que l'hectare des vignes ordinaires fournit en moyenne près de 20 hectolitres.

Les vins noirs se recueillent principalement sur le pourtour du massif central de l'île.

Omodos en produit une grande quantité. En face du village s'étend un coteau incliné vers le couchant et couvert de vignobles; les ceps sont peu élevés, ils se divisent en rameaux lâches, mais non rampants.

Catiga donne un assez bon vin d'ordinaire, de couleur rosâtre.

Odou fournit des vins noirs estimés, se rapprochant des vins de France.

Outre le vin noir, Omodos produit un muscat parfumé; on y fait aussi des eaux-de-vie. Ces eaux-de-vie, comme celles de Limassol, ont un mauvais goût; on les parfume avec de l'anis, et plus souvent avec du mastic; ainsi mélangées, elles se vendent sous le nom de raki; le raki est la seule liqueur habituellement employée dans le Levant.

C'est à Kilani et à Vassa que se préparent les plus grandes quantités de raisin sec.

— Les opérations de la viticulture sont presque identiques dans les vignobles de vin noir, de commanderie, de muscat, etc. Je réunirai leur description en un seul paragraphe, notant au fur et à mesure les faits spéciaux à chacun d'eux.

Au mois de février ou de mars (ce mois est, en général, le plus froid de l'année), on taille la vigne.

On choisit les sarments qui pourront donner les meilleurs plants; les sarments ont près d'un mètre de longueur; ils sont liés par paquets d'une centaine environ. On les laisse tremper dix jours dans l'eau pour leur faire projeter de petites racines. Ensuite ils sont enfoncés en terre, et il y restent jusqu'aux premiers jours de mai. Alors on les sépare et on les plante l'un après l'autre, ayant soin de les espacer suffisamment, pour que la charrue puisse passer entre leurs pieds.

Lorsqu'un homme plante, tous les cultivateurs voisins viennent à son aide; ils ne reçoivent aucun salaire, mais seulement on les héberge, on les nourrit; c'est un service mutuel que les Chypriotes se rendent de temps immémorial. La plantation des vignes est l'occasion de réjouissances semblables à celles de la vendange dans nos pays; l'époque de son retour est l'occasion de fêtes générales.

J'ai dit que la taille se faisait en mars. On coupe les branches des vignes de commanderie de manière à diminuer le plus possible la vigueur de la sève : plus la vigne est chétive, plus le raisin est parfait. On ne laisse habituellement subsister qu'un tronc élevé d'un demi-mètre du sommet duquel partiront en été de nouveaux rameaux, qui s'allongeront et retomberont même à terre lorsqu'ils seront chargés de fruits. Les ceps sont assez forts pour se passer de l'appui d'aucun tuteur.

Immédiatement après la taille, on donne deux labours consécutifs. Aussitôt que le premier est fini, les cultivateurs se hâtent de commencer le second, afin de prévenir le développement des bourgeons que la charrue pourrait déchirer. Le but de ce second labour est d'ameublir davantage la terre. Lorsqu'il est achevé, on creuse circulairement le sol autour des ceps; par ce moyen les eaux des pluies de mars arrivent plus facilement à leurs pieds. Les ceps sont espacés de plus d'un mètre; à Mathiatis, ils le sont de deux mètres environ: leurs rameaux rampent sur le sol, mais jamais ils ne s'étendent au loin comme dans plusieurs parties de la Syrie ou comme dans notre département de l'Ardèche. Lorsque l'on veut obtenir de la commanderie, on intercale de gros ceps à raisin blanc entre les ceps à raisin noir; mais le raisin blanc est toujours en minime proportion. Un grand nombre de vignobles sont soigneusement tenus; j'en ai cependant vu qui semblaient un réceptable de toutes les mauvaises herbes. On ne plante jamais d'arbres et on n'établit aucune culture accessoire entre les pieds des ceps.

La culture des vignes appartient exclusivement aux Grecs; les Turcs ne buvant pas de vin, entretiennent seulement quelques plants, d'où ils tirent du raisin de table et du raisin sec.

Aucune orientation ne paraît adoptée de préférence; les vignes font face à tous les points de la boussole.

Les raisins de Chypre ont des grains peu serrés, volumineux, de forme généralement oblongue, d'un rose qui passe à la teinte noire. Ceux de commanderie ont une chair dure sous une enveloppe tendre; les autres ont une pulpe trèsjuteuse environnée d'une peau épaisse. Ces différences résultent en partie de ce que la chaleur est plus intense dans les vignobles de commanderie.

— Voici comment au XVIe siècle se faisait la vendange des raisins de Chypre:

« Il y a, dit Estienne de Lusignan, une certaine plante de raisin de couleur pasle et noire qui croist ès montagnes

et meurit à la fin de juillet, lesquels, toutefois, on ne vé-
dange sinon vers la fin du mois de septembre. Après qu'on
les a cueillis, on les met sur les toits des maisons, qui sont
tous plats, et demeurent par l'espace de trois jours au
soleil, afin que l'ardeur d'iceluy leur oste l'aquosité qu'ils
pourraient avoir : puis estâs foullez et les grappes ostées
premier que bouillir, le vin par après en est de très-grande
perfection. "

La vendange se fait en Chypre, comme en France, à la
fin de septembre ou au commencement d'octobre. Les raisins de commanderie se cueillent trois ou quatre jours après
ceux qui produisent le vin ordinaire. En général, plus la
région dans laquelle un vignoble est assis se trouve élevée,
plus la récolte se fait tard. Il est probable que la saveur fade
et sucrée si désagréable des vins noirs de Chypre serait modifiée, si on avait le soin de commencer la vendange plus
tôt, alors que le raisin n'est pas encore trop mûr.

Dans les vignobles de commanderie, on entreprend l'é-
grenage des grappes sur le lieu même où se recueille le
raisin; la charge d'enlever les grains gâtés est confiée aux
femmes et aux enfants. Ces grains, après avoir fermenté,
se vendent sous le nom de makès. Après l'égrenage, on
transporte avec soin les raisins sur les toits plats des maisons; ces toits ont été d'avance garnis de feuilles de vignes.
Le raisin y est accumulé sous forme de tas élevés. On le
garde ainsi pendant dix jours, s'il doit donner du vin rouge;
pendant vingt jours, s'il doit fournir de la commanderie.
Ce temps expiré, on le porte au pressoir; la salle qui renferme le pressoir s'appelle un *lino*. On foule le raisin d'abord
avec la roue, puis avec les pieds; le jus est recueilli dans

de grandes jarres en terre. On le transvase plusieurs fois afin de le clarifier. Les jarres qui le renferment restent ouvertes par le haut pendant une année; sans cette précaution, le dégagement du gaz déterminerait une explosion et peut-être une rupture.

Les paysans gardent le vin dans leurs cabanes jusqu'à l'époque de la récolte suivante; alors, ayant besoin de vider leurs vases, ils vont en porter le contenu à Limassol.

— Il faut, parmi les vins de Chypre, établir une distinction essentielle, souvent inconnue en Europe.

Le vin ordinaire, vulgairement nommé vin noir, est un vin détestable, pire que nos derniers vins de France[1]. Il est d'un rouge de lie tirant sur le noir, capiteux, et par cela même dangereux pour les personnes qui n'en ont pas l'habitude. Il a un goût de goudron très-exagéré, provenant de ce qu'il est transporté dans des outres. C'est pourquoi sur les lieux de production, il est meilleur; de même, lorsqu'il a voyagé sur un bâtiment, il laisse en partie sa saveur de goudron et gagne en qualité. Les cultivateurs ont souvent le tort d'ajouter du plâtre à leur vin. On sait que l'effet du plâtre est de corriger l'acidité, mais les vins de Chypre sont loin d'être acides; ils ont à la fois de la fadeur et de l'âpreté, deux défauts que le mélange du plâtre augmente encore.

[1] Plusieurs Européens établis dans l'île ne peuvent s'habituer au vin du pays et font venir, pour leur ordinaire, du vin de France. Les vins ordinaires de Chypre sont réputés si mauvais, que le premier soin de notre consul M. Doazan, qui a eu pour nous mille bontés, fut de nous envoyer, à notre débarquement dans l'île, du vin de France, en nous annonçant que nous ne pourrions boire le vin du pays.

Un fait cité par Mariti[1] contribue à prouver que le mauvais goût des vins de l'île de Chypre provient des procédés si imparfaits employés par les Chypriotes : « Pendant mon séjour en Chypre, dit cet auteur, quelques Français établis dans le voisinage d'Omodos, essayèrent de faire du vin selon la méthode provençale; l'ayant laissé reposer une année dans les tonneaux et ensuite mis en bouteilles, ils le servirent à des provençaux, qui le louèrent comme une production de leur pays. »

Le vin ordinaire coûte, en Chypre, vingt paras l'ocque : c'est un prix bien minime; mais, à ce prix là même, il se vendrait difficilement en France. Comme l'art de construire des caves est inconnu dans l'île, il se gâte facilement, et les marchands se hâtent de l'écouler. En vieillissant, il s'améliorerait et finirait par constituer un vin d'assez bonne qualité. On le renferme dans de grandes jarres goudronnées à l'intérieur; les magasins de Limassol sont remplis de ces jarres. On l'exporte sur une grande échelle, en Syrie, en Égypte et à Trieste.

Le vin connu en France sous le nom de vin de Chypre, porte en Orient le nom spécial de vin de commanderie (commandarcha). La commanderie est le seul vin de l'île qui pénètre en France; encore y arrive-t-elle très-rarement et est-elle presque toujours rendue méconnaissable par les mélanges d'autres vins. Elle a pris son nom des chevaliers du Temple, qui avaient une commanderie à Colossi, près de Limassol, et qui possédaient l'entrepôt des vins sucrés de l'île.

[1] Mariti, *Voyage dans l'île de Chypre, la Syrie et la Palestine*, 1791.

On voit encore à Colossi une tour large et élevée où rési-
dait le commandeur. Cette tour domine au loin le pays,
rappelant au milieu des ruines de la civilisation turque les
institutions de l'Europe du moyen âge. Actuellement l'entrepôt de tous les vins, des eaux-de-vie et des raisins secs
s'est transporté à Limassol.

La commanderie, âgée seulement d'une année, est limpide; elle présente une saveur peu agréable et une forte
odeur de goudron; alors sa couleur tire sur le carmin. Plus
tard elle s'éclaircit, passe au rose tendre; en vieillissant, elle
brunit et prend une teinte de plus en plus foncée; en même
temps elle se sucre et devient entièrement liquoreuse. Mariti,
dans son ouvrage sur Chypre, a donné une recette pour
transmettre en quelques jours une teinte noire aux vins
nouveaux. Cette recette lui fut communiquée par un marchand de Larnaca.

La commanderie, en se clarifiant, dépose une lie vis-
queuse. Cette lie, au lieu de nuire au vin, le bonifie: on
a soin d'en enduire les tonneaux avant de les remplir de vin
nouveau; les tonneaux ainsi enduits s'achètent à un prix
beaucoup plus élevé que les autres.

La première année, la commanderie coûte une piastre et
demie ou deux piastres l'oeque. Chaque année, dit-on, elle
coûte une piastre de plus; par conséquent, la seconde année,
trois piastres; la dixième année, onze piastres; la trentième
année, trente et une piastres.

Ce calcul est exagéré; il donne aux vins vieux des prix
très-supérieurs à leur prix réel. Ce qui est certain, c'est que
le vin vieux est fort rare, et l'on doit s'y attendre dans un
pays où la modicité des fortunes détermine le propriétaire à

réaliser promptement son avoir. D'ailleurs la déperdition rapide de la commanderie, lorsqu'elle est mise en tonneau, est une seconde raison de la valeur qu'elle doit prendre en vieillissant : pendant chacune des premières années de sa mise en pièce, elle se réduit d'environ un dixième.

Le vin de Chypre semble gagner indéfiniment; j'en ai bu auquel on attribuait soixante-dix ans : c'était un vin parfait.

Lorsque la commanderie est parvenue à une certaine vieillesse, elle devient un des premiers vins du monde. Les vignobles qui la produisent sont assis, comme je l'ai déjà dit, sur les monts Olympes. Si l'on devait admettre avec quelques auteurs que ces montagnes eussent été la demeure de divinités antiques, on pourrait encore admettre que la commanderie de Chypre fût le nectar dont Ganymède remplissait la coupe du maître de l'Olympe : c'est un vin parfumé et qui a pu être jugé digne des dieux, car il est trop capiteux pour les têtes mortelles, et les Chypriotes ne le boivent jamais que dans des verres infiniment petits, faits tout exprès.

« Le vin de Cypre, disait, en 1572, Étienne de Lusignan, est le meilleur de tout le monde..... Quand on le veult boire à la mode de Cypre, on met de l'eaüe dans un voirre, et puis dessus on verse le vin, lequel tourne bien l'espace de deux patenostres devant que de se mesler. Que si on en veult prendre un doigt, il y en fault mettre deux d'eau, et aussitost qu'õ l'a beu, on le sent partout le corps fort en chaleur, et lors apparaist sa bonté. »

Je ne crois pas devoir parler du muscat et de quelques autres vins rares de l'île.

Je ne m'occuperai pas davantage du raisin sec; il est de qualité très-inférieure; il renferme de gros pepins et passe facilement au sucre de glucose.

Quant au raisin de table que fournissent les jardins, il est très-sucré, mais sa peau est épaisse, et le raisin de vigne m'a toujours semblé lui être préférable.

DE L'ÉPIDÉMIE DES VIGNES EN CHYPRE.

J'ai dressé (figure 13), une carte de Chypre où sont marqués les pays qui furent attaqués par l'Erysiphe Tuckeri en 1853, c'est-à-dire pendant l'année de la première invasion. J'ai seulement inscrit les localités où j'ai rencontré des vignes[1]. Les montagnes et les différentes natures de terrain sont marquées, de sorte que l'on pourra vérifier si la maladie a reçu quelque influence de la constitution orographique ou minéralogique du sol. Cette influence me semble avoir été minime ou même avoir été nulle. Les noms des pays dont les raisins sont malades sont écrits en rouge; ceux dont les raisins sont bien portants sont marqués en noir.

La teinte brune indique les roches plutoniques;

La teinte bleue, l'étage des calcaires compactes;

La teinte jaune, l'étage des macignos;

La teinte verte, l'étage des calcaires blancs crayeux;

La teinte grise, les terrains tertiaires et quaternaires.

Je vais présenter l'énumération des pays où nous avons spécialement étudié la marche de l'épidémie. J'ai déjà raconté

---

[1] Notre itinéraire étant marqué sur nos cartes, il sera facile de retrouver les noms des points que nous indiquons.

comment, en traversant les ruines de Paphos. M. Amédée Damour et moi observâmes, pour la première fois en Orient, des raisins couverts d'Erysiphe Tuckeri. Paphos (Paleo-Paphos) est situé sur le littoral S. O. de l'île : les vignes malades s'élevaient à de grandes hauteurs dans des arbres voisins des flots de la mer.

Non loin de Paphos, nous rencontrons des raisins malades sur les treilles dont le bazar de Ctima est ombragé.

En enlevant la poussière blanche qui couvre ces raisins, on voit leur peau tachetée de brun noirâtre; parmi les grains plusieurs sont séchés, d'autres sont fendus, et la pulpe fait saillie. Comme les grains de raisin, les feuilles sont revêtues de poussière blanche, et, si on enlève la poussière, on les trouve colorées en brunâtre. Les sarments, de distance en distance, portent également des taches d'un brun noirâtre.

On voit, à Catiga, des vignobles donnant des vins rosés qui sont établis sur l'étage des calcaires crayeux. Ils n'ont pas été atteints par l'Erysiphe.

A Poli tou Chrysochou, nous ne rencontrons pas de vignobles; mais quelques bautins, s'élevant à l'ombre sous les grands arbres d'un jardin turc, portent des raisins couverts de poussière blanche; la poussière enlevée, des taches brunâtres restent sur la pellicule des grains.

A Drimou, de gros ceps sont chargés d'un nombre immense de grappes, toutes parfaitement saines. Les vignes s'appuient contre des arbres isolés çà et là, dans un champ établi sur des calcaires blancs crayeux; elles ne sont pas à l'ombre. Cette remarque est importante à retenir; j'en donnerai plus tard la raison.

Au nord du beau convent de Chrysoroghiatissa s'étendent sur un sol calcaire des vignobles donnant du vin noir et du vin rose semblable à celui de Catiga. Beaucoup de grappes sont séchées ; les habitants du pays attribuent ce fait au passage d'un vent chaud. Il est en réalité le résultat d'un dépôt peu durable d'Erysiphe ; les grains malades ont péri, et ont été ensuite abandonnés à l'action desséchante de l'atmosphère.

De Chrysoroghiatissa jusqu'à Saint-Pantéleimoné, nous ne rencontrons aucune vigne. L'évêque grec, habitant le riche monastère de Saint-Pantéleimoné, nous conduit à un bassin au-dessus duquel des vignes s'élèvent en berceau et composent un ombrage impénétrable. Elles sont extraordinairement malades : les grains et surtout les feuilles sont couverts d'accumulations de poussière blanche. Les rameaux sont intacts. L'évêque nous assure qu'avant cette année on n'a jamais entendu parler de maladie des vignes.

Saint-Pantéleimoné est situé contre le versant sud de la chaîne de Cérines. Sur le versant nord, à Foungi, sont des vignobles atteints par l'épidémie. Ces vignobles sont peu compromis, mais des vignes isolées, grimpant dans les arbres, sont couvertes d'Erysiphe ; la poussière revêt surtout les grains de raisin et les pédoncules : les feuilles sont plus saines. Les grosses branches portent des taches brun noirâtre. D'après les renseignements des propriétaires, aucune épidémie n'avait encore frappé les raisins avant cette année. Tous les paysans regardent la poussière blanche de l'Erysiphe comme une poussière du sol enlevée par le vent.

Dans le village de Cai-Macli, dans les bazars et les jardins de Nicosie, contre les maisons de Dali, des vignes montent en forme de berceaux ; elles ne portent aucune trace de maladie.

Entre Dali et Larnaca sont des vignobles parfaitement sains qui sont établis sur des calcaires blancs crayeux.

A Larnaca et à la Scala, quelques ceps grimpent contre les habitations; leur raisin blanc, hyalin ou vermeil, ne présente aucun débris d'Erysiphe. Près de Lithrodonta, nous voyons des ceps isolés non malades. Les vignobles portent quelques traces de maladie; ils sont loin d'être aussi gravement atteints que pourraient le faire penser les plaintes des cultivateurs.

Au couvent du Machéra (785 mètres au-dessus du niveau de la mer), les vignobles ont peu souffert, mais un cep grimpant dans un arbre, à l'ombre du couvent, nous présente des raisins comme ensevelis sous une couche d'Erysiphe; les sarments sont très-noircis.

Au commencement de juin on a vu tomber une pluie fine, amenée par un vent du N. E. Le nuage, me disent les pères grecs du Machéra, venait du Pentedactylon. Le Pentedactylon est un pic de la chaîne de Cérines, qui doit son nom à la séparation de ses roches en cinq lobes; il est placé vers le N. E., par rapport au Machéra. Nous étions dans les environs de Nicosie, pendant la chute de la pluie. Le nuage au-dessus des plaines brûlantes de l'île laissa à peine quelques gouttes s'échapper, mais au-dessus du massif central, dont le Machéra est un des points élevés, il dut se condenser davantage.

Dans plusieurs vignes, les semences d'Erysiphe se sont développées sur les grains; alors la dessiccation et la mort sont survenues. Mais, en général, les semences n'ont pas germé,

elles ne se sont pas propagées et les grains ont repris leur
premier état de vie : ils ont mûri; quelques taches brunes
restées sur les feuilles sont les seules marques du passage
ancien de l'Erysiphe.

Près d'Haï-Héracliti et de Visatchia quelques ceps grimpent dans les arbres, et laissent pendre en festons leurs
raisins bien portants.

Contre Évricou, les vignes nous montrent au milieu des
grappes saines beaucoup de grappes desséchées, qui semblent indiquer un passage ancien de l'Erysiphe. Nulle trace
actuelle de poussière blanche.

A Prodromo, sur les roches ignées, au pied du mont
Troodos, nous rencontrons des vignobles malades (à environ 1,180 mètres au-dessus du niveau de la mer). Des
ceps grimpant en forme de berceaux contre les habitations
du village sont encore plus gravement attaqués que les vignobles. Peu de grains peuvent grossir et parvenir à maturité. Le bois est faiblement atteint. A l'invasion de l'Erysiphe se joint celle d'insectes qui attaquent peu les fruits,
mais dévorent les feuilles de manière à ne plus en laisser que
l'épiderme. Avant la maladie de 1853, ces insectes étaient
inconnus; les habitants du pays les accusent des dégâts actuels de leurs vignes.

On nous répète ce que nous ont déjà dit les pères grecs
du Machéra : Dans le mois de juin il est tombé une pluie
fine venant du N. E., c'est-à-dire de la direction du Pentedactylon; à ce moment s'est développée de toute part
sur les raisins une poussière qui ne s'était jusqu'alors jamais vue. La poussière n'a pas disparu comme aux environs du Machéra. J'attribue ce fait à la sécheresse moins

grande des montagnes de l'Olympe ; j'expliquerai plus tard
mes raisons.

A Kiccou, un des pélerinages les plus célèbres parmi
les Grecs et les Russes, le monastère qui est établi sur des
montagnes hautes de plus de 1,000 mètres renferme dans
les cours qui séparent ses vastes bâtiments, des ceps isolés
formant berceau ; à peu de distance sont des vignobles ;
ces vignobles et les ceps du monastère sont également malades.

Le père supérieur du couvent, qui est né en Chypre, et
paraît âgé d'environ soixante-dix ans, me dit que, ni de son
temps, ni du temps de ses pères, jamais une poussière semblable à celle de cette année ne tomba sur les vignes. Il
attribue la maladie à la grande chaleur de 1853. Depuis
quatre mois, ajoute-t-il, on n'a pas eu de pluie à Kiccou,
mais on a vu passer au loin le nuage de pluie du mont
Olympe, et la maladie s'est développée vers cette époque.

Comme à Prodromo, nous observons de nombreux insectes
qui dévorent les feuilles. Nul végétal, si ce n'est la vigne,
n'est atteint de maladie.

A Caminarga, vignobles et ceps isolés montant dans les
arbres. Les uns et les autres portent des raisins couverts
d'Erysiphe. Les feuilles sont entièrement percées par des
insectes, comme à Prodromo. Plusieurs habitants nous assurent que cette invasion d'insectes sur les vignes n'a jamais
eu lieu jusqu'à cette année ; ils lui attribuent la maladie.

A Trooditissa, contre le versant du Troodos opposé à
Prodromo, s'élève un berceau de vignes non malades.

Une demi-heure avant Omodos, en descendant de Trooditissa, on voit commencer un vaste coteau de calcaire

blanc crayeux portant des vignobles à perte de vue; les attaques de l'Erysiphe n'ont pas de gravité. A la partie la plus basse du coteau, les raisins ne sont pas actuellement couverts de cryptogames; mais beaucoup de grains desséchés ou portant des taches brunâtres révèlent un ancien passage de l'épidémie. Les cultivateurs s'exagèrent les dégâts de leurs vignobles.

D'après les pères grecs du couvent d'Omodos et d'après les paysans, la maladie jusqu'à cette année n'avait jamais paru.

Au delà d'Omodos, dans la direction de Chixides, les vignes se continuent pendant une heure et demie de chemin. Plusieurs raisins sont couverts de poussière blanche et leurs grains sont fendus. La maladie n'engendre pas, comme en France, des moisissures: les grains attaqués se dessèchent. Les rameaux sont très-peu tachés. Les feuilles sont généralement belles: quelquefois elles sont racornies, et présentent un aspect de feuilles frappées par le soleil. Il semble que l'épidémie ait passé depuis quelque temps et que ses ravages aient été arrêtés.

A Chiti, nous voyons des raisins très-malades dans le jardin de M. Giacometo Mattei. Les vignes grimpent contre de grands arbres qui les recouvrent de leur ombrage: les feuilles et les rameaux sont faiblement atteints.

Durant les excursions dont je viens de rendre compte, nous avons visité la plupart des vignobles donnant les vins communs: il nous reste à parcourir les vignobles de commanderie.

Avant d'arriver à Hagia Varxara, je vois des vignes assises sur des roches plutoniques: elles ne portent pas de traces actuelles d'Erysiphe, mais de nombreux grains séchés ou tachés semblent indiquer un ancien passage de l'épidémie. Il en est de même entre Hagia Varvara et Lefcara. Le nuage de pluie du Troodos n'a point passé au-dessus de ces pays.

Lefcara est le plus grand centre de la commanderie. Au S. de ce village, la vigne est établie généralement sur les calcaires crayeux, rarement sur les roches plutoniques. Au N., elle s'étend principalement sur ces roches. Nous n'avons pu, malgré toutes nos recherches, découvrir des traces certaines d'un ancien passage de la maladie. Beaucoup de grains et de sarments sont tachés ou séchés, mais les paysans nous assurent que des coups de soleil en sont la cause ; la récolte cependant sera mauvaise. En tout cas, il n'y a pas indice actuel d'Erysiphe, et si la maladie a fait irruption, cette irruption remonte à plusieurs semaines, sans doute à la même époque que dans le mont Troodos.

A Mathiatis, sur les calcaires crayeux, rampent des vignes espacées les unes des autres et exposées à une chaleur brûlante : les raisins sont rares, mais parfaitement sains.

A Péra (332 mètres au-dessus du niveau de la mer), un des grands centres de la commanderie, les vignes sont belles et m'ont paru très-saines ; nous y avons cueilli des raisins d'une dimension véritablement prodigieuse.

Dans l'Idalie, les vignes ne sont pas malades.

— J'ai parlé des pays que la maladie vient d'envahir ; je vais traiter des circonstances qui ont accompagné son irruption.

La récolte de 1852 avait été remarquablement belle : elle avait compté parmi les plus productives. Cette année (1853) elle s'était très-bien annoncée : c'est au commencement de juillet que nous avons aperçu les premières traces d'Erysiphe. Au dire des moines grecs, les seuls hommes instruits que nous ayons rencontrés dans nos excursions viticoles, l'épidémie aurait apparu dans le mois de juin à la suite d'une pluie légère venant du Pentedactylon et se dirigeant vers le mont Troodos, c'est-à-dire du N. E. au S. O. Les paysans n'ont pas constaté les ravages de la maladie avant le milieu d'août; ainsi je ne pense pas que l'on puisse placer l'invasion de l'Erysiphe à une époque bien antérieure à celle où nous l'avons observée pour la première fois.

On a vu que sur plusieurs points des insectes avaient augmenté les désastres. Ils ont attaqué les feuilles, très-rarement les fruits. Leur influence n'a pu être que minime, comparativement à celle des Erysiphe; ils ne se sont montrés qu'en un petit nombre de lieux, et semblent avoir été attirés par la présence des cryptogames.

L'été de cette année a été plus chaud que de coutume. La température du commencement de juin, époque de l'invasion des Erysiphe, montait en moyenne de jour à 29 degrés; les nuits étaient chaudes; on ne sentait un peu de frais que vers le lever du soleil, et alors même la température était encore très-élevée. L'invasion a continué jusqu'au temps de la vendange par une température moyenne de 31 degrés pendant les journées de la deuxième quinzaine de juin, par une température moyenne de 33 degrés pendant les journées de juillet, de 34 degrés pendant les journées d'août, de 34 degrés pendant les journées de la première quinzaine de septembre : les températures que je viens de donner sont celles de la Scala. Dans les montagnes centrales, autour desquelles sont groupés presque tous les vignobles, la température est toujours moins élevée de quelques degrés. Je n'ai parlé ici que de mesures prises à l'ombre. Au soleil, la température moyenne dépassait pendant la journée 50 degrés.

Les paysans chypriotes ont supposé que la grande chaleur de cette année avait dû contribuer au développement de l'épidémie. L'observation attentive des faits m'a démontré qu'elle avait au contraire diminué le mal. J'ai remarqué que plus il y avait eu de sécheresse dans un vignoble, moins grande avait été l'extension des Erysiphe. Ainsi les vignes les plus attaquées ont été en général celles des pays élevés, tels que le Machéra, Prodromo, Kiccou, moins chauds que le reste de l'île. Les vignobles de commanderie, assis la plupart sur des coteaux brûlants, ont été atteints; mais l'épidémie semble n'avoir pas trouvé d'aliment et presque partout elle s'est éteinte. Les vignes de Nicosie, de Dali, de Larnaca, situées dans les parties les plus chaudes, sont demeurées inattaquables. Les plants des vignobles qui sont espacés et librement exposés au soleil ont peu souffert; au contraire, on a remarqué de grands ravages parmi ceux qui s'élèvent à l'ombre dans les arbres des jardins, et qui forment berceau au-dessus des fontaines ou des alakatis.

Ces faits prouvent d'une manière non douteuse que l'humidité a contribué au développement des Erysiphe.

Les désastres ont été, en général, moindres qu'on ne le pensait: sur les terres de commanderie les pertes sont presque nulles; dans les vignobles de vin noir et de muscat, la récolte est moitié moindre que l'année précédente; les treilles et les vignes grimpant dans les arbres ont été presque entièrement ravagées.

— Bien que séparés par une vaste mer des pays européens, les vignobles de Chypre présentent dans leur maladie des symptômes communs à ceux de nos vignobles de France. Les branches, les feuilles, les raisins portent les traces de la même espèce d'Erysiphe.

— De distance en distance des taches blanches s'étendent sur les sarments. Ces taches sont très-visibles à l'œil nu; lorsque les cryptogames qui forment ces taches ont séjourné pendant quelque temps, ils laissent des marques noirâtres semblables à celles des vignes malades d'Europe. Pour s'assurer de cette similitude, il suffira de comparer notre figure 14 avec les croquis des sarments malades des vignes de France; le rameau, dont je donne le dessin, a été coupé à Chiti sur une vigne ombragée par de grands arbres.

Les sarments souffrent infiniment moins que les raisins. L'Erysiphe attaque presque toujours les fruits avant les branches, et j'ai vu des vignes dont les raisins étaient très-malades, alors que l'épidémie ne s'était pas encore communiquée aux sarments. En Europe, on a remarqué l'Erysiphe sur des troncs de vignes; jusqu'à présent, en Chypre, je n'ai pu l'observer sur les gros ceps; et en effet, comment cette plante, qui s'attache spécialement aux parties vertes et tendres des végétaux, pomperait-elle facilement des sucs sur des troncs extérieurement desséchés par l'éternel soleil de l'Orient? L'Erysiphe pourra s'y rencontrer, mais il y sera toujours rare.

Sur les anciennes branches, on voit une poussière moins abondante que sur les sarments jeunes et pleins de sève; enfin sur le pédoncule et ses ramifications, connus vulgai-

rement sous le nom de rape, la poussière est beaucoup
plus fréquente; ce fait peut tenir à deux causes : 1° le
pédoncule, très-chargé de sucs, fournit à l'Erysiphe un
aliment plus abondant; 2° l'Erysiphe répandu sur les grains
de raisin doit toucher souvent le pédoncule et lui transmettre ainsi ses spores.

Les taches brunes des sarments sont, en général, bor-
nées à l'épiderme; j'en ai vu rarement se prolonger dans
l'intérieur du bois. Dans tous les cas, ces taches étaient
locales, et je n'ai jamais trouvé le ligneux d'une branche
attaqué sur une étendue considérable. J'ai représenté,
fig. 15, une des taches d'Erysiphe qui m'a semblé pénétrer
le plus avant dans l'intérieur du bois d'un sarment. Elle
ne semble aucunement en communication avec la sève
ascendante ou descendante : si cette tache dépendait de la
sève, on la verrait s'élargir sur le point où elle coule; au
contraire, elle diminue toujours régulièrement en allant de
la circonférence vers le centre. Les parties du bois placées
à quelque distance de la tache sont parfaitement saines; il
semble donc impossible de supposer dans la vigne une maladie interne.

— Les feuilles sont, en général, plus attaquées que les
sarments, mais beaucoup moins que les fruits. L'Erysiphe
y simule une poussière blanche, et la partie où cette
poussière s'est attachée, se sèche, se durcit et prend une
couleur brune très-foncée. Après un séjour prolongé des
Erysiphe, toutes les feuilles se dessèchent et finissent par
tomber.

Les nervures semblent attaquées plus facilement que le
limbe par les Erysiphe.

Figure 16, j'ai représenté une feuille très-malade, prise sur une vigne de Chiti. On voit la poussière blanche former des bordures grisâtres de chaque côté des nervures. Si on observe les taches au microscope, après avoir complétement enlevé l'Erysiphe, on voit qu'elles semblent uniquement dues à un desséchement : la chlorophylle a changé de teinte, comme il arrive dans la saison d'automne ; les parois des cellules se sont racornies.

— Si les feuilles fournissent plus de suc que les sarments pour le développement de l'Erysiphe, les fruits en possèdent bien plus encore. Aussi ces cryptogames choisissent-ils avec une extrême préférence les grains de raisin ; ils s'accumulent en forme de poussière vers la base par laquelle ils s'attachent à la râpe ; souvent aussi, ils forment vers l'extrémité des grains de petites masses qui semblent préparées à dessein pour les observations microscopiques. Lorsque la poussière que forment les Erysiphe a séjourné quelque temps sur des grains, elle y laisse une tache brunâtre (voir la figure 17). Cette tache observée soit au microscope, soit à la loupe (fig. 18), paraît due à une dessiccation, et cette dessiccation est produite par l'Erysiphe qui a absorbé les sucs des cellules.

Les taches des fruits sont, en général, très-superficielles ; elles semblent suivre, comme celles des feuilles, les nervures formées par les fibres. Si (voir fig. 19), on coupe verticalement un grain de raisin, on voit un faisceau fibreux se prolonger dans toute la longueur du grain. A la base, il envoie des fibres qui sont destinées à faire voûte et à soutenir la pulpe. A l'extrémité opposée, il émet d'autres fibres qui rejoignent les premières et paraissent avoir un but sem-

blable. Or, presque toujours ces fibres sont les premières
parties du grain qui soient séchées et par là même brunies;
sur les fruits peu envahis par l'Erysiphe elles forment des
lignes foncées qui se dessinent avec netteté; sans doute les
tigelles des cryptogames s'y implantent de préférence, y
trouvant une base plus solide. Les taches pénètrent lentement dans l'intérieur du fruit et seulement après que l'épiderme a été attaqué. J'ai représenté (figure 20) la coupe
d'un grain de raisin que j'ai recueilli dans le village de Galata. La pulpe est parfaitement saine, tandis que la peau est
couverte de poussière.

On ne trouve dans l'intérieur d'aucun grain des taches
qui ne soient pas en communication avec l'extérieur. Il arrive parfois que les taches brunes déterminées par l'Erysiphe sur l'épiderme des fruits se continuent sur les parois
des petites cavités où sont logés les pepins; alors la pulpe,
placée entre l'épiderme et ces parois, demeure fréquemment
intacte.

Beaucoup de grappes, de la surface desquelles les Erysiphe ont disparu par une cause quelconque, ont repris leur
santé première et même sont parvenues à la maturité; j'ai vu
aussi des grains récemment couverts d'Erysiphe, qui étaient
encore parfaitement sains, et lorsqu'on en détachait ces
cryptogames, ils étaient parfaitement semblables aux autres
grains; leur saveur n'était en rien altérée. De ces faits nous
devons tirer la conséquence que la maladie des raisins ne
tient pas à un vice inhérent à leur constitution, mais dépend de l'action exercée sur eux par l'Erysiphe.

Lorsque l'Erysiphe persiste sur un grain, la peau, comme
je l'ai dit, se dessèche; la pulpe se conservant saine et se

développant au-dessous d'une enveloppe dont l'accroissement est nul, le contenu devient plus grand que le contenant, et il doit s'en suivre une rupture ; en outre, l'action même du dessèchement de l'épiderme peut amener des fissures, et ces deux causes réunies expliquent le grand nombre de grains fendus qui caractérisent les vignes malades en Chypre comme en Europe.

Les raisins malades de Chypre n'exhalent pas comme ceux de France une odeur de moisi ; attaqués par les cryptogames ils ne se pourrissent jamais ; ils se dessèchent.

Sur un même cep, nous avons rencontré des raisins intacts et d'autres très-malades.

— Jusqu'à présent, j'ai nommé l'Erysiphe Tuckeri sans le décrire. En Chypre et en France, les sarments, les feuilles, les fruits des vignes malades ont, à part quelques différences résultant des changements de climat, une similitude complète. Je devais donc attribuer une cause commune à leur dépérissement. En effet, le microscope m'a découvert, en Chypre, la même espèce de cryptogame qui ravage nos vignobles.

Je présente ici trois croquis d'Erysiphe Tuckeri. Tous trois sont pris sous le champ de mon microscope, éclairé par transparence.

Le premier représente des Erysiphe recueillis (voir fig. 21) sur un sarment de vigne formant berceau, à Prodromo, au pied du mont Troodos ; le second (voir fig. 22) montre des Erysiphe végétant sur une feuille de vigne de Chíti ; dans le troisième (voir fig. 23) on aperçoit des Erysiphe se développant sur un grain de raisin de Galata.

Comme en France, le cryptogame de la vigne, dans son

état de premier développement, renferme trois parties distinctes :

1° Le mycelium. Je l'ai toujours trouvé très-rare et peu
développé ;

2° La tigelle, cloisonnée ou non, suivant le degré de
maturité ;

3° Les spores, ayant la forme d'un tonneau à deux
extrémités plates qui s'ouvrent lors de la maturité.

Sur les feuilles et sur les sarments de vignes, les spores
d'Erysiphe sont infiniment plus nombreuses que les tigelles,
sans doute elles y sont portées par le vent, mais elles ne
peuvent le plus souvent se développer.

L'enveloppe des spores est très-fine, car elle laisse apercevoir les sporules contenues dans son intérieur (fig. 22).
Quand on éloigne l'objectif du microscope de manière à
voir la membrane d'une spore sans pouvoir distinguer les
sporules de l'intérieur, cette membrane paraît lisse et bien
tendue.

Je donnerai plus tard les conséquences des faits que je
viens d'exposer.

—Les remèdes employés avec succès dans quelques vignobles d'Europe ne sont pas applicables dans l'île de Chypre.
Lorsque les cultivateurs venaient nous consulter comme
médecins de vignes, nous leur disions : en France et en Italie, on a employé le soufre avec avantage. Ces pauvres gens
nous répondaient : Notre vin se vend à peine 20 paras
l'ocque[1], le soufre et la main-d'œuvre nous coûteraient
deux fois autant. Ce que me disaient les Chypriotes sera
vrai dans tous les pays où le vin est à très-bas prix.

[1] Ce qui fait douze centimes.

VIGNOBLES DE SYRIE.

Les vignes de Syrie furent célèbres dès l'antiquité; en effet, nul pays n'en présente de si luxuriantes et qui exigent si peu de soins pour prodiguer leurs trésors.

On peut compter quatre modes principaux de culture :

1° Habituellement les ceps sont plantés à des distances régulières d'un mètre ou deux. Ils s'élèvent jusqu'à la hauteur de six à huit décimètres environ, hauteur à partir de laquelle le tronc se sépare en plusieurs branches, qui s'allongent et s'inclinent vers le sol à l'époque où elles sont chargées de fruits;

2° Les ceps, au lieu d'être droits, rampent à rez de terre; on en voit qui atteignent une grosseur extraordinaire; rarement ils s'étendent sur des surfaces pierreuses. Dans les contrées telles que notre département de l'Ardèche, où le cultivateur est justement avare du sol, on voit des ceps plantés çà et là dans le moindre amas de terre que recèle le creux d'un rocher. En Orient il n'en est pas de même. Comme les espaces abandonnés sont immenses, les Syriens cultivent seulement les places où la terre végétale a quelque étendue.

3° Les vignes grimpent le long d'échalas disposés par séries parallèles. Souvent aussi on les plante à la base d'arbres morts qui sont dépouillés de leurs branches les plus petites et disposés par rangées éloignées les unes des autres de deux mètres environ. Les vignes s'élèvent dans les branchages, et comme les arbres placés sur une même ligne sont très-rapprochés, leur ensemble simule des treilles grossières;

4° Enfin, des vignes montent à de grandes hauteurs dans des arbres encore pleins de vie, et laissent pendre leurs belles grappes au milieu de la verdure. Ce système est plus particulièrement employé dans les petites cultures qui se pratiquent autour des villages. On sait qu'il est nommé, en France, système des hautins, et qu'il est considéré comme donnant, en général, de médiocres produits.

« Dans les pays les plus chauds, dit M. le comte Odart[1], dans l'état romain, par exemple, et même à l'île de Madère, le produit des hautins, c'est-à-dire des vignes qui s'élèvent dans les arbres est de très-mauvaise qualité, et les raisins n'y parviennent même pas à une maturité complète. »

Les raisins de la Syrie sont utilisés de manières très-diverses. On en extrait du verjus.

On les emploie dans le Liban à faire du raisiné, jus de raisin réduit, non sucré, dont les habitants de la montagne font une consommation journalière : le raisiné est une des provisions essentielles de tous les ménages.

Le raisin sec est de médiocre qualité.

Les vignobles fournissent des vins rouges, blancs ou rosés, très-alcooliques, qui se rapprochent, en général, des vins de Madère. Ces vins formeraient, avec quelques soins, de bons extraordinaires, mais comme boisson habituelle, ils sont trop chauds et trop sucrés.

Les environs de Jérusalem donnent du vin blanc et du vin rosâtre, sec et alcoolique, qui sont l'un et l'autre peu estimés. Cependant M. le docteur Rœser, premier méde-

[1] Comte Odart. *Exposé des divers modes de culture de la vigne et des différents procédés de vinification dans plusieurs des vignobles les plus renommés*, 1837, p. 59.

cin de S. M. le roi de Grèce, m'a fait goûter, à Athènes, un vin parfait qui lui a été envoyé des environs de Jérusalem.

Le Liban produit de bons vins d'entremets et de dessert, tels que du muscat et de la commanderie.

Enfin les cultivateurs de Syrie font un peu de mauvaise eau-de-vie à laquelle ils mélangent du mastic : cette liqueur porte le nom de raki.

DE LA MALADIE DES VIGNES EN SYRIE.

Quelques semaines après l'époque où M. Amédée Damour et moi avions découvert l'Erysiphe dans les vignes de Chypre, j'appris que l'invasion venait de se répandre à Damas et à Beyrouth. Je partis bientôt pour vérifier moi-même les faits.

— La maladie a été plus intense en Syrie qu'en Chypre, mais elle a été moindre qu'en Europe : je ne veux encore rien préjuger d'après ses commencements; car en Grèce les ravages ont été insensibles pendant 1851, année de son irruption; l'année d'après (1852), et surtout cette année (1853), elle a causé des pertes incalculables.

L'Erysiphe s'est comme instantanément propagé dans toute la Syrie : l'invasion des cryptogames a été suivie de celle des insectes.

Les vignes ont été fortement attaquées à Damas; la récolte a dû être seulement d'un tiers.

Les environs de Lataquié produisent principalement du raisin sec : ils ont été atteints.

Dans le Liban les désastres ont été très-grands. Le caprince seul de la nature semble avoir pu sauver tels ou tels vignobles. Du côté d'Arsoun, nous avons vu des plantations exposées au N. O. fortement attaquées, tandis que d'autres, situées à peu de distance sur une colline orientée de même et présentant un sol identique, sont demeurées intactes. Sur quelques versants, les grappes de raisin ont été ensevelies en quelque sorte sous la poussière blanche des Erysiphe, et des branches ont été malades au point d'être devenues cassantes. L'épidémie a pénétré dans presque tous les environs de Beyrouth. Malgré les désastres, nous avons trouvé le bazar de la ville encombré d'une grande quantité de raisins de table, dont plusieurs étaient d'une admirable beauté et ne portaient aucune trace d'Erysiphe.

En sortant du Liban et de Beyrouth, nous nous sommes dirigés vers Séida (ancienne Sidon). D'après le consul de France, M. Blanche, nous devions y retrouver la maladie des vignes. En effet, dans le khan français de Séida, nous rencontrons des raisins gravement attaqués.

Nous voyons encore des traces d'Erysiphe à Sour (ancienne Tyr), aux puits de Salomon et dans le voisinage de Saint-Jean-d'Acre. Les vignes malades auprès de cette dernière ville s'élèvent dans les arbres jusqu'à une hauteur de vingt pieds environ.

En prolongeant notre course vers le sud, nous arrivons en Palestine. A Caïpha, au pied du mont Carmel, nous ne pouvons observer de maladie. Entre Caïpha et Nazareth, à Nazareth même, à Jaffa, aucun raisin ne semble attaqué. A la sortie du village d'Abou-Gosh, situé entre Ramla et Jérusalem, nous traversons des plantations de gros ceps disposés en forme de treilles parallèles comme dans le Liban.

et laissant pendre en festons des raisins parfaitement sains,
d'une admirable beauté. Nous commencions à penser que
la terre sainte avait été respectée, que le fléau s'était arrêté
à ses frontières.

Cependant, à notre arrivée à Jérusalem, le consul de
France, M. Botta, nous annonça une mauvaise récolte de
raisins : d'après ses informations, les vignes de Bethléem devaient être malades. Nous avons été visiter les vignobles des
environs de cette ville ; malheureusement pendant notre
voyage, des tribus se battaient autour de Bethléem et de
Saint-Jean : il nous fallut renoncer à nos recherches et re-
gagner avec quelque difficulté Jérusalem au milieu des com-
battants, sans avoir pu connaître si les raisins étaient véritablement atteints de l'Erysiphe. D'après l'avis du patriarche,
Mgr Valerga, nous avons été visiter une vigne d'un des couvents arméniens schismatiques de Jérusalem. Les pères de
ce couvent refusèrent d'abord de nous montrer leurs treilles.
Après de longs pourparlers, nous avons obtenu quelques
grappes : le facies de la vigne et mes vérifications au microscope ne purent me laisser de doute : l'Erysiphe Tuckeri
a traversé les collines de la Judée pour arriver jusqu'à Jérusalem. Ainsi la Syrie est envahie sur tous les points à la fois.

Il est à remarquer que l'épidémie s'est abattue sur des
treilles abritées dans une cour de monastère, après avoir
respecté des vignobles exposés à une chaleur brûlante entre
Abou-Gosch et Jérusalem.

— L'aspect des vignes malades est le même qu'à Chypre
et en Europe.

Les sarments sont bariolés de brun noirâtre ; sur les points
les plus gravement attaqués, ils sont entièrement noircis et

présentent une apparence de bois carbonisé; ils sont rarement tachés jusque dans leur intérieur; mais leur sève est moins abondante et ils perdent une partie de leur élasticité. Cet état résulte d'un séjour prolongé des cryptogames.

Les feuilles sont couvertes d'une sorte de poussière blanche et sont racornies. Elles semblent brûlées comme si elles eussent reçu un coup de soleil.

Les fruits sont les parties les plus malades. L'Erysiphe laisse sur les grains une tache noirâtre; cette tache provient de la dessiccation de la pellicule des raisins, et surtout de l'accumulation des Erysiphe desséchés.

Ces cryptogames adhèrent fortement aux grains dans lesquels leur mycelium s'est engagé; il est difficile de les en détacher complétement. J'ai transporté à de grandes distances des grappes de raisin sans que le frottement, conséquence nécessaire du voyage, fît partir l'espèce de duvet dont elles étaient recouvertes.

L'Erysiphe, observé au microscope par la voie opaque, présente une teinte blanche très-pure; mais comme la pellicule sur laquelle il se dépose prend, en se desséchant, une couleur noire ou au moins brun noirâtre, le blanc placé sur du noir forme une teinte grise; tel est l'aspect habituel des grains malades.

L'Erysiphe s'amasse fréquemment à la base des grains et à leur extrémité opposée; alors ses accumulations forment des taches blanches. Lorsqu'il se dépose en couche mince sur les raisins, il simule assez bien cette sécrétion de beaucoup de fruits, que l'on désigne vulgairement sous le nom de fleur.

Les grains malades (voir fig. 24) se fendent et éclatent

comme en Chypre et en Europe. La râpe devient noire. Lorsque les grappes sont attaquées depuis longtemps, elles paraissent carbonisées.

De même qu'à Chypre, les vignes malades ne développent pas de pourritures semblables à celles d'Europe; elles se dessèchent lentement sans exhaler aucune odeur de moisi.

J'ai mangé des raisins couverts d'Erysiphe; lorsqu'ils étaient mûrs et que j'avais eu le soin d'en détacher les cryptogames, ils avaient un goût parfait; si je laissais les Erysiphe, ils avaient un très-faible goût de moisi. J'ai goûté de petites masses d'Erysiphe, leur saveur était semblable à celle des grains attaqués; ainsi le raisin n'était nullement modifié en lui-même, et son altération de goût à peine sensible provenait uniquement des cryptogames qui le recouvraient.

J'ai représenté (fig. 40) une pellicule de la surface de laquelle j'ai enlevé les Erysiphe qui la recouvraient; les taches brunes indiquent les parties sur lesquelles ces cryptogames végétaient. Sur les points où ils ne sont pas implantés, la pellicule est restée parfaitement saine. À moins que ces petits végétaux n'aient eu le temps de faire leurs ravages, la pulpe placée au-dessous de l'épiderme demeure intacte. En la coupant et en soumettant ses diverses parties à l'examen de la loupe ou du microscope, on n'y reconnaît aucune altération.

— L'Erysiphe des vignes de Syrie (figure 26) m'a paru parfaitement semblable à celui des vignes de Chypre et d'Europe. Ce cryptogame est sujet à des variations très-peu sensibles qui ne dépendent pas des localités, mais se rencontrent dans le même lieu et sur le même individu : le facies ne change jamais.

Figure 28, j'ai représenté une spore type. Elle a la forme d'un tonneau; elle est plate à ses deux extrémités : ces extrémités semblent ouvertes lors de la maturité. Dans son intérieur les sporules se distinguent facilement.

La figure 27 montre nettement les diverses parties qui constituent l'Erysiphe :

M, le mycélium ou thallus;

T, les tigelles ou petites tiges;

S, les spores renfermant les sporules s.

VIGNOBLES D'ASIE MINEURE.

Les vignobles du continent et des îles d'Anatolie ont une antique célébrité. Les Dardanelles, Ténédos, Samos, Chio, sont encore renommés pour leurs vins.

À Thyra (quinze lieues de marche de Smyrne), une montagne est couverte de vignobles.

En général, on peut dire que les îles produisent plus spécialement des vins, et que le continent donne plus particulièrement des raisins de table et des raisins secs.

C'est de la ville de Smyrne que la sultanine est originaire. Ce raisin, à l'état frais, fait les délices des harems. Sec, il est l'objet d'un grand commerce; l'absence de tout pepin le fait rechercher à l'égal de celui de Corinthe, qu'il remplace souvent dans les pâtisseries; ses grains sont un peu plus gros et plus allongés. Sa culture est presque la même; elle exige une grande humidité.

ÉPIDÉMIE DES VIGNES EN ASIE MINEURE.

Lorsque j'ai passé, au printemps de 1853 à Constantinople, à Smyrne, à Rhodes, à Mersina, les hommes compétents que j'ai interrogés ont été unanimes au sujet de
l'absence de la maladie. Je n'ai entendu parler de l'invasion
de l'Erysiphe que par un Français de Péra, marchand de
bière, qui s'est refusé à me nommer non-seulement la ville,
mais encore la province où le fléau aurait paru; ainsi j'ai
tout lieu de ne pas ajouter foi à ce témoignage. J'ai déjà dit
qu'un botaniste habile, M. Huet du Pavillon avait fait des
recherches dans l'intérieur de l'Arménie, et qu'il n'avait vu
aucune trace d'Erysiphe sur les quelques vignes qu'il y a
rencontrées.

La maladie a paru sur les côtes d'Asie Mineure vers la
même époque qu'en Chypre et en Syrie. Elle a ravagé les
vignobles de Chio, de Tchismé et de Cara-Bournou.

Je donnerai, sur l'invasion de l'Erysiphe dans l'île de Chio,
quelques détails dont je dois la connaissance à M. Giustiniani, agent consulaire de France dans cette île.

L'Erysiphe, dans l'île de Chio, comme en France, forme
sur les raisins des enduits de couleur blanche comparables à
des gouttes de savonnade desséchée, et qui déterminent sur
les points où ils persistent quelque temps des marques noirâtres. Le raisin malade, selon M. Giustiniani, répand une
odeur fétide; il s'atrophie, et parfois avec lui le pédoncule,
les feuilles, le pétiole et jusqu'à la plante entière.

Les ravages de la maladie ont été peu considérables; ils ne
peuvent être comparés à ceux de la Corinthie, de l'Achaïe
et de la Grèce.

Les vignobles qui fournissent des raisins rouges de toute sorte de nuance, particulièrement les vignobles alcooliques ont reçu de très-faibles atteintes sur la côte sud. La côte nord n'en a ressenti aucune. Cardamyle et Langhada, dont les vignes sont les plus productives; Érythes, renommée dans les temps antiques comme donnant le premier des vins helléniques et qui produit encore la meilleure qualité, promettent cette année (1853) une assez bonne récolte. L'épidémie a généralement épargné les vignes où les engrais et les labours ont été prodigués.

Les raisins blancs exotiques, particulièrement les raisins de treilles, ont beaucoup plus souffert que les raisins rouges propres au pays.

Les raisins dits de Corinthe ont ressenti la plupart des mêmes dommages qu'ils ont essuyés dans leur pays natal.

La maladie s'est manifestée à la suite des pluies printanières et sous l'influence des vents de S. E., qui ont seuls soufflé pendant presque tout l'hiver et le printemps. Ces vents ont été remplacés par les étésiens après le solstice d'été, c'est-à-dire un mois et demi après l'époque où ce changement a coutume d'avoir lieu. A peine les étésiens eurent-ils régné que les taches blanches disparurent, et là où quelque vitalité restait encore, la santé fut rendue aux grappes. Seulement des taches brun foncé ont persisté sur les points où les petits cryptogames s'étaient développés. A mesure que la maturité avance, ces taches disparaissent et le mal s'efface de plus en plus.

VIGNOBLES DE LA GRÈCE

Le sol de la Grèce est éminemment propre à la culture de la vigne. Il est en grande partie formé de collines calcaires, où les vignes et les mûriers n'exigent du cultivateur presque aucun soin pour prodiguer leurs trésors. Suivant M. le docteur Chærétès, directeur de la pépinière royale d'Athènes, la Grèce serait digne d'être explorée spécialement au point de vue de la viticulture. La France y trouverait plusieurs variétés inconnues à son territoire.

L'Hellade (partie continentale du royaume), les îles de l'Archipel et surtout la Morée, s'adonnent à la culture de la vigne. Ces pays produisent : 1° des vins, 2° des raisins de table et 3° des raisins secs.

1° Les vignes vinifères couvrent un million de stremmas [1]. Avant la révolution grecque, elles occupaient seulement cinq cent mille stremmas. On exporte annuellement du royaume 85,000 barils de vin. Sur les 85,000 barils, Santorin en fournit 38,000, qui sont tous envoyés en Russie. Ils sont fort petits; on les vend en moyenne quinze drachmes (13 fr. 50 cent.).

On pourrait douter au premier abord de la bonne nature des vignobles; car les vins de meilleure qualité sont gâtés par l'eau de mer; que les cultivateurs ont la malheureuse habitude de verser sur le moût pour déterminer sa fermentation et par la résine qu'ils mettent dans les tonneaux. L'usage de résiner les vins remonte aux temps antiques de la Grèce; il nous donne l'explication de la pomme de pin qui terminait les thyrses de Bacchus.

[1] Le stremma est un carré dont le côté a 40 mètres.

2° Les raisins de table ont une réputation méritée. La diversité des modes d'orientation et des climats de la Grèce permet de réunir dans un espace restreint de nombreuses variétés. Ces fruits diffèrent de ceux de la Syrie, dont le climat est beaucoup plus chaud. Ils se rapprochent de nos variétés de France, et souvent ils partagent avec elles le privilége d'avoir une pulpe juteuse, une pellicule fine et délicate.

De tous les pays de la Grèce, Santorin est le plus riche en variétés de vignes. Cette île volcanique, que les anciens auraient pu justement dédier à Bacchus, semble être sortie du sein des eaux pour présenter la collection des diverses sortes de cépages. Tous y prospèrent, soit qu'ils produisent des raisins de table ou des raisins bons à être séchés, soit qu'on en puisse tirer des vins ou des alcools.

3° Les vignes dont les fruits peuvent être séchés comprennent deux variétés principales : la passoline et la sultanine. Les autres variétés sont trop peu abondantes, non-seulement pour être exportées, mais encore pour suffire à la consommation; en effet, chaque année la Grèce reçoit d'Asie Mineure des quantités considérables de raisin sec.

J'étudierai spécialement la passoline qui est la variété la plus remarquable du royaume, et j'ajouterai en terminant quelques détails au sujet de la sultanine.

— Le raisin de Corinthe porte, dans le Levant, le nom de passoline. Je le désignerai sous cette appellation de peur de confusion avec les raisins spécialement cultivés contre la ville de Corinthe. Le mot de passoline vient de la langue italienne : *passolina* est le diminutif de *passa*; l'*uva passa* représentant le raisin sec ordinaire, l'*uva passolina* ou, en un seul mot, la *passolina* représente le raisin sec à très-petits grains. Les Grecs ont conservé le nom ancien de χαρπὸς χορινθιάχος (fruit de Corinthe).

La passoline, que les usages de nos tables modernes ont rendue en France, en Allemagne et surtout en Angleterre, un objet de si grande consommation, est encore localisée dans un espace restreint; elle est spéciale à deux pays : la république des îles Ioniennes et le royaume de Grèce[1].

Le tronc des vignes de passoline atteint six à huit décimètres environ; à cette hauteur il se divise en plusieurs rameaux.

Les grappes de raisin sont fournies et très-nombreuses. Leurs grains sont noirs, sphériques, d'une parfaite régularité; la peau en est fine et délicate. A l'état frais, la passoline est un des raisins de table les plus recherchés; le goût en est exquis.

Les caractères les plus distinctifs de ce raisin sont la petitesse des grains et l'absence de pepins. En opérant la coupe d'un grain (voir fig. 29), on rencontre dans son milieu un axe bien dessiné, qui forme la continuation du pédoncule. Cet axe, à l'extrémité du grain opposée à la base, s'avance en une pointe saillant à la surface d'une manière très-apparente sur presque tous les raisins de Corinthe. (Voir fig. 30.)

Au premier abord, nulle trace de pepins n'est visible; cependant, avec le secours de la loupe, on en découvre qui sont à l'état embryonnaire. La figure 31 représente la coupe verticale d'un grain de passoline; on voit deux des quatre pepins embryonnaires qui étaient attachés contre l'axe central. (Le grossissement est de six diamètres.)

[1] On la cultive sur une faible échelle dans quelques pays d'Asie Mineure.

La lettre C correspond aux cavités que doivent remplir les pepins lorsqu'ils prennent leur extension normale. Il y a seulement absence de développement : les germes existent.

Très-accidentellement on rencontre des grains pourvus de pepins. D'après M. Orfanidès, professeur de botanique à l'université d'Athènes, ce fait doit s'expliquer de la manière suivante :

Depuis quelques années, on a scarifié des ceps de passoline. Cette opération consiste en une entaille faite sur le tronc : la sève descendante rencontrant une interruption dans l'écorce, forme un léger bourrelet, et la plus grande partie reflue vers le haut de la plante : de cette accumulation de sève résulte un plus grand développement dans les organes de la fructification ; les raisins produisent davantage, et parfois il est arrivé que les grains ont perdu leur dimension si restreinte, que leurs pepins embryonnaires ont grossi, et que la variété de Corinthe est rentrée dans le type de la vigne ordinaire.

Ce fait prouve :

1° Que la passoline n'est pas une espèce, mais une variété obtenue par la culture ;

2° Que la petitesse des grains et l'absence des pepins proviennent d'un affaiblissement de la sève dans les parties hautes de la plante.

— Je n'ai pu découvrir l'époque où la culture des vignes de passoline a commencé. Les Grecs modernes la regardent comme existant depuis les temps les plus anciens. On peut, je crois, expliquer de la manière suivante comment elle a pris naissance.

Le docteur Chaeretès, directeur de la pépinière royale,

m'a dit avoir connu à Constantinople un jardinier chiote, qui obtenait des fruits, tels que des poires et des pommes, dépourvus de pepins. Ces modifications étaient le résultat de plusieurs greffes répétées sur elles-mêmes. On faisait une greffe par fente pendant le mois de février ; en juin, la branche greffée ayant poussé, était coupée, et la moitié coupée était greffée par écusson sur l'autre moitié. L'année suivante, on recommençait le même travail, greffant toujours sur la greffe précédente un rameau coupé sur cette greffe. L'opération répétée pendant trois ans et demi, correspondait à sept générations successives ; elle donnait des fruits complétement métamorphosés. L'usage de modifier les fruits par des greffes répétées sur elles-mêmes est depuis longtemps répandu en Orient, et particulièrement à Smyrne, où il a, dit-on, produit les résultats les plus remarquables. Depuis deux années M. Chærétès a commencé dans la pépinière royale d'Athènes des essais semblables ; il ne pourra connaître les résultats avant une année et demie.

Comme l'opération de greffer les greffes sur elles-mêmes remonte, en Orient, à une antiquité très-reculée, on doit probablement lui attribuer la modification si complète que l'espèce type des vignes a subie pour être transformée en passoline.

— Très-différentes des vignes ordinaires qui recherchent la sécheresse des coteaux, les vignes de passoline se plaisent dans les plaines ; l'humidité leur est indispensable ; elles prospèrent ordinairement au niveau de la mer. Il est rare qu'elles ne dépérissent pas à une hauteur de 500 pieds au-dessus de ce niveau.

Dans le golfe de Corinthe et de Patras, où la mer s'enferme entre les chaînes de l'Hellade et du Péloponèse, les vignes de Corinthe, loin d'être échelonnées sur les montagnes, se pressent au bord des eaux, quelquefois si proches du flot que les tempêtes mouillent leurs feuillages.

Longtemps les produits de Vostizza (Ægium) ont été les plus estimés : il fallait attribuer leur supériorité à la meilleure préparation des raisins secs et nullement au mode de culture ; car ce mode est le même dans toute la Grèce.

D'importants vignobles de passoline sont établis : dans le golfe Corinthien sur la côte du Péloponèse, depuis Corinthe jusqu'à Patras ; dans l'Élide (à Pyrgos), dans la Messénie, dans la Laconie, dans l'Arcadie, dans l'Argolide, près de Nauplie, à Argos, à Trivéri et les environs, à Milos, dans l'Acarnanie et l'Étolie.

On voit des vignobles de moindre importance dans un grand nombre de pays.

Grâce au bienveillant patronage du ministre de France, le baron Forth Rouen, j'ai obtenu des notes officielles au ministère de l'intérieur de la Grèce. D'après ces notes, le royaume posséderait actuellement (1853) 120,000 stremmas de vignobles de passoline.

Ces 120,000 stremmas sont ainsi répartis :

Achaïe et Élide	67,000 stremmas.
Argolide et Corinthie	20,000
Acarnanie et Étolie	6,000
Arcadie	600
Messénie	22,000
Laconie	500
Localités moins importantes	4,900
Total	120,000 stremmas.

Sur les 120,000 stremmas, 90,000 sont en plein rapport. Les autres ont été plantés très-récemment : les vignes ne peuvent donner de fruits avant la troisième ou la quatrième année.

C'est une grande calamité pour la Grèce que la maladie commence ses ravages à l'époque où une impulsion si grande vient d'être donnée à la viticulture.

— Dans les vignobles de passoline, la culture a lieu généralement de la manière suivante :

Le sol est divisé en carrés entourés de canaux. Les ceps sont plantés par rangées régulières.

Au commencement de décembre, on pioche autour des pieds afin de détruire les mauvaises herbes devenues très-nombreuses à la suite des pluies d'automne. Les herbes sont retournées sur place ; on ne les enlève jamais, car en se pourrissant elles forment un engrais, considéré comme nécessaire.

Après avoir pioché, on ramasse la terre autour des ceps, de manière à les couvrir en partie et à les entretenir dans une humidité constante.

Au printemps, cette terre est ramenée dans l'espace laissé entre les rangées des plants de vigne. Au pied de ces plants, le sol est creusé circulairement, de telle sorte qu'il puisse retenir les eaux.

Après la première pousse des feuilles, les canaux d'irrigation doivent être ouverts ; l'eau séjourne pendant deux heures environ dans le même carré, puis, au moyen de petites écluses, on la fait écouler dans le carré voisin.

Pendant l'époque de la floraison, les ceps ne sont jamais inondés ; l'expérience a démontré que l'arrosage à cette époque empêchait les fruits de se former.

Lorsque les raisins commencent à nouer, les canaux sont ouverts de nouveau et l'on répète l'arrosage environ une fois par mois jusqu'au temps de la vendange. On verra par la suite qu'il existe de notables différences entre ce système et celui qui est adopté dans les îles Ioniennes.

J'ai parlé des modifications que la scarification a produites dans les raisins de passoline. C'est environ vers 1848 que les cultivateurs ont commencé à scarifier leurs vignes, c'est-à-dire à enlever circulairement sur les troncs une bande étroite d'écorce et même de ligneux. Ils ont eu pour but d'augmenter la production de leurs vignes; et, en effet, comme je l'ai dit, les raisins des plants scarifiés deviennent plus volumineux; mais en même temps plus aqueux, moins sucrés et moins pesants. Comme la passoline se vend au poids, il ne résulte de la scarification aucun avantage réel pour le cultivateur. D'ailleurs les grains perdent en qualité, et la partie inférieure du cep devient faible et rabougrie.

Comme l'usage de la scarification prenait un grand développement et menaçait d'amener la détérioration des vignes de Corinthe, le Gouvernement chercha les moyens de l'arrêter. Ne pouvant défendre à un propriétaire de couper et de perdre sa vigne selon son gré, il établit un impôt plus considérable sur la passoline provenant des vignes scarifiées. Cet impôt fut exigé vers 1850. Peu de temps après, la maladie des raisins est survenue, et comme, d'une part, les propriétaires se sont trouvés dans une position très-précaire, comme, d'autre part, on a vu que la scarification n'exerçait aucune influence fâcheuse sur la maladie, on a cessé d'exiger l'impôt.

— Aucun raisin n'est si précoce que celui de Corinthe; la

vendange a lieu vers le 15 juillet. À cette époque, les vignes sont tellement couvertes de fruits que le feuillage se voit à peine. Un seul cep porte 500 et même 600 grappes. Les vignes les plus chargées de fruits sont, en général, celles qui bordent les sentiers, où l'air se renouvelle rapidement et où les eaux coulent avec plus d'abondance.

C'est surtout aux bords du golfe de Corinthe que la vendange devient une importante opération. Comme les vignobles de passoline sont rassemblés dans les régions basses, les cultivateurs quittent les villages situés dans les montagnes ; ces villages deviennent déserts. Hommes, femmes, enfants, tous vont demeurer dans la plaine ; ils y construisent des cabanes en feuillage.

Pour faire la cueille des raisins, ils suspendent un panier à leur bras gauche ; leur main droite est armée d'une serpe fort petite, recourbée et bien aiguisée ; les grappes, à mesure qu'elles sont coupées, sont reçues dans le panier soulevé au-dessous du rameau. L'opération se fait avec agilité ; on voit sous la petite serpe des vendangeurs tomber rapidement les grappes innombrables qui noircissaient les plants de vigne.

Le soir, après les travaux du jour, on se rassemble devant les huttes en feuillages. De grands feux s'allument ; ces feux éclairent au loin toute la côte sud du golfe de Corinthe, depuis Lutraki jusqu'en Élide ; tantôt ils se reflètent dans les eaux du golfe, tantôt ils illuminent la base des montagnes du Péloponèse. On danse aux chansons ; les battements de mains indiquent la cadence. Puis les sarments cessent de pétiller ; ils forment une braise brûlante au-dessus de laquelle on fait rôtir des agneaux entiers ou même des moutons et

des veaux. Le feu s'entretient avec des sarments de vigne ; la
fumée des sarments donne, dit-on, à la chair un goût exquis.
Ces fêtes rappellent les scènes décrites par Homère : le Péloponèse, pendant les vendanges de la passoline, retrouve
son ancienne poésie.

— Les vendanges durent environ quinze jours. Les raisins
cueillis sont déposés sur des surfaces qui d'avance ont été
aplanies et couvertes de bouses de vache très-sèches. La bouse
conserve le calorique et facilite la dessiccation des fruits.

Les grappes sont soigneusement placées les unes à côté
des autres ; on les laisse sécher pendant sept jours. Si elles
proviennent de vignes scarifiées, leurs grains sont plus
aqueux ; elles ont besoin de quinze jours pour être parfaitement sèches. Pendant cet intervalle de temps, lorsque des
pluies surviennent, le raisin est perdu ; ainsi, les produits
des vignes scarifiées sont facilement exposés à être détruits.
On retourne les grappes tous les deux jours. Après qu'elles
ont été complétement séchées, on les égrène en les foulant
entre les mains : les grains se séparent des pédoncules avec
une facilité extrême. Ensuite, on jette les fruits sur une passoire, à travers les trous de laquelle tombent les impuretés ;
les grains restent dans la passoire. A Patras, on a généralement adopté l'usage de machines au moyen desquelles
les grains tombent d'un côté et les impuretés sont jetées d'un
autre.

Après que les fruits sont nettoyés, ils sont emmagasinés
dans des salles, où on les accumule jusqu'à la hauteur du
plafond. Là, ils s'attachent les uns aux autres ; plus tard,
lorsqu'on veut les enlever pour l'exportation, on les sépare
au moyen de pioches.

L'adhérence est peu forte. Quand ils n'ont pas été mouillés, il suffit pour les diviser de les frotter entre les mains; lorsqu'ils ont été mouillés, ils se séparent difficilement. Les commerçants emploient ce moyen pour savoir si les envois ne sont pas avariés. Les raisins s'expédient dans des sacs ou mieux dans des tonneaux.

J'ai dit que le royaume de Grèce renferme 120,000 stremmas plantés en vignes de passoline. Si l'on suppose chaque stremma valant 500 drachmes, leur ensemble constituera une propriété de 60,000,000 de drachmes.

Les 90,000 stremmas actuellement en rapport correspondent à une valeur de 40,000,000 de livres.

Les 40,000,000 de livres sont ainsi divisés :

Patras	10,000,000
Corinthe	10,000,000
Ægium (Vostizza)	9,000,000
Élide	5,500,000
Messénie	1,600,000
Acarnanie	800,000
Gythium	500,000
	37,400,000

Plusieurs autres pays renferment des vignobles de passoline de moindre importance.

Au prix de 230 drachmes les mille livres, la passoline forme un total de 9,200,000 drachmes : je parle des années pendant lesquelles la maladie n'avait pas encore apparu.

Avant la révolution grecque 30,000 stremmas seulement étaient cultivés; la production était de 1,500,000 livres.

La passoline paye la dîme à l'État (10 p. 0/0); en outre, elle doit à la douane 6 p. 0/0 à la sortie du royaume.

Après avoir parlé du raisin de Corinthe, je vais dire quelques mots d'une variété analogue, la sultanine.

Depuis peu de temps, la sultanine a été importée de Smyrne en Grèce; elle y réussit non moins parfaitement que dans sa patrie. L'année précédente, Nauplie en a expédié trois cargaisons; c'est autour de cette ville que ce raisin est cultivé sur la plus grande échelle.

La sultanine se rapproche de la passoline par l'absence de pepins, la finesse du parfum et le mode de culture; elle réclame la même humidité et les mêmes arrosages.

Elle se distingue de cette variété par sa couleur non plus noirâtre, mais d'un admirable jaune d'ambre, par ses grains non plus sphériques, mais de forme oblongue; ces grains sont petits, mais cependant doubles en grosseur de ceux de la passoline.

La sultanine, soit à l'état frais soit desséchée, est un raisin des plus délicats.

Si l'on en fait des essais en France, ces essais devront être entrepris dans quelque plaine basse du Midi; car cette variété demande, comme le raisin de Corinthe, de l'humidité et une chaleur continue. Les cultivateurs auront le plus grand soin de ne pas tailler les rameaux dont ils voudront obtenir des fruits; car l'expérience a prouvé que les rameaux taillés ne produisent pas de raisin ou n'en donnent que fort peu; ils les laisseront s'allonger et couperont seulement les branches sur lesquelles ils ne comptent pas récolter de fruits.

INVASION DE L'ÉPIDÉMIE DANS LES VIGNES DE LA GRÈCE.

La maladie des vignes s'est manifestée en 1851. La première année, les désastres ont été presque insensibles, ils ont été plus grands en 1852, et plus grands encore cette année (1853).

Les Erysiphe ont paru pour la première fois au sein des vignobles de passoline à Patras. De Patras, ils se sont propagés dans les îles Ioniennes, le continent et les îles du royaume de Grèce.

Attaqués les premiers, les vignobles de passoline sont demeurés les principales victimes de l'Erysiphe : les ravages sont universels. Des milliers d'Acarus se sont développés dans les magasins où les raisins malades étaient accumulés ; ils ont mis le comble à ces désastres.

Cette année, les propriétaires conservaient encore de la passoline de 1850 et de 1851 : ils l'ont mélangée avec celle de 1853 qui était la moins malade. Pour utiliser une partie des grappes gâtées, on les a distillées : l'eau-de-vie obtenue a été de fort mauvaise qualité.

Comme je l'ai dit, la culture des vignobles de Corinthe se distingue par l'humidité qu'elle réclame. Cette humidité m'a semblé la cause la plus directe du développement si intense des Erysiphe. J'ai vu dans un jardin une vigne de Corinthe formant berceau avec d'autres vignes : elle n'était pas arrosée comme le sont les plants des vignobles de passoline, et elle est demeurée parfaitement intacte.

En général, les vignes de toute sorte habitant les lieux bas et humides ont été les plus gravement atteintes. Ce fait a été vérifié sur une grande échelle dans les vignobles vi-

nifères : Astros, toute la Cynurie et l'Argolide, renferment
des vignes dans des plaines et des lieux humides; ces vignes
ont été cruellement attaquées. Au contraire, les plantations
des pays montueux, comme Arrachova, le Malévo, le Ziria,
le Cyllène, ont été pour la plupart épargnées.

Sur le plateau de Tripolitza, élevé de 3,000 pieds,
l'Erysiphe a paru, mais il ne s'est pas développé et les vendanges ont été remarquablement belles.

Il est des régions à la fois basses et desséchées : tels sont
les environs d'Athènes. Dans ces pays, la maladie a fait
peu de ravages; sans doute, l'Erysiphe n'a pas trouvé l'humidité nécessaire à son développement. Mais si un ruisseau, comme me l'a montré dans le jardin du roi l'intendant de ce jardin, M. Barreau, si un ruisseau traverse un
vignoble, sur les bords de ce ruisseau les plants se couvrent
d'Erysiphe et dépérissent ; à quelque distance du cours
d'eau ils demeurent intacts.

La maladie s'est manifestée à la suite des pluies.

Un fait singulier s'est présenté à Patras : les vignobles
sont souvent entourés de haies. Les vignes perdues dans
ces haies n'ont nullement été atteintes, tandis que les vignobles eux-mêmes étaient totalement ruinés. Je reviendrai
plus tard sur tous ces faits, et je chercherai à les expliquer.

— Les caractères de la maladie des vignes offrent une
légère différence avec ceux de la Syrie : en Occident, les
grains de raisin se pourrissent; en Orient, ils ne se pourrissent jamais, ils se dessèchent; dans la Grèce et les îles
environnantes, qui sont un intermédiaire entre l'Orient,
pays desséché, et l'Occident, pays très-humide, ils participent

également de ces natures différentes : tantôt ils se pourrissent tantôt ils se dessèchent.

Les vignes de Grèce sont attaquées par trois classes d'ennemis : 1° par l'Erysiphe Tuckeri, 2° par les petites hypoxylées qui déterminent la maladie nommée par M. Esprit Fabre[1] anthracnose, 3° par des insectes hémiptères du genre Lecanium.

J'ai représenté les uns et les autres par quelques croquis.

J'ai dessiné (fig. 32) une grappe de passoline de grandeur naturelle. Cette grappe venue très-tardivement est faiblement attaquée par les Erysiphe; la plupart des grains sont parvenus à maturité.

La figure 33 représente un grapillon de passoline desséché par suite d'un séjour prolongé des Erysiphe.

La figure 34 montre des Erysiphe recueillis sur des grains de passoline; le grossissement est de 360 diamètres.

On voit (figure 35) un sarment de passoline, attaqué à la fois par l'Erysiphe Tuckeri, par l'anthracnose et par des Lecanium. L'anthracnose et les Lecanium ne se déposent que sur les sarments; ils font peu de tort à la vigne.

J'ai seulement figuré des échantillons appartenant aux vignobles de passoline, parce que ceux-là sont spéciaux à la Grèce, et présentent, à cause de leur valeur commerciale, un intérêt plus grand. Les autres vignes ont une beaucoup moindre importance, et d'ailleurs elles sont loin d'être aussi gravement attaquées. Je les ai étudiées au microscope; elles offrent des caractères identiques, et je pourrais en

---

[1] *Observations sur les maladies régnantes de la vigne*, par M. Esprit Fabre d'Agde, mises au jour par M. Félix Dunal, 1853.

donner des croquis parfaitement semblables aux croquis précédents.

— Le gouvernement grec a fait appliquer aux vignes les remèdes essayés en France.

Le soufre a eu peu de succès.

On a formé de l'hydrosulfate de chaux en faisant chauffer du soufre avec de la chaux : après avoir mêlé l'hydrosulfate avec de l'eau, on le versait sur les raisins. L'Erysiphe a été détruit par ce moyen; mais après deux semaines on l'a vu revenir. Quand la maladie est trop avancée, l'hydrosulfate n'exerce aucune action.

Avec des dissolutions de sel marin (1 livre de sel pour 50 livres d'eau), MM. Orfanidès et Chærétès, d'Athènes, ont fait périr les tigelles des Erysiphe; mais le mycélium n'ayant pas été détruit, d'autres tigelles ont reparu peu de temps après.

La chaux en poudre et le lait de chaux n'ont amené aucun résultat satisfaisant.

À Patras, un agriculteur a couvert de chaux le sol de ses vignes; les ceps ont été consumés en peu de temps.

On a fait des lavages avec de l'eau où des ognons de scilles avaient infusé : l'Erysiphe était détruit par ces lavages, mais il reparaissait peu de temps après.

Quelques viticulteurs ont prétendu que l'action de l'eau de scilles est purement mécanique et que l'eau pure produit un effet aussi puissant.

Il est certain qu'une forte pluie fait disparaître les Erysiphe en lavant les raisins; mais, à peine l'orage a passé que les champignons reviennent avec une force nouvelle. L'eau de scilles semble les détruire pour un temps plus

long et, comme on le verra bientôt, des expériences faites
par M. Mélissino dans les îles Ioniennes, prouvent que cette
eau, loin d'être indifférente, finit par brûler le raisin lui-
même.

On a fait des incisions afin d'amener une déperdition de
sève. Ce remède ne pouvait réussir, car, à Corinthe, on a
remarqué sur les vignes malades une diminution de suc.
Cet appauvrissement, il importe de le noter, n'avait pas
précédé la venue des Erysiphe ; si on l'a constaté sur les
premières pousses, c'est que les cryptogames ont apparu
lors du développement printanier des vignes.

J'ai parlé de la scarification circulaire pratiquée sur les
plants de Corinthe. La scarification n'a produit aucun résultat bon ou mauvais : ce qui concourt à prouver que la
marche de la sève est étrangère à la maladie.

M. Chærétès, chargé par le gouvernement grec d'étudier
les remèdes à qui pourraient être appliqués aux vignes, a pris
une voie différente des voies précédentes : jusqu'à présent, on
avait particulièrement cherché à détruire l'Erysiphe ; il a pensé
à l'entourer de conditions telles qu'il ne pût se développer.
Il s'est opposé à l'arrosage habituel des vignes de Corinthe,
arrosage qui devait faciliter le développement des petits
cryptogames toujours avides d'humidité. Malheureusement
la maladie avait déjà pris une extension trop grande pour
pouvoir céder à aucun remède. Mais la mesure du docteur
Chærétès était, dans mon opinion, le moyen le plus puissant de diminuer, sinon d'arrêter les ravages de l'Erysiphe ;
plus loin je dirai les raisons qui me conduisent à cette
manière de voir.

— La vigne n'est pas seule attaquée ; un très-grand nombre

de végétaux le sont également. Aucuns d'eux cependant ne paraissent frappés dans leur constitution intime : leur souffrance est passagère et semble uniquement provenir de l'action exercée par les champignons qui vivent aux dépens de leurs sucs.

Les Erysiphe sont les principaux envahisseurs.

On en voit sur les rosiers une espèce, qui est sans doute l'*Erysiphe pannosa*, très-commune dans nos jardins de France. La poussière blanche, après un séjour prolongé sur les diverses parties de la plante, laisse des taches d'un brun noirâtre, parfaitement semblables aux taches des vignes malades.

J'ai dessiné (fig. 36) une feuille de *Rosa centifolia*, dont le bord est blanchi par l'accumulation des Erysiphe.

La figure 37 montre un fragment de tige de rosier couvert de taches noirâtres non moins superficielles que sur les tiges de vigne.

Dans la figure 38, l'Erysiphe des rosiers apparaît dans toute sa force de végétation. Il est grossi 360 fois et vu par transparence. Les tigelles sont beaucoup plus segmentées que dans les Erysiphe de la vigne.

M. Orfanidès, professeur de botanique à l'université d'Athènes, m'a dit avoir observé des Erysiphe, non-seulement sur le *Rosa centifolia*, mais sur le *Sinapis alba*, le *Melilotus officinalis* et le *Ranunculus muricatus*.

Un grand nombre d'autres plantes sont atteintes de diverses maladies.

Sur les feuilles du *Convolvulus arvensis* (voir fig. 39) on voit des taches blanches disséminées. Avec le grossissement d'une forte loupe (grossissement de 20 diamètres), on remarque (fig. 40) un mycélium qui forme de longs filaments, dont les croisements figurent un réseau. En portant le grossissement à 120 diamètres, on remarque sur ce mycélium des spores sessiles ou presque sessiles qui ne sont pas disposées à l'extrémité de longues tigelles indépendantes comme dans les Erysiphe Tuckeri : les spores sont allongées au lieu d'avoir une forme ovale (voir fig. 41).

Les pêchers et les abricotiers sont malades ; j'ai représenté (fig. 42 et 43) un des cryptogames qui attaquent les branches des pêchers. Il est formé de filaments très-allongés proportionnément à leur grosseur.

Je donnerai encore le croquis d'un champignon fort abondant sur les feuilles du chêne vallonée. Il se réunit en petits flocons blancs : ces flocons étudiés au microscope se montrent composés d'étoiles élégantes (fig. 44), portant en général six branches.

Je bornerai ici les exemples nombreux de cryptogames qui envahissent les plantes de la Grèce ; si je voulais en présenter l'étude complète, il faudrait y consacrer un chapitre spécial.

VIGNOBLES DES ÎLES IONIENNES

Parmi les cultures des îles Ioniennes, celle des vignes et particulièrement des vignes de passoline occupe le premier rang.

On récolte dans toutes les parties de la république septinsulaire des raisins de table dont les variétés sont nombreuses, et, au dire de Corfiotes, qui ont exploré la France, quelques-unes de ces variétés ne doivent rien envier à nos produits réputés les plus parfaits.

Les raisins secs sont l'objet d'un grand commerce; on obtient aussi des vins de nature diverse.

Ces denrées viticoles sont entièrement consommées dans les îles Ioniennes, à l'exception d'une seule, le raisin de Corinthe ou passoline.

Quatre îles seulement fournissent de la passoline : Sainte-Maure, Céphalonie, Zante, Cérigo.

Céphalonie donne annuellement........	14,000,000 liv. angl.
Zante...............................	12,000,000
Cérigo..............................	1,650,000
Sainte-Maure.......... 100,000 ou	70,000
TOTAL............	27,120,000

Cette évaluation représente le produit de la passoline dans les années ordinaires; depuis la maladie, il est presque nul.

Il y a quarante ans, la passoline se vendait 500 francs les 1,000 livres (livres anglaises), c'est-à-dire 0 fr. 50 cent. la livre. Dans ces dernières années, elle se vendait 250 fr. les 1,000 livres, c'est-à-dire 0 fr. 25 cent. la livre. Cette année, à cause de la maladie, elle s'est vendue 550 francs, c'est-à-dire à un prix plus élevé qu'il y a quarante ans.

Dans l'île de Zante, avant l'invasion de l'Érysiphe, un propriétaire pouvait retirer chaque année jusqu'à 8 et même jusqu'à 10 p. o/o des vignobles de passoline. Je ne crois pas qu'aucune plantation d'Europe soit aussi productive.

Généralement le sol des vignobles de passoline est gras, humide et assez riche pour laisser développer en profusion les mauvaises herbes. Souvent il a pour base des calcaires, passant à une marne grise, souvent argileuse.

Comme dans le royaume de Grèce, les vignobles de passoline sont enfoncés dans les vallées, et le sol qu'ils occupent est découpé en carrés par de petits canaux; on ouvre ces conduits; l'eau pénètre dans un premier carré; des canaux qui entourent ce premier carré, l'eau passe dans les canaux qui environnent le second, le troisième et les autres carrés. De petites écluses permettent d'ouvrir et de fermer tour à tour les conduits. L'arrosage a lieu seulement pendant l'hiver; on le cesse complétement à partir de l'époque où la vigne fleurit. On peut se rappeler qu'il n'en est pas de même en Grèce, car, le climat étant plus sec, l'arrosage se continue pendant l'été.

Une vigne qui n'est jamais inondée donne des fruits peu nombreux et de qualité médiocre.

Après trois années de plantation, un cep de passoline porte des raisins. La dixième année, la production est arrivée à son maximum; ce maximum persiste longtemps; les plants durent environ deux cents ans.

Le tronc est gros: il s'élève jusqu'à un demi-mètre environ au-dessus de la surface du sol; à cette hauteur, il se divise en plusieurs branches. Dans les années ordinaires, à l'époque de la vendange, les ceps se chargent d'un nombre immense de grappes.

Les raisins sont semblables à ceux de la Grèce: même couleur, même parfum, même petitesse; pepins à l'état embryonnaire, invisibles à l'œil nu; pulpe très-juteuse; enveloppe fine.

Le gouvernement français s'est justement préoccupé de

la possibilité d'établir dans la Provence des vignobles qui produiraient de la passoline. Il entre annuellement dans notre pays des quantités considérables de ce raisin : la consommation en est, je crois, de trois millions.

Plusieurs parties du Midi fournissent des vins de qualité inférieure dont le débouché est souvent difficile. Ce serait dans ces pays un grand bienfait que de remplacer les vignes alcooliques par des plantations de passoline.

L'Algérie surtout, dont le climat est assez voisin de celui des îles Ioniennes, pourrait retirer de ces cultures de grands avantages.

M. Mélissino, un des premiers viticulteurs de Zante, étant à Naples, fit venir des sarments de vignes de Corinthe. Ces sarments ne réussirent pas. Il est vrai que l'on négligea de suivre la méthode usitée dans les îles Ioniennes pour la culture des vignes de passoline. Mais on ne peut se dissimuler que la qualité des vignes dépende avant tout de la nature des sols; j'en ai vu à Zante même une preuve très-frappante. On me fit goûter du vin fait avec des raisins de vignes qui provenaient d'un des principaux vignobles de Bordeaux, et avaient été transportées dans l'île. L'origine de ce vin était méconnaissable : il était âpre, alcoolique et se rapprochait des vins ordinaires des îles Ioniennes.

Si l'on établissait dans le midi de la France ou en Algérie des plantations de vignes de Corinthe, il ne faudrait pas les asseoir sur des coteaux, mais au contraire les placer dans des plaines où le sol fût très-riche et où l'on pût, comme en Grèce, disposer des canaux d'irrigation. On devrait encore choisir les régions les plus chaudes, afin qu'à l'humidité de l'hiver succédât une sécheresse de plusieurs mois. La passoline exigerait de grands frais de culture; dans les îles Ioniennes, la journée d'un ouvrier vigneron ne se paye pas en moyenne au delà d'un franc.

DE LA MALADIE DES VIGNES DANS LES ÎLES IONIENNES.

En 1851, la maladie parut pour la première fois à Patras, et, quelques jours après, on la vit à Zante; elle s'étendit bientôt dans les autres îles. Elle a commencé dans les plantations de passoline. Comme en Grèce, ses ravages furent insensibles la première année. En 1852, ils se propagèrent; en 1853, toutes les vignes de Corinthe ont été attaquées.

Le mal est si universel, que le vice-consul de France à Zante, M. le baron de Chambaud n'a pu trouver dans l'île trois cents sarments non atteints par l'épidémie; ayant bien voulu, sur ma demande, envoyer des cépages de passoline au ministère de l'agriculture, du commerce et des travaux publics, il a été obligé d'en expédier un grand nombre de malades. Je dirai d'ailleurs que ces sarments ont parfaitement repris, et j'en ai fait planter dans un jardin à Pierre-Fitte, près Paris, qui sont en voie de prospérité.

A la suite des pluies, la maladie a redoublé d'intensité. Les premiers rayons de soleil, qui succédaient aux orages, faisaient développer une couche de poussière blanche sur tous les raisins.

L'Erysiphe s'est toujours porté avec une extrême préférence sur les vignes de passoline : j'aurai à revenir sur les causes du dépérissement de ces vignes.

Les raisins rapprochés du sommet des ceps ont été beaucoup plus endommagés que les fruits voisins du sol ; ce fait a été presque général.

Les treilles, dans les îles Ioniennes, donnent fréquemment deux récoltes. En 1852, la première et la seconde récolte ont été également maltraitées. Cette année (1853), la première récolte a beaucoup souffert : un grand nombre de vignes semblaient perdues. Mais, lors de la deuxième pousse, la plupart de ces vignes ont reverdi, refleuri et donné d'excellents fruits.

— Je présenterai quelques détails spéciaux sur Zante et Corfou, les deux îles que j'ai plus particulièrement étudiées.

A Zante, les vignes des collines ont été peu attaquées ; j'ai même entendu dire qu'elles avaient été complétement préservées. Je me suis assuré que c'était là une exagération ; car au sommet de la hauteur qui est surmontée par la citadelle de la ville, j'ai trouvé des treilles malades ; j'ai aussi vu des vignes fortement endommagées sur des collines élevées. Néanmoins les grands ravages ont eu lieu dans les plaines occupées par les vignes de passoline ; les autres vignes assises sur des coteaux ont beaucoup moins souffert.

Une variété particulière de raisin donnant un vin noir n'a été aucunement malade, même sur les points où elle était entourée par des vignes couvertes d'Erysiphe ; la peau de cette espèce de raisin est très-épaisse. Dans les îles Ioniennes, comme en France et en Italie, on a toujours vu les raisins à peau fine et délicate plus compromis que les autres : j'en donnerai plus loin l'explication.

La plupart des fruits de Zante sont atteints de différentes maladies.

A Corfou, au contraire, peu de plantes sont attaquées. J'ai vu cependant des rosiers blanchis par les Erysiphe dans le jardin de M. Turlinos, viticulteur distingué. Les habitants du pays confondent à tort cet Erysiphe avec le cryptogame qui attaque les vignes.

Comme à Zante, les variétés de raisin les plus délicates ont été les plus gravement atteintes. Les raisins de table ont plus souffert que les raisins de vigne, donnant soit des vins secs, soit des vins sucrés. Le *scopeletico*, importé de l'île de Scopélos dans l'île de Corfou, a été épargné : il produit un vin noir ayant du corps, beaucoup de couleur, peu d'alcool. Les raisins étrangers, tels que l'*isabelle*, originaire d'Amérique, ont été préservés.

Parfois, au milieu d'une vigne très-malade, se rencontre un cep parfaitement sain.

On m'a dit avoir vu des vignes demeurées intactes dans des lieux humides. Ce fait serait tout à fait exceptionnel ; je n'ai pu le constater.

J'ai vu une treille de raisin muscat, appelé *moschatel-lone*, dont les vignes étaient malades dans leurs parties hautes, très-saines dans leurs parties basses. Ce fait, je l'ai déjà dit, est très-fréquent.

La maladie a voyagé; des plants atteints en 1852 ne l'ont pas été en 1853, et beaucoup de plants préservés en 1852 ont été attaqués en 1853.

On a observé le contraire de ce qui s'est passé à Zante; car de toutes les parties de l'île, les plus gravement endommagées, ont été les collines faisant face à la mer.

J'en expliquerai bientôt la cause.

L'été a été plus sec que d'habitude; seulement, au mois

d'août, d'abondantes pluies sont tombées. La maladie a paru sur les vignes avec les premières feuilles. Elle était en juin dans toute sa force.

— Les vignes des îles Ioniennes ont été envahies comme celles de Grèce.

1° Par les Lecanium;

2° Par les hypoxylées;

3° Par les Erysiphe.

1° Le Lecanium des vignes des îles Ioniennes me semble le même que celui des vignes de Grèce. Il simule un petit capuchon appliqué sur le bois par sa base.

Il est représenté de grandeur naturelle, figure 45. Il est très-visible à l'œil nu.

Souvent les Lecanium se recouvrent successivement les uns les autres; en faisant abstraction de la taille, on pourrait comparer leurs aggrégations à des bancs d'huîtres. Il en résulte des taches faisant saillie sur la surface de l'écorce. On en voit un exemple dans la figure 46.

2° Les hypoxylées de la vigne ont la forme de mamelons; elles se répandent de toute part sur l'épiderme des sarments et déterminent son desséchement. Ce sont elles qui produisent la plus grande partie des taches noires dont les sarments malades sont couverts.

J'ai vu à Corfou des sarments noircis comme le sont les branches d'arbres sur ces collines où les paysans, par une licence déplorable, se plaisent à mettre le feu (fig. 47).

Les taches sont très-superficielles, ne pénètrent presque pas dans l'intérieur des branches. J'ai représenté (figure 48) une coupe de sarment dont l'épiderme est complétement noirci, tandis que l'intérieur est parfaitement sain.

3° Les désastres réels des vignes ont été presque uniquement causés par l'Erysiphe Tuckeri. Bien qu'il préfère les fruits et les feuilles, ce champignon s'étend encore sur les sarments, principalement sur ceux qui sont encore tendres et verts. Il contribue pour une petite partie aux taches noires des branches. Lorsqu'il a séjourné quelque temps sur un grain de raisin, une feuille ou une branche, non-seulement il y laisse ses débris, mais la pellicule sur laquelle il s'est implanté se sèche, et, en se séchant, prend une couleur foncée : telle est la double cause des taches. Fig. 49, j'ai représenté quelques grains de raisin (variété commune) atteints de la maladie.

J'ai dessiné également (figure 50) une petite grappe de raisin de Corinthe desséchée à la suite des attaques de l'Erysiphe. M. Dimitri, un des grands propriétaires de Zante, m'a fait boire du vin qu'il avait obtenu en versant de l'eau sur du raisin couvert de poussière blanche. Ce vin, selon son expression, est une infusion d'Erysiphe ; cependant il n'est guère plus mauvais que le vin ordinaire de l'île. M. Dimitri et sa famille en boivent depuis quelque temps à chacun de leurs repas : ils n'en ont été aucunement incommodés.

Je ne décrirai pas l'aspect des grains de raisins malades : cet aspect est le même qu'en Asie.

J'ai soumis à des observations microscopiques les parties internes de grains qui étaient attaqués depuis peu de temps : la pulpe était très-saine. J'ai mangé des raisins malades, de la surface desquels j'avais enlevé les cryptogames, et je ne leur ai trouvé aucune saveur particulière.

J'ai représenté (figure 51) des Erysiphe pris sur des grains de raisins dans l'île de Corfou. Figure 52, j'ai dessiné des Erysiphe recueillis sur des grains de raisin dans l'île de Zante.

— La question des vignes pour les propriétaires des îles ioniennes, et spécialement pour les propriétaires des vignes à passoline est une question de vie ou de mort : ces vignes, source autrefois d'immenses bénéfices, sont aujourd'hui complétement dévastées, et leurs possesseurs sont demeurés sur plusieurs points sans aucune ressource. De nombreux remèdes ont été tentés ; ils ont entraîné de grandes dépenses ; nul d'entre eux n'a réussi : leur énumération formera une liste de déceptions successives.

Chaux. — De tous les remèdes employés, la chaux est le seul qui ait donné quelques résultats. Encore ces résultats ont-ils été à peine sensibles : ils ont été bien loin de couvrir la dépense occasionnée par le remède. On a arrosé les raisins avec du lait de chaux ; on a aussi, après avoir mouillé les vignes, jeté de la chaux pulvérisée.

Incisions. — Leurs effets ont été nuls.

Dissolution de Scilla maritima. — Toutes les campagnes des pays du Levant sont remplies d'ognons volumineux qui projettent en juillet une longue tige dont la partie supérieure étant couverte de fleurs, simule de loin un panache blanc : c'est la Scilla maritima. Hachés et laissés dans l'eau pendant deux jours, les ognons de scille forment une infusion âcre et caustique. Si on verse ce liquide sur un grain de raisin malade, les Erysiphe sont brûlés : ils disparaissent. Malheureusement, deux ou trois jours après, ils se montrent de nouveau ; sans doute la dissolution de scille ne peut attaquer facilement le mycelium des Erysiphe engagé dans la pellicule des raisins, et ce mycelium donne de nouveaux rejetons. Pendant un mois, un viticulteur très-distingué de Zante, M. Mélissino, a recommencé tous les deux ou trois jours le lavage des raisins atteints par les Erysiphe. Il passait sur ces fruits une éponge imbibée d'eau de scille, ou, par le moyen d'une seringue, il injectait ce liquide sur les grappes. Après un mois d'essais, les raisins ont été brûlés.

Sel. — On a mélangé du sel à la terre des vignobles malades : résultats nuls.

Tabac. — Du tabac a été planté entre les ceps [1] : la maladie est devenue plus forte. On a attribué à la plantation du tabac le redoublement du mal.

Ognons pilés. — Le sol a été creusé autour de la racine des vignes, et on a enfoui des ognons pilés, que l'on a ensuite recouverts de terre. Les expérimentateurs espéraient que l'essence des ognons pourrait exercer une action salutaire : résultats nuls.

Quinine. — On a traité les vignes par la quinine. En Orient, le sulfate de quinine est de tous les remèdes le plus précieux et le plus communément employé. Cette substance guérit les fièvres des hommes. Ne pourrait-elle aussi guérir les végétaux ? On a découpé l'écorce des ceps et on l'a soulevée de manière à introduire la quinine entre elle et le bois ; ensuite elle a été rattachée au bois. Dans la pensée des expérimentateurs, cet essai ne pouvait avoir un intérêt pratique : car ils n'ignoraient pas combien serait inapplicable un remède d'un prix élevé comme la quinine. — Les résultats ont été nuls.

[1] Cette expérience ne peut être comparée avec celles qu'ont faites MM. Bonzanini et Polli de Milan. Car ces viticulteurs ont fait des lavages avec des eaux provenant du mouillage des tabacs dans les manufactures.

DE LA VIGNE EN ÉGYPTE

Le gouvernement de l'Égypte a fait de grands sacrifices pour établir des vignobles; ces sacrifices n'ont amené presque aucun résultat. Isolée au milieu des vastes déserts d'Afrique et d'Arabie, l'Égypte est un oasis fécondé par le Nil. La plupart des points que le fleuve n'arrose pas, restent stériles: ainsi les cultures qui ne peuvent supporter des inondations sont resserrées dans d'étroits espaces; telle est celle de la vigne. Il n'existe pas en Égypte de vignobles proprement dits, mais seulement dans les enclos, on recueille quelques raisins de table.

MALADIE DE LA VIGNE.

Chaque année où le débordement du Nil est considérable, des cryptogames se répandent sur tous les végétaux. En dehors de ces attaques éphémères, qui ont pu se porter sur les raisins comme sur les autres fruits, une maladie d'une nature particulière est venue envahir les vignes de l'Égypte en 1851. Ainsi que je l'ai déjà dit, c'est pendant la même année que l'Occident transmettait l'Erysiphe Tuckeri à la Grèce et aux îles Ioniennes.

Étant arrivé en Égypte après les vendanges, je n'ai pu vérifier par moi-même la présence des Erysiphe. Les raisins que j'ai vus étaient bien portants; mais j'ai visité des vignes qui avaient été entièrement ravagées, et dont les sarments couverts de taches noires étaient envahis par de grandes quantités de Lecanium.

Les Lecanium, dont j'ai déjà dit quelques mots, forment un genre de la tribu des aphidiens, famille des aphidiides, ordre des hémiptères[1]. Les femelles de ces insectes sont connues dans le vulgaire sous le nom de cochenilles; elles se fixent sur les végétaux et leurs corps, en se séchant, forment un abri pour les œufs. J'en ai trouvé des quantités immenses sur les fruits des figuiers et des orangers[2], ainsi que sur les sarmens des vignes. D'après les renseignemens qu'un savant entomologiste M. Émile Blanchard a bien voulu me donner, je les rapporte à trois espèces différentes : le Lecanium fici, le Lecanium hesperidum et le Lecanium vitis. Dans les figures 53 et 54, on verra plusieurs de ces insectes fixés sur des sarmens. Les figures 55 et 56 en représentent qui sont attachés à la peau d'une figue et à l'écorce d'une orange.

Les Lecanium des vignes sont très-visibles à l'œil nu; lorsqu'on les observe au microscope (fig. 57), on voit qu'ils représentent de petits capuchons. Ils se séparent facilement en deux parties : une inférieure adhérente au sarment, une supérieure qui se détache spontanément de la partie inférieure lorsque l'insecte est desséché. Si l'on fait une coupe verticale du corps (fig. 58), on trouve un amas mucilagineux et blanchâtre qui renferme des œufs de couleur jaune.

— Il s'agit de savoir si les Lecanium ont été la cause unique de la perte des vignes, ou si plutôt l'Erysiphe Tuckeri n'a pas été la source réelle des désastres, les insectes étant ve-

---

[1] Voir les articles *Cochenille* et *Kermès*, rédigés par M. E. Blanchard, dans le *Dictionnaire universel d'histoire naturelle* de M. Charles d'Orbigny.

[2] Dans le jardin de M. Pastré, près d'Alexandrie, les oranges mandarines ont été complétement épargnées. Il est probable que leur odeur si pénétrante écarte les Lecanium.

nus après son invasion. Voici les renseignements que j'ai pu
obtenir à ce sujet.

M. Bonfort, ancien intendant d'Ibrahim-Pacha, m'a dit
avoir reconnu, il y a déjà trois ans (1851), des Oïdium
(Erysiphe) sur ses vignes; la maladie aurait duré seulement
une année et elle aurait cédé vers la fin de 1851. M. Bonfort m'a conduit dans les vignes qui auraient été attaquées;
il m'a montré un très-bon microscope avec lequel il a fait
ses observations; il a vu en Europe l'Erysiphe Tuckeri, et
il regarde l'Erysiphe d'Égypte comme une espèce complétement semblable. Voilà des renseignements qui paraissent
avoir une grande authenticité.

J'allai voir M. Husson, qui a été professeur d'histoire
naturelle à la faculté de médecine du Caire sous Méhémet-
Ali. M. Husson s'est longtemps occupé de botanique et spécialement de cryptogamie; son herbier en est la preuve.
Après une longue discussion sur l'existence de l'Erysiphe
en Égypte, il m'a laissé la note suivante :

« A l'époque de l'inondation du Nil, presque tous les végétaux herbacés et même arborescents, sont attaqués par
des espèces cryptogamiques, des anciens genres Uredo,
Puccinia, OEcidium, qui envahissent les feuilles et même
les fruits. Il y a en même temps une sorte de pléthore,
suivie de chlorose, et, si l'inondation persiste, de la mort
du végétal. Pendant ces diverses phases, on peut observer
sur les fruits, soit diverses espèces des cryptogames précités, soit un gonflement extraordinaire, accompagné de
la rupture du péricarpe dans les espèces où cet organe
est mou, soit enfin la pourriture. Mais dès que le Nil se
retire et que l'atmosphère devient sèche, toute cette végé-

tation cryptogamique parasite disparaît, et ne se remarque
plus que très-accidentellement sur des individus cultivés
à l'ombre.

« Je n'ai pas connaissance que l'Oïdium de la vigne ait
été constaté en Égypte; il ne serait cependant pas éton-
nant qu'à l'époque de l'inondation, on en découvrît quelques cas isolés tout à fait accidentels et sans importance;
car, à cette époque, la récolte du raisin est terminée et
il ne reste plus sur pied que celle que l'on conserve en
sac. Cela pourrait encore se rencontrer dans des treilles
où les ceps sont très-serrés, où l'air et la lumière peuvent
à peine pénétrer, et où par conséquent l'humidité se conserve; mais il suffirait, j'en suis persuadé, dans le climat de
l'Égypte, de dégarnir un peu les feuilles pour arrêter le
mal. Je dis que l'Oïdium pourrait se rencontrer dans les
cas précités, mais je n'ai aucun document digne de créance
qui puisse jusqu'à ce jour établir d'une manière certaine la
présence de ce cryptogame [1]. »

Ainsi M. Husson, un botaniste spécial résidant au Caire,
n'a pas encore vu l'Erysiphe Tuckeri que l'on dit avoir apparu en Égypte depuis trois années.

J'ai eu l'occasion de parler longuement de l'Erysiphe
avec un Français justement célèbre en Égypte M. Linant
Bey. J'ai vu au Caire, dans son jardin, des vignes qui ont
été malades; ces vignes sont voisines d'une pièce d'eau;

[1] Nous trouvant en Égypte à l'époque du plus fort débordement du Nil,
nous avons vérifié par nous-mêmes l'exactitude des observations de M. Husson
au sujet des pléthores des fruits et des cryptogames qui les envahissent. Il
est très-essentiel de noter que l'invasion des cryptogames et l'état de pléthore
des fruits sont deux faits indépendants, et que l'un n'est pas une conséquence
de l'autre.

c'est-à-dire entourées d'humidité, circonstance si favorable au développement des cryptogames. Voici les renseignements de M. Linant Bey sur la maladie.

M. Linant n'a pas observé de poussière blanche sur les raisins malades de son jardin; mais les grains étaient couverts de points ou granulations. Ces points étaient de couleur grise; ils adhéraient fortement à la peau; on ne pouvait pas les détacher complétement. Ils ne donnaient pas aux raisins un mauvais goût; mais, par leur rudesse, ils les rendaient désagréables à manger; ils se trouvaient sur des raisins dont l'intérieur était très-sain, et ils n'ont pas empêché un grand nombre de grains de parvenir à la maturité.

Comme on le voit, cette description ne saurait s'appliquer à l'Erysiphe; elle conviendrait plutôt aux Lecanium. Ainsi, ces insectes qui ont causé de si grands ravages sur les figuiers et les orangers, et que j'ai retrouvés sur les sarments et les feuilles de vignes, ont dû aussi envahir les grains de raisin.

On n'a encore appliqué aucun remède aux vignes malades.

J'ai prolongé mes courses jusqu'à Suez; Suez est un amas de maisons jeté entre le désert d'Égypte et le désert d'Afrique: aucune vigne n'y végète. Étant à Suez, je me suis efforcé de me procurer des renseignements sur les vignes qui peuvent exister dans l'Arabie et surtout dans les Indes. Il m'a été dit que l'on n'avait encore entendu parler d'aucune maladie semblable à celle d'Europe.

§ II.

CONSÉQUENCES A TIRER DES FAITS QUI PRÉCÈDENT RELATIVEMENT
A LA MALADIE DES VIGNES EN ORIENT.

Ainsi que je l'ai dit au début de ce travail, les pays de l'Orient m'ont présenté des circonstances très-favorables pour l'étude de la maladie des vignes.

En effet, l'Erysiphe ayant apparu en Asie à l'époque même où je parcourais cette contrée, j'ai pu me rendre compte des influences qui agissaient sur ce cryptogame.

Dans le climat régulier de l'Orient, les vents, les nuages ne se croisent pas et ne se succèdent pas brusquement de manière à modifier sans cesse l'état des végétaux.

Enfin, par suite de la sécheresse prolongée de l'atmosphère, les raisins attaqués ne se pourrissent pas; mais, se desséchant peu à peu, ils permettent d'étudier à loisir l'action des Erysiphe sur les grains.

Ainsi favorisé dans mes études, je crois pouvoir donner des explications exactes des causes de la maladie des vignes.

Patras est le premier point de l'Orient où se déclare cette maladie; elle commence en 1851 au sein des vignobles de passoline.

Quelques jours après son apparition à Patras, elle se manifeste dans les divers vignobles des îles Ioniennes et du golfe corinthien; la même année, on la signale en Égypte.

En 1852, elle se répand dans toute la Grèce; les désastres sont immenses.

En 1853, les pertes sont plus grandes encore, et de

Grèce la maladie se propage en Anatolie, en Chypre, en Syrie. Toutes les côtes méditerranéennes de l'Asie sont envahies à la fois. Les vignobles sont attaqués:

1° Par l'Erysiphe Tuckeri;

2° Par des hypoxylées;

3° Par des insectes.

DE L'ERYSIPHE TUCKERI.

Les botanistes ont démontré que le prétendu Oidium Tuckeri n'est qu'une espèce d'Erysiphe. Dans la classification de M. Léveillé[1], il ferait partie des Thécasporées endothèques. Dès le mois d'août 1852, une note fut publiée à ce sujet en Italie[2]. Comme cette note a été peu connue en France, je crois devoir en traduire le passage suivant[3]:

[1] Léveillé. *Considérations mycologiques suivies d'une nouvelle classification des champignons*, 1846, extrait du *Dictionnaire universel d'histoire naturelle*.

[2] *Patologia vegetale. Della picchiosa e dell'albugine, ossia delle odierne predominanti malattie della vite*, par A. Béranger.

Per convincere che il celebrato Oidium Tuckeri delle viti Italiane è una chimera, e che la crittogama descritta sotto questo nome altro non è che la legitima Erysiphe communis, nella sua forma sterile e floccipara cioè più ovvia e solo in questi anni straordinariamente diffusa nelle viti; m'è necessario di riassumere i caratteri fondamentali dell'albugine, giusta quanto è referito dai più accreditati autori.

L'albugine (*Albugo*, *Ehrh.*) è, secondo dici il Meyen, malattia di pessima indole, capace d'una diffusione così repentina che tiene del maraviglioso. Infetta le erbe come le piante arboree, ma si fissa esclusivamente sulle loro parti erbacee e molli. Consiste in una muffa epifitica, disposta in piccoli strati più o meno distesi e bianchi, sopra le foglie, i gambi ed le frutta, e la quale arresta l'accrescimento e cagiona sovente la morte delle parti su cui vegeta. Tale muffa fu chiamata da Linneo: *Mucor Erysiphe*; da Persoon: *Sclerotium Erysiphe*; da Vallroth: *Alphitomorpha*; da altri; *Erysihe*.

« Pour prouver que le célèbre Oidium Tuckeri des
« vignes italiennes est une chimère, et que le cryptogame
« décrit sous ce nom n'est autre que le véritable Erysiphe
« communis dans sa forme stérile la plus fréquente, extraor-
« dinairement répandu dans nos vignes depuis quelques
« années, il est nécessaire de résumer les caractères de l'al-
« bugine, tels que les ont admis les meilleurs auteurs.

« L'albugine (*Albigo*, *Ehrh.*), comme le dit Meyen, est une
maladie d'une très-mauvaise nature; elle est capable d'une
diffusion si subite que cela tient du merveilleux. Elle in-
fecte les herbes comme les plantes arborescentes, mais elle
se fixe exclusivement sur leurs parties herbacées et molles.
Elle consiste en une moisissure épiphyte qui forme une
couche blanche plus ou moins étendue sur les feuilles, les
tiges et les fruits, arrête l'accroissement des parties sur
lesquelles elle végète et cause souvent la mort. Cette moisissure fut appelée par Linnée, *Mucor Erysiphe*; par Persoon, *Sclerotium Erysiphe*; par Valtroth, *Alphitomorpha*; par
d'autres, *Erysibe*. »

Les découvertes de M. Amici en Italie[1] ont contribué à
prouver l'identité de l'Oidium Tuckeri et des Erysiphe.

Enfin, depuis les travaux si remarquables de M. Tulasne[2],
ce rapprochement a été généralement admis en France.

Quant au nom d'espèce, il n'est pas encore définitivement
établi. Jusqu'à vérification nouvelle, j'ai dû conserver à l'Erysiphe des vignes le nom de Tuckeri universellement adopté.

---

[1] Amici, *Atti dei Georgosi di Firenze*, 1852, t. XXX.

[2] Tulasne, *Note sur le champignon qui cause la maladie de la vigne*, extrait
des *Comptes rendus des séances de l'Académie des sciences*, t. XXXVII, octobre
1853.

Toutes les discussions qui se sont multipliées en Europe au sujet de l'Erysiphe Tuckeri peuvent être ramenées à cette double question : ce champignon est-il le résultat ou la cause de la maladie des vignes? C'est-à-dire les vignes sont-elles attaquées dans leur constitution intime et l'Erysiphe ne s'y développe-t-il que par suite de leur état maladif? Ou bien sont-elles saines en elles-mêmes et souffrent-elles seulement par suite du dépôt passager des Erysiphe?

La seconde manière de voir[1] me semble d'accord avec les faits; je l'ai adoptée dès les premières observations que je fis dans mon voyage, et je l'ai longuement expliquée dans des rapports adressés de divers points de l'Orient au ministère de l'agriculture, du commerce et des travaux publics dans le courant de 1853; je ne fais ici que résumer ces rapports. Je diviserai mon analyse en quatre paragraphes.

I.

Le développement des Erysiphe n'est pas le résultat d'un état maladif des vignes de l'Orient :

1° Les vignobles, en effet, ne sont pas soumis à une influence mauvaise.

Car en Syrie, à Chypre, en Asie Mineure, la récolte de l'année précédente a été remarquablement belle; celle de cette année (1853) s'était parfaitement annoncée, et dans

[1] Cette manière de voir a été exposée en France dans plusieurs mémoires remarquables. Parmi les travaux dans lesquels j'ai trouvé, au retour de mon voyage, la plus grande conformité avec mes observations, je citerai un rapport sur la maladie de la vigne, publié par la Société impériale d'horticulture de Paris et la note de M. Montagne intitulée : *Coup d'œil rapide sur l'état actuel de la question relative à la maladie de la vigne.*

les vignobles les ceps qui n'ont pas été envahis par les Erysiphe ont donné d'excellents produits.

*2° Les vignes même qui sont couvertes d'Erysiphe ne sont pas
atteintes dans leur constitution intime.*

Car on trouve fréquemment sur un même pied des
grappes voisines de la terre complétement saines, tandis
que les grappes plus éloignées du sol sont très-malades.

Je n'ai vu aucune racine couverte d'Erysiphe et aucun
tronc sérieusement compromis. Les sarments sont fréquemment noircis; mais les taches sont toujours en communication avec l'extérieur, diminuant à mesure qu'elles s'éloignent
de l'épiderme. Toutes les coupes de sarment que j'ai faites
m'ont prouvé que la maladie, non-seulement n'avait pas
son siége dans l'intérieur des rameaux, mais encore que
l'on n'en voyait aucune trace sur le trajet de la sève ascendante ou descendante. Si les vignes étaient gravement
attaquées dans leur constitution intime, sans doute celles
qui ont été couvertes de taches, au point d'être regardées
comme perdues pour toujours, n'auraient pas reverdi et
donné des fruits exquis peu de temps après les désastres.
Ces retours à la santé ont eu lieu non pas en une année,
mais en quelques mois; car les treilles des pays du Levant
donnent souvent deux récoltes dans une même année et
des vignes tellement malades, lors de la pousse de juillet,
que les propriétaires étaient tentés de les arracher, ont pro-
digué en octobre les plus abondants et les plus délicieux
produits.

J'ai signalé des vignes du Liban dont les sarments avaient
été séchés et carbonisés jusque dans leur intérieur. Ce fait
très-exceptionnel s'explique sans que l'on soit obligé de re-

courir à la supposition d'une maladie interne; car les
atteintes d'un champignon parasite peuvent à la longue
fatiguer et épuiser les arbres, au point de faire périr sinon
les vieux troncs, au moins les branches encore tendres et
délicates.

La couleur noire, généralement superficielle, qui a pénétré dans l'intérieur de quelques sarments n'est pas seulement une conséquence particulière de la maladie causée
par le séjour des Erysiphe; car en Orient j'ai quelquefois eu
l'occasion d'observer sur des végétaux encore vivants des parties mortes qui avaient subi, par suite sans doute de l'extrême chaleur du climat, une sorte de carbonisation. Ainsi,
les sarments, après avoir succombé aux attaques prolongées
des Erysiphe ont pu noircir par l'effet d'une réaction chimique que déterminerait l'intensité des rayons solaires.

Enfin, si la maladie des vignes était interne, les circonstances, qui influent sur la nature de la sève, auraient exercé
une action quelconque; or, leur action a été complétement
nulle[1]. Les incisions, les décortications et tous les traite-
ments des troncs ou des racines n'ont donné aucun résultat.
La scarification, dont les effets sur la sève des végétaux sont
si énergiques, qu'elle peut ramener la variété de Corinthe à
l'espèce type des vignes, la scarification elle-même n'a joui
d'aucune influence sur la santé des ceps.

3° *Les raisins mêmes qui sont couverts d'Erysiphe ne sont pas
atteints d'un mal dont la source soit en eux.*

---

[1] En France il en a été de même. On lit les lignes suivantes dans le rapport
adressé par M. Heuzé au ministre de l'intérieur au sujet du traitement des
vignes malades : « Le mode de culture, de taille, de fumure n'a eu, jusqu'à
présent, aucune influence sur la maladie. »

Car on voit l'Erysiphe se déposer sur des grains parfaitement sains en apparence, qui sont parvenus à la maturité, et lorsque ce cryptogame par une cause quelconque est détruit, les fruits qui avaient d'abord souffert retrouvent la santé.

Il paraîtrait d'après les travaux de MM. Adolfo Targioni Tozzetti et Emilio Bechi, de Florence, que la composition chimique des raisins malades d'Italie serait modifiée.

Un voyageur peut difficilement faire des essais chimiques : je n'ai pu songer à en entreprendre, mais je ferai la remarque suivante : les chimistes considèrent les propriétés organoleptiques des corps comme dépendant de leur nature intime. Or, dans le Levant, lorsque des raisins ont été trop récemment couverts d'Erysiphe pour que ces cryptogames aient eu le temps de les faire souffrir, leur saveur ne semble pas altérée ; il est probable que, si leur constitution chimique eût été changée, leur saveur l'eût été de même.

Soumis un grand nombre de fois à l'examen du microscope, taillés et séparés en leurs éléments divers, les grains recouverts d'Erysiphe ne m'ont présenté aucun indice de maladie interne ; les taches s'étendent uniquement sur les parties des grains qu'ont attaquées les Erysiphe ; non-seulement la pulpe, mais encore l'épiderme reste intact sur les points qu'ont épargnés les cryptogames. La réunion des faits que je viens de rappeler me semble prouver que les vignes de l'Orient ne sont pas atteintes dans leur constitution intime et que le mal a sa source dans une cause qui leur est étrangère.

II.

Le dépôt des Erysiphe sur les vignes est la cause de leur état de souffrance en Orient.

On ne voit aucune vigne malade sans que des Erysiphe s'y soient déposés; l'intensité du mal a dépendu des facilités que ces cryptogames ont rencontrées pour se développer.

C'est ce que je dois expliquer.

1° *L'humidité en Orient a été la cause la plus fréquente du redoublement de la maladie.*

Les cryptogames pour végéter exigent une certaine mesure d'humidité et de chaleur. En Occident, ils rencontrent une humidité suffisante, mais souvent une température trop basse. Si des vignes croissent contre une treille et surtout dans une serre, elles se trouvent soumises à une chaleur plus intense. Or, c'est dans les serres et sur les treilles que les Erysiphe ont fait les plus grands ravages[1], et le redoublement de la maladie a toujours lieu dans les jours les plus chauds de l'été[2].

En Orient, la température est assez élevée, mais la sécheresse est trop grande. Si quelque contrée est humide, diverses espèces de champignons y croissent de toute part.

On trouvera des détails à ce sujet dans le rapport que M. Louis Leclerc adressa en 1853 à M. le ministre de l'intérieur, au sujet des vignes malades.

[2] Consulter la note si précise de M. Robouam, intitulée : *Maladie spéciale de la vigne (Oïdium Tuckeri)* : «Depuis six ans, dit M. Robouam, que j'observe, pour ainsi dire jour par jour, le fléau, c'est toujours du 25 juillet au 25 août qu'il atteint son maximum d'intensité. Je ne l'ai même jamais vu général et grave avant les premiers jours d'août. Rarement aussi je l'ai trouvé redoutable après le 15 septembre.»

Pendant les débordements du Nil, alors que les eaux du fleuve filtrent dans les jardins dont sont bordées ses rives, les plantes et les arbres fruitiers surtout sont envahis par des cryptogames. Or, tous les raisins de l'Orient qui se sont trouvés dans des milieux humides ont été très-gravement malades. Pour le prouver, il me suffira de rappeler quelques-unes de mes observations précédentes.

Dans l'île de Chypre, si nous apercevions une vigne grimpant au-dessus d'un puits, nous y courions, certains d'avance de la trouver couverte d'Erysiphe, lors même que les vignobles avoisinants avaient été épargnés. C'est sur des raisins pendant au-dessus d'un bassin d'eau à Saint-Pantéléimoné (Chypre), que nous avons vu les plus grandes accumulations d'Erysiphe.

J'ai parlé d'un ruisseau du jardin royal de la ville d'Athènes, sur les bords duquel les ceps avaient été ravagés, tandis qu'à une faible distance ils étaient restés parfaitement intacts.

Le Liban a plus de fraîcheur que les autres parties de la Syrie, et c'est aussi dans cette contrée que l'épidémie s'est montrée la plus désastreuse.

On a vu que les vignobles des coteaux brûlants de la Palestine ont été pour la plupart sauvés, tandis qu'une vigne abritée dans une cour à Jérusalem a été envahie par les cryptogames.

En général, les raisins des vignobles ont beaucoup moins souffert que ceux des hautins qui grimpent dans les arbres et sont ombragés par leurs feuillages.

Sur un même cep, les raisins rapprochés de la base, c'est-à-dire ceux qui reçoivent par réflexion tous les rayons qui frappent le sol sont fréquemment épargnés, tandis que les raisins placés dans le haut sont couverts d'Erysiphe.

Si je veux prendre des exemples sur une plus vaste échelle, je dirai qu'à Chypre dans les plaines, où se concentre le soleil, la maladie a été nulle, que sur les coteaux de commanderie encore très-brûlants, l'Erysiphe a paru, mais n'a pu se développer, enfin que dans les vignobles assis sur les montagnes plus élevées, et par conséquent plus fraîches, moins desséchées, l'Erysiphe a longtemps persisté.

Mais la plus grande preuve de l'influence de l'humidité sur le développement de la maladie est fournie par les vignes de Corinthe. On a vu que leur culture exigeait une humidité toute spéciale en Grèce comme dans les îles Ioniennes : or, c'est parmi les vignobles de Corinthe que l'Erysiphe a pour la première fois paru en Orient; depuis le jour qu'il a été signalé, ses ravages ont toujours augmenté et les récoltes ont été presque nulles.

Enfin non-seulement les lieux humides ont été témoins des plus grands désastres des vignes, mais encore ces désastres ont toujours commencé ou se sont accrus pendant les temps humides. Je rappellerai que la maladie a paru en Chypre à la suite de la seule pluie qui soit tombée pendant l'été de 1853. En Grèce et dans les îles Ioniennes, à la suite de chaque orage, le développement des Erysiphe a redoublé.

Je pourrais résumer les observations que je viens de présenter par ces lignes de M. Cuppari, imprimées dès l'année 1851 : «Delle vicende atmosferiche pare che il caldo secco scemi l'incremento del fungo, mentre il caldo umido lo favorisca.»

2° *La maladie s'est propagée de préférence sur les raisins à peau fine, et en général sur les parties molles des vignes*[1].

Pour qu'un champignon se développe, il ne lui suffit pas de rencontrer une certaine mesure d'humidité et de chaleur; il faut qu'il puisse s'accrocher aux corps sur lesquels il doit vivre et qu'il puisse y puiser facilement sa nourriture. De savants botanistes ont fait connaître les organes de succion des Erysiphe[2]. Si la maladie des vignes dépend de la succion des Erysiphe, plus ces cryptogames pourront s'emparer facilement de leurs sucs, plus les vignes devront souffrir. C'est pourquoi, dans les pays du Levant comme en Occident, les raisins dont la peau est plus fine sont plus compromis, et sur un même plant les fruits sont plus malades que les feuilles, les feuilles plus malades que les sarments, et les gros troncs endurcis, desséchés par le soleil de l'Orient ne m'ont présenté aucune trace d'Erysiphe.

Les différents faits que je viens de rassembler me semblent prouver suffisamment que les vignes ne sont pas malades en elles-mêmes, et que leur état de souffrance dépend des attaques des Erysiphe.

[1] Ce fait a été constaté en Occident comme en Orient. On le trouve cité par la plupart des auteurs et, en particulier, par M. Victor Rendu, dont toutes les observations portent un cachet si remarquable d'exactitude. *Rapport à M. le ministre de l'intérieur, de l'agriculture et du commerce sur la maladie de la vigne dans le midi de la France et le nord de l'Italie.*

[2] Consulter à ce sujet les découvertes de M. Zanardini, rapporteur de la commission nommée par l'Institut de Venise, pour étudier la maladie des vignes, et les Mémoires de M. Hugo Mohl, insérés dans le *Botanische Zeitung*, 1852 et 1853.

III.

Comment le dépôt des Erysiphe amène-t-il le dépérissement des vignes?

Les Erysiphe se comportent envers la vigne comme envers les autres plantes qu'ils attaquent. C'est un fait reconnu
par les botanistes que ces cryptogames font subir à toutes
les espèces de végétaux sur lesquels ils s'implantent de très-
grands dommages, parce qu'ils vivent aux dépens de leurs
sucs et surtout parce qu'ils les recouvrent d'une enveloppe
qui intercepte leurs voies de respiration.

Je ne crois donc pas qu'il puisse y avoir aucune difficulté à se rendre compte des ravages produits sur les vignes
par les Erysiphe, et je me contenterai de placer ici une
citation d'un savant botaniste : après avoir parlé des ravages
causés à certaines plantes par quelques espèces d'Erysiphe,
M. Tulasne ajoute ces mots : « Jamais, que je sache, on n'a
hésité à mettre sur le compte de ces divers Erysiphe les
atrophies, les déformations et la stérilité que leurs victimes ont à subir; pourquoi l'Erysiphe de la vigne serait-il
moins susceptible de nuire que ses congénères, et qu'est-il
besoin de chercher à expliquer autrement que par son
action ce que souffrent les ceps qu'il atteint? »

IV.

D'où proviennent les Erysiphe de la vigne?

Il est un vieil axiome : *omne vivum ex ovo* ; pour que des
Erysiphe se développent sur des vignes, il faut que leurs

semences aient été apportées. Le vent est leur véhicule. Plusieurs des faits que j'ai cités montrent, en effet, son influence sur l'apparition des Erysiphe : à Chio, la poussière blanche parut sur les raisins pendant que soufflaient les vents de S. E., et elle cessa de se propager aussitôt que les vents étésiens leur succédèrent.

A Patras (Grèce), des vignes cachées dans des haies et par là même pouvant être atteintes difficilement par les spores que transportaient les vents, sont restées parfaitement intactes, tandis que toutes les autres ont été gravement malades.

Dans l'Orient comme en Occident, on a observé que les désastres étaient moindres parmi les raisins voisins du sol que parmi les fruits placés à la partie supérieure des ceps. J'en ai déjà donné une première raison. La seconde pourrait être que le bas des ceps est mieux garanti que la partie supérieure.

Enfin, tel versant est épargné, tandis que tel autre situé à sa proximité et dans des conditions parfaitement semblables, est couvert de cryptogames. Ce phénomène me semble inexplicable, s'il ne provient pas de ce que le vent a versé des semences sur un point et n'en a pas répandu sur un autre[1].

Comme la mer Adriatique est étroite, les vents portèrent facilement les Erysiphe d'Italie en Grèce. Plus tard, ils passèrent de Grèce en Asie Mineure. Il est à supposer que les semences furent transportées d'Asie Mineure en Chypre

---

[1] Voir au sujet de l'influence des vents sur l'intensité de la maladie un travail publié par M. Mathias, sous le titre de : *Considérations sur la maladie de la vigne dans le département de la Côte-d'Or.*

et en Syrie presque aussitôt qu'elles eurent été amenées de
Grèce dans cette première contrée.

Il ne m'appartient pas de suivre l'Erysiphe dans les pays
où il apparut originairement; car ces pays sont en dehors
de mon domaine, et il serait long d'étudier son itinéraire
en remontant jusqu'à Margate (Angleterre), où il fut signalé
pour la première fois. Ce champignon existait sans doute
dès le commencement de la création, lui et tous ceux qui
viennent d'envahir un si grand nombre de plantes cultivées.
Il végétait dans quelque région inconnue. Quelle cause per-
mit sa propagation? Ici s'arrête la science humaine. Le
mystère qui se présente ici n'a rien qui puisse étonner. En
vain le naturaliste dans ses recherches prétendrait arriver
à la connaissance parfaite des opérations de la nature. Il
faut toujours qu'il aboutisse à quelque difficulté insoluble
dont le secret appartient au créateur.

DES HYPOXYLÉES.

J'ai décrit et figuré les hypoxylées, ces petits cryptogames
qui attaquent spécialement les sarments des vignes.

Ce que j'ai dit des Erysiphe s'applique aux hypoxylées.
Elles se répandent sur les vignes, non point parce que ces
vignes sont malades, mais parce que les hypoxylées ont reçu
en même temps que l'Erysiphe Tuckeri et tant d'autres
champignons la faculté de se développer.

DES INSECTES.

En Syrie et en Chypre, un grand nombre d'insectes se
sont rassemblés sur les raisins malades, et les cultivateurs
les ont généralement accusés d'être les auteurs de la maladie.

Il suffit d'un microscope pour s'assurer que la cause directe de la souffrance des vignes, en Orient comme en Occident, est l'invasion des Erysiphe. Si les insectes se trouvaient partout où la maladie exerce ses ravages, si leur nombre, si grand qu'il soit, n'était pas minime proportionnément aux surfaces couvertes par les cryptogames, je supposerais que la putréfaction de leurs cadavres peut influer sur le développement des Erysiphe. Il n'en est pas ainsi, et je les considère comme étant sans doute attirés par la présence des Erysiphe.

Dans les îles Ioniennes, en Grèce et surtout en Égypte, les Lecanium se sont répandus sur les sarments de vigne. En Égypte, ils ont fait de grands ravages sur les figuiers et les orangers.

Je répéterai, au sujet de ces insectes, ce que j'ai dit des cryptogames. Puisque les vignes d'Orient ne sont pas malades en elles-mêmes, leur souffrance résulte des atteintes qui leur sont momentanément portées par les parasites qui les assiégent.

La même force qui a fait sortir de quelque lieu ignoré du monde les semences des Erysiphe et des autres champignons a facilité le développement des œufs de Lecanium, et les a propagés sur les arbres fruitiers.

Dans un jour donné, la nature a permis à des cryptogames, atomes imperceptibles, de se développer et d'aller désoler nos campagnes. Elle devra sans doute leur enlever cette faculté de propagation qu'elle leur a donnée passagèrement. Les vignobles reprendront leur beauté première, et, comme autrefois, les populations retrouveront dans la viticulture une source de prospérité.

Ici se termine la partie agricole des recherches scientifiques que j'ai entreprises dans les pays de l'Orient, sous le bienveillant et si puissant patronage de Son Excellence le Ministre de l'agriculture, du commerce et des travaux publics. Je devrai encore traiter des contrées de l'Orient sous le point de vue géologique. Cette partie de mes études complétera la première; car l'examen attentif de la nature des sols est le fondement de toute science agricole.

EXPLICATION DES PLANCHES.

diamètres; *M*, mycelium; *T*, tigelles; *S*, spores; *s*, sporules.

Figure 23. Erysiphe Tuckeri sur un *grain de raisin* des vignobles de Galata (Chypre); grossissement de 360 diamètres; *M*, mycelium; *T*, tigelles; *S*, spores; *s*, sporules, qui s'aperçoivent au-dessous des membranes des spores.

—— 24. Raisin blanc de table attaqué par l'Erysiphe Tuckeri dans un jardin de Beyrouth (Syrie).

—— 25. Pellicule d'un grain de raisin de Beyrouth, vue au microscope par transparence.

—— 26. Erysiphe Tuckeri recueilli sur les grains de raisin d'une treille à Jérusalem (Palestine); grossissement de 360 diamètres.

—— 27. Erysiphe Tuckeri pris sur du raisin blanc de Beyrouth; grossissement de 360 diamètres.

—— 28. Spore d'Erysiphe Tuckeri, vue par transparence sous un grossissement de 360 diamètres; elle a été grandie dans le dessin.

—— 29. Coupe verticale d'un grain de raisin de Corinthe; grandeur naturelle.

—— 30. Grapillon de raisin de Corinthe de grandeur naturelle.

—— 31. Coupe verticale d'un grain de passoline, grossi 4 fois. On voit en *P* les pepins embryonnaires suspendus contre l'axe qui traverse le grain de raisin; *C* correspond aux cavités que remplissent les pepins lorsqu'ils arrivent à leur développement normal.

—— 32. Grappe de passoline des environs d'Athènes attaquée faiblement par l'Erysiphe Tuckeri.

—— 33. Grapillon de passoline desséché à la suite des attaques prolongées de l'Erysiphe.

—— 34. Erysiphe sur des grains de passoline; grossissement de 360 diamètres.

—— 35. Sarment de vigne de passoline attaqué par l'Erysiphe Tuckeri, l'anthracnose et les Lecanium.

—— 36. Feuille de Rosa centifolia atteinte du blanc (Erysiphe pannosa, Fr.); le cryptogame est rassemblé sur le bord des feuilles; Athènes.

Figure 37. Fragment de tige de rosier envahi par l'Erysiphe pannosa; il est couvert de taches noires; Athènes.

———— 38. Erysiphe pannosa sur un rosier (Rosa centifolia), vu sous un grossissement de 360 diamètres; Athènes.

———— 39. Feuille de Convolvulus arvensis attaquée par un cryptogame; Athènes.

———— 40. Cryptogame du Convolvulus arvensis, grossi 20 fois.

———— 41. *Idem*, grossi 120 fois.

———— 42. Cryptogame qui couvre les pêchers malades; Athènes, grossi 120 fois.

———— 43. *Idem*, grossi 360 fois.

———— 44. Cryptogame du chêne vallonée, grossi 120 fois.

———— 45. Sarment de vigne de Zante (îles Ioniennes) attaqué par des Lecanium.

———— 46. Sarment de vigne de Zante attaqué par les Lecanium, vu à la loupe.

———— 47. Sarment de vigne de Zante attaqué à la fois par les Erysiphe Tuckeri, l'anthracnose et les Lecanium; il semble carbonisé.

———— 48. Coupe d'un sarment de Zante superficiellement carbonisé, parfaitement intact dans son intérieur.

———— 49. Raisin de Corfou, îles Ioniennes (variété commune). Le grain *A* est encore couvert d'Erysiphe; sur les grains *B*, le cryptogame a disparu en laissant des taches brunes.

———— 50. Raisin de Corinthe recueilli à Zante. Il a été desséché à la suite du séjour prolongé des Erysiphe; grandeur naturelle.

———— 51. Erysiphe Tuckeri sur un grain de raisin de Corfou; vu par transparence avec un grossissement de 360 diamètres.

———— 52. Erysiphe Tuckeri sur un grain de raisin de Zante: *A*, cellules de la pellicule du grain; *M*, mycelium des Erysiphe; *T*, leurs tigelles; *S*, leurs spores.

TABLE ANALYTIQUE.

PREMIÈRE PARTIE.

COMPARAISON DE L'ÉTAT DE L'AGRICULTURE EN SYRIE, EN ÉGYPTE, EN GRÈCE ET DANS LES ÎLES IONIENNES.

La configuration générale de la Syrie dépend du système des monts Libans; — calcaires bleus à cidaris; — calcaires gris à nodules siliceux; — sables qui donnèrent aux Syriens la première idée de la fabrication du verre; — lignites anciennement exploités comme combustibles; — calcaires gris sur lesquels sont assis les cèdres du Liban; — calcaires blancs crayeux, vulgairement appelés marnes blanches; — calcaires Poros semblables à ceux de l'Égypte et de la Grèce; — sel, bitume, roches d'épanchement et d'éruption; — limon des vallées; — sa richesse; — son mode de formation; — cause de son abondance.

DEUXIÈME PARTIE.

DE L'AGRICULTURE DANS L'ÎLE DE CHYPRE.

TROISIÈME PARTIE.

DE LA SÉRICICULTURE EN ORIENT.

Fils de Cos dont Pline a parlé; — des œufs de vers à soie sont apportés à Constantinople sous Justinien; — extension de la culture du mûrier sous Justin II; — les Kalifes Ommiades entretiennent des manufactures de soie; — Jérusalem devient un important entrepôt pour la vente des soieries; — à partir de la conquête des Turcs la sériciculture dépérit en Orient; — en Occident elle prend une grande extension; — la production de la soie en France ne suffit plus à la consommation; — les soies du Levant trouvent un facile débouché; — par quelle cause

QUATRIÈME PARTIE.

DE LA VITICULTURE EN ORIENT.

FIN DE LA TABLE.

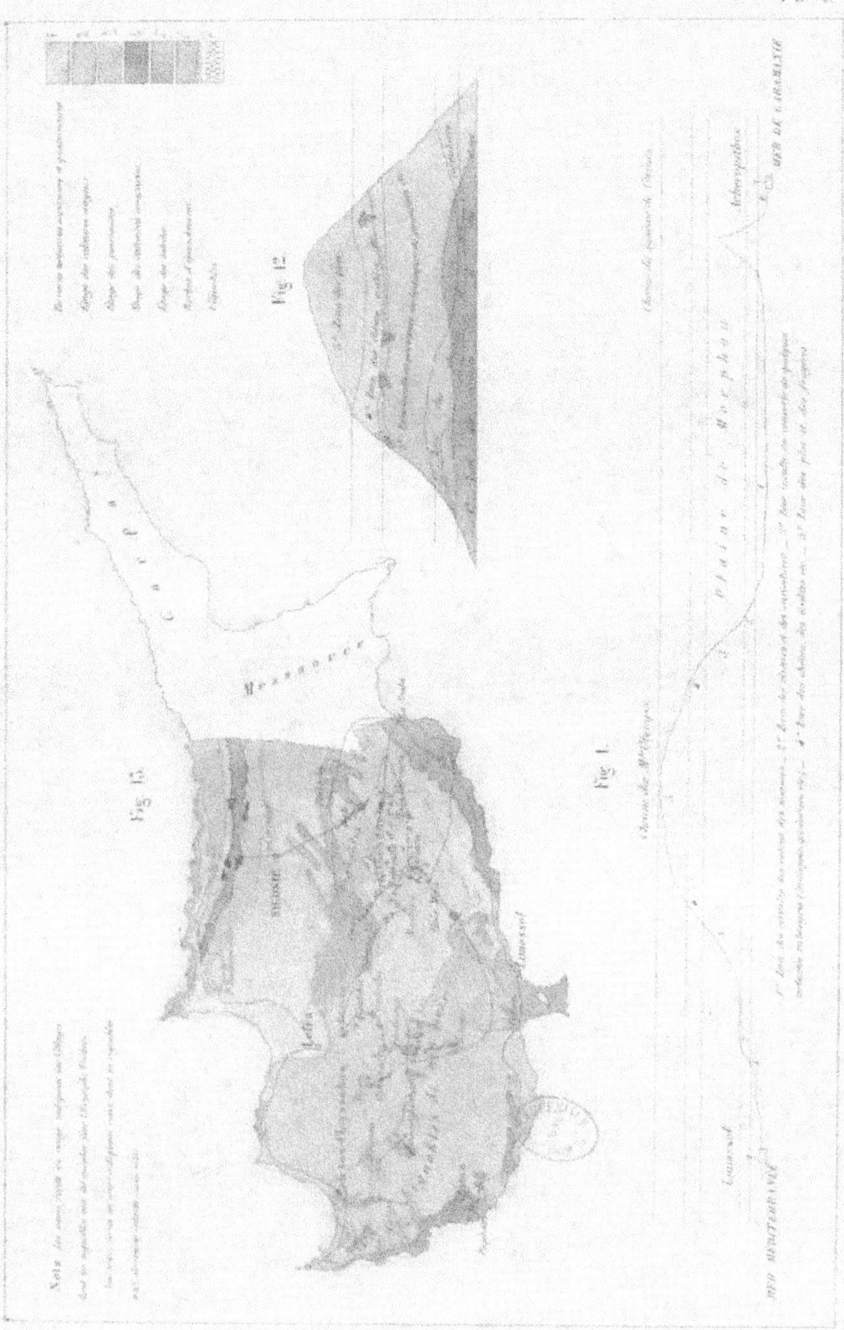

3
1
4
2
6

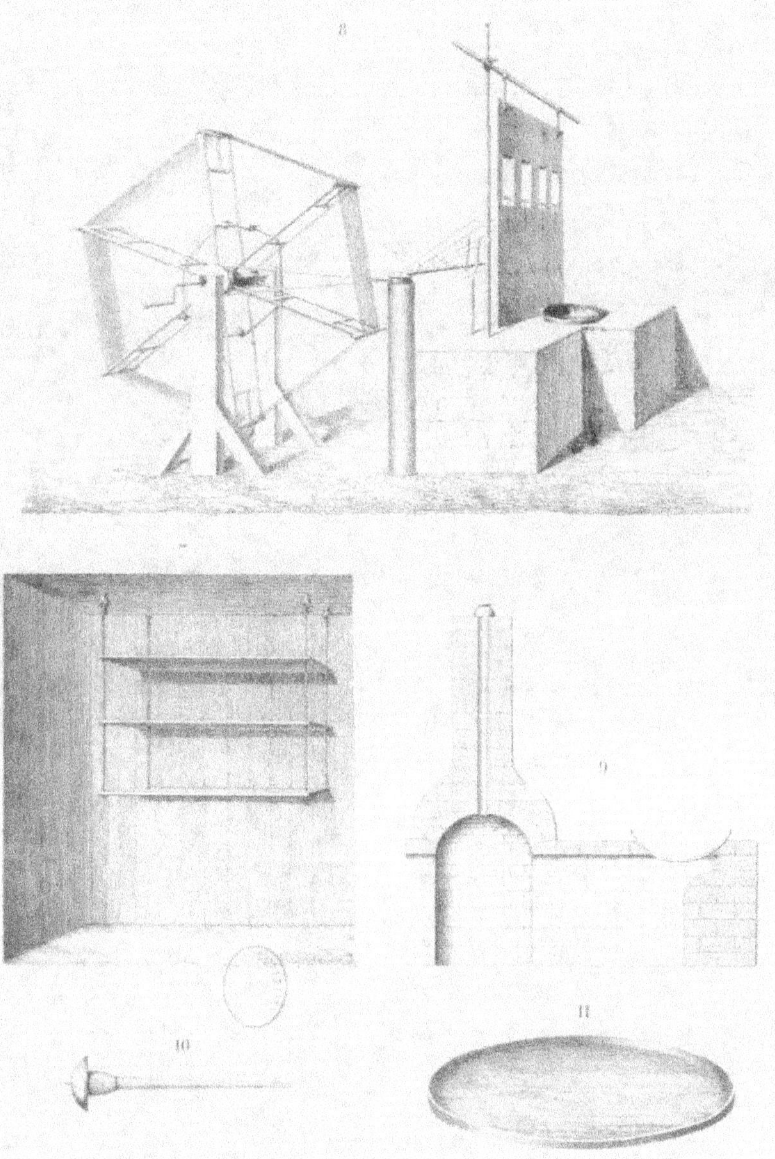

8
9
10
11

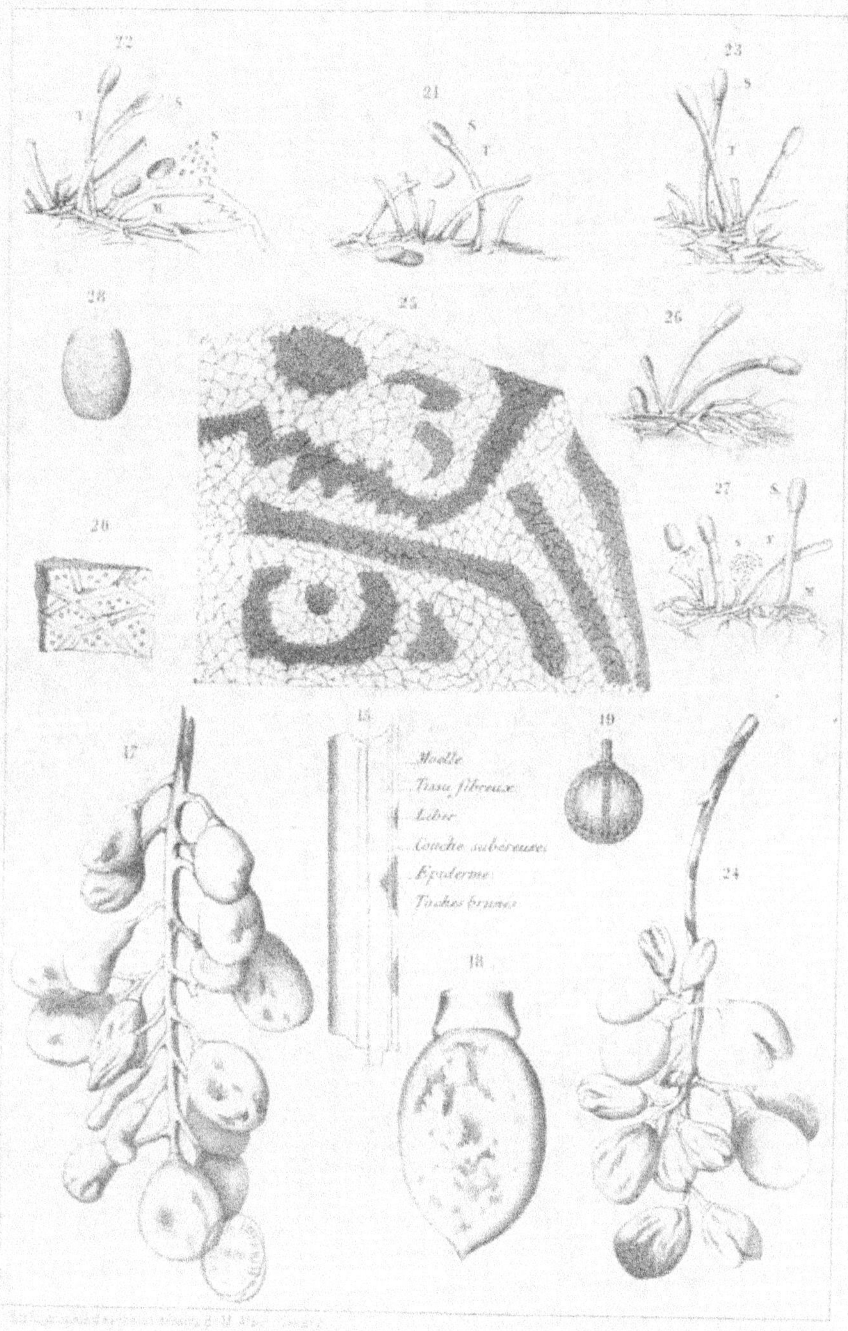
Moelle
Tissu fibreux
Liber
Couche subéreuse
Épiderme
Taches brunes

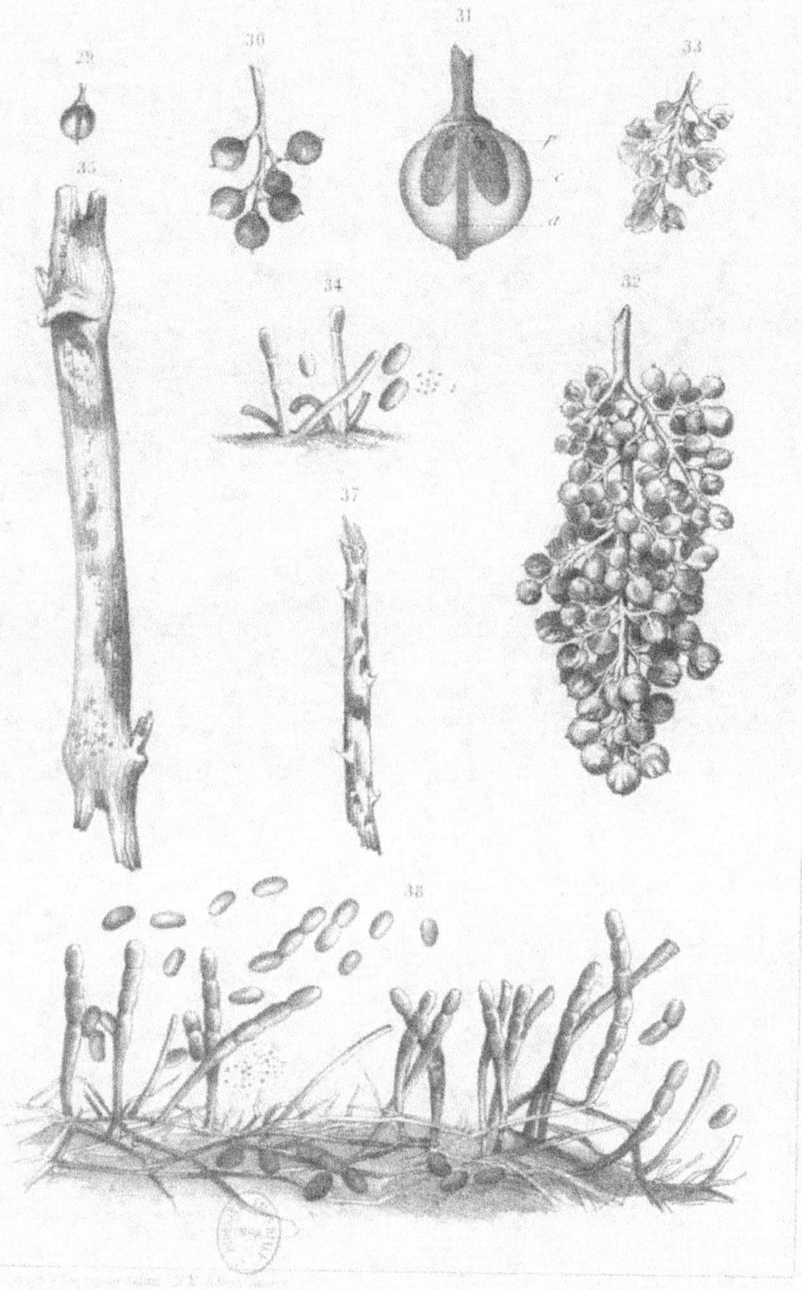

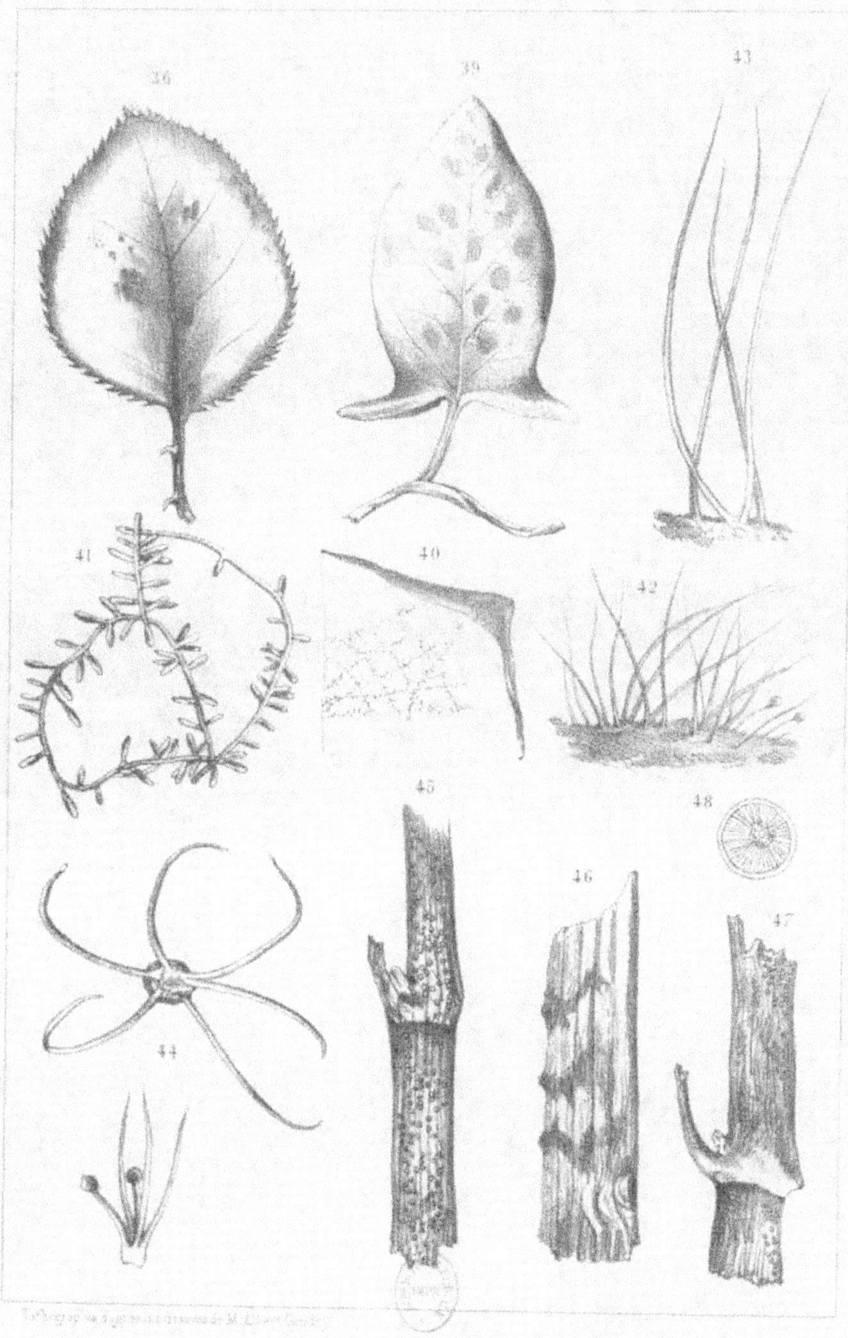
36
39
43
41
40
42
45
48
46
47
44

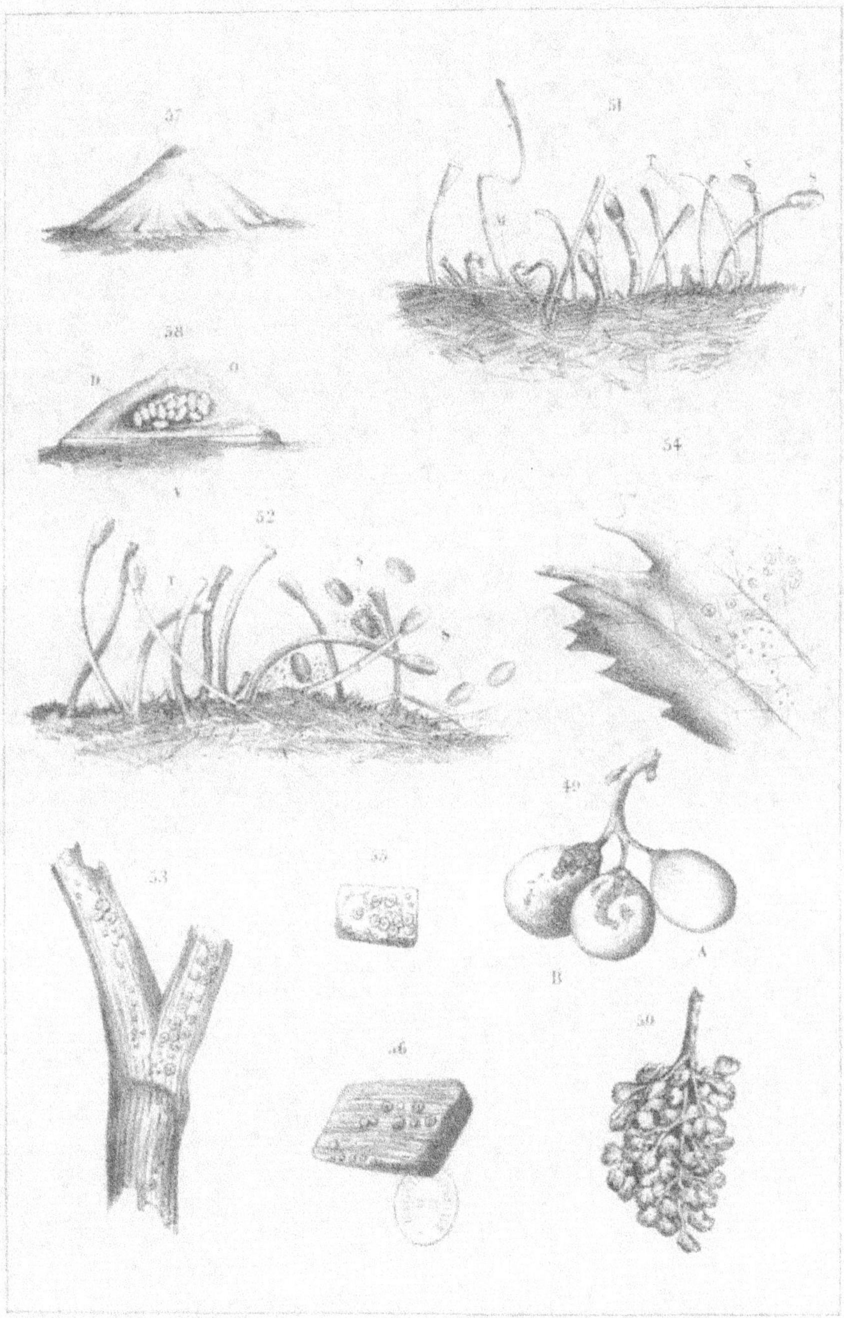